多旋翼无人机
嵌入式飞控开发实战

奚海蛟　叶贵强　◎　编著

电子工业出版社·
Publishing House of Electronics Industry
北京·BEIJING

内 容 简 介

本书是一本介绍无人机飞控系统开发的立体化专业图书。全书共 5 章，第 1 章是无人机概述；第 2 章介绍无人机首次飞行的准备工作，主要包括地面站的使用方法、无人机数据的传输、无人机遥控链路的连接、飞控校准、动力电池以及飞行操作；第 3 章介绍无人机飞控系统的底层开发，主要包括人机状态指示灯的控制、无人机系统时钟的配置、无人机电池电压的读取、无人机控制信号的输出、无人机遥控信号的接收、无人机数据的收发，无人机 MAVLink 消息的收发、通过 I2C 总线读 EEPROM；第 4 章介绍无人机飞控系统的应用开发，主要包括无人机无线数传模块的开发、加速计与陀螺仪的开发、磁力计的开发、气压计的开发、光流模块的开发、遥控输入的控制、电机的控制；第 5 章介绍无人机的飞控算法，主要包括无人机姿态解算和角速度、角度的 PID 控制器设计。

本书可作为计算机、电子信息等相关专业的教材，也可供相关研究人员、工程技术人员阅读参考。

本书配有视频教程、开发代码和 PPT 课件，读者可登录华信教育资源网（www.hxedu.com.cn）免费注册后下载。

图书在版编目（CIP）数据

多旋翼无人机嵌入式飞控开发实战 / 奚海蛟，叶贵强编著. —北京：电子工业出版社，2024.5
（新工科人才培养系列丛书. 无人系统）
ISBN 978-7-121-47965-6

Ⅰ. ①多… Ⅱ. ①奚… ②叶… Ⅲ. ①旋翼机－无人驾驶飞机－飞行控制－系统开发 Ⅳ. ①V279

中国国家版本馆 CIP 数据核字（2024）第 107429 号

责任编辑：田宏峰
印　　刷：固安县铭成印刷有限公司
装　　订：固安县铭成印刷有限公司
出版发行：电子工业出版社
　　　　　北京市海淀区万寿路 173 信箱　邮编　100036
开　　本：787×1 092　1/16　印张：14　字数：358 千字
版　　次：2024 年 5 月第 1 版
印　　次：2025 年 3 月第 4 次印刷
定　　价：59.00 元

前　言

　　无人机又称无人驾驶飞行器（Unmanned Aerial Vehicle，UAV），是一种不需要人工操控，可通过遥控或自主程序控制的飞行器。近年来，无人机技术得到了迅速发展，并在各个领域发挥了重要作用。在军事应用领域，无人机可执行侦察、监视、打击等任务，降低士兵在战场上的伤亡风险，提高作战效率；在民用领域，无人机的应用越来越广泛，如航拍、遥感、测绘、农业、物流、环保、科研等，可以快速、高效地完成人类不易完成的任务，提高工作效率，降低成本；在应急救援领域，无人机在自然灾害、事故现场等紧急情况下发挥着重要作用，可以快速到达灾害现场，完成搜救、物资投放、灾情监测等工作，有效减少人员伤亡和财产损失；在科研创新领域，无人机为科学研究提供了新的手段和视角，如气象观测、地球物理探测、生物研究等，可以提高科研数据的采集效率和准确性，推动科学技术的进步；在娱乐休闲领域，无人机为人们提供了新的娱乐方式，丰富了人们的文化生活。无人机在现代社会中的应用越来越广泛，其重要性日益凸显。随着无人机技术的不断创新和法规制度的完善，无人机将在更多领域发挥积极作用。

　　无人机的飞控系统是无人机的核心组成部分，可看成无人机的"大脑"。飞控系统主要由传感器（如陀螺仪、加速计、气压计、磁力计），控制器（飞控芯片），执行器（如电机、舵机），无线数传模块和导航系统组成。

　　本书基于 STM32 系列微控制器开发无人机的飞控系统，主要包括无人机概述、无人机的首次飞行、无人机飞控系统的底层开发、无人机飞控系统的应用开发、无人机的飞控算法等内容。

　　本书可作为计算机、电子信息等相关专业的教材，也可供相关研究人员、工程技术人员阅读参考。

　　本书的主要知识点、重点、难点及课时分配如下：

章　节	知　识　点	要　求	推荐学时数
无人机概述	无人机的基本组成	了解	4
	无人机的结构与飞控原理	了解	
	无人机的系统设计	了解	
无人机的首次飞行	地面站简介	掌握	6
	数据传输	掌握	
	遥控链路	掌握	
	飞控校准	掌握	
	动力电池	掌握	
	飞行操作	掌握	

章　节	知　识　点	要　求	推荐学时数
无人机飞控系统的底层开发	无人机状态指示灯的控制	掌握	10
	无人机系统时钟的配置	掌握	
	无人机电池电压的读取（ADC+DMA）	掌握	
	无人机控制信号的输出（PWM 输出）	掌握	
	无人机遥控信号的接收（PWM 输入捕获）	掌握	
	无人机数据的收发（USART+DMA）	掌握	
	无人机 MAVLink 消息的收发	掌握	
	通过 I2C 总线读 EEPROM	掌握	
无人机飞控系统的应用开发	无人机无线数传模块的开发	掌握	12
	加速计与陀螺仪的开发	掌握	
	磁力计的开发	掌握	
	气压计的开发	掌握	
	光流模块的开发	掌握	
	遥控输入的控制	掌握	
	电机的控制	掌握	
无人机飞控算法	无人机姿态解算	掌握	4
	角速度、角度的 PID 控制器设计	掌握	

　　无人机飞控技术涉及多个学科，限于作者水平，本书难免会有不当之处，希望广大读者批评指正。技术咨询与合作可联系作者抖音账号（81849645041）。

作　者
2024 年 5 月

目　　录

第1章
无人机概述

本章主要介绍无人机的基本组成、无人机的结构与飞行控制（飞控）原理，以及无人机的系统设计，目的是帮助读者对无人机有新的认知，使读者在了解无人机的结构与飞控原理的同时能了解无人机的系统设计过程与方法。

1.1 无人机的基本组成

1.1.1 无人机的介绍

无人机机架组装

无人机也称无人飞行器（Unmanned Aerial Vehicle，UAV），是一种配备了数据处理系统、传感器、自动控制系统和通信系统等必要机载设备的飞行器，能够在一定程度上自主飞行而无须人工干预。无人机是一个涉及多项技术的综合系统，无人机的开发人员需要对通信技术、传感器技术、人工智能技术、图像处理技术、控制技术有较深的理解。

按照飞行平台的不同，无人机可以分为以下几种类型：

1. 固定翼无人机

固定翼无人机（见图 1-1）主要采用电动或者燃油发动机产生向前拉力或推力，依靠固定翼的翼形上/下边产生的大气压力差产生的升力维持飞行。固定翼无人机主要依靠舵机控制副翼和尾翼来控制飞行轨迹和升降。

固定翼无人机的优点是续航时间最长、飞行效率最高、载荷大；但其缺点也很明显，起飞需要助跑、降落需要滑行，对场地的要求较高。

2. 无人飞艇

无人飞艇（见图 1-2）通常使用充气囊作为升力来源，充气囊一般充有比空气密度小的氢气或者氦气。20 世纪 30 年代的"兴登堡"号飞艇是当时世界上最大的飞行器，但由于充气囊使用的氢气，导致在 1937 年 5 月 6 日准备降落时发生大火被完全烧毁。如今，无人飞艇一般都采用氦气作为充气囊的气体。

无人飞艇的特点是留空时间可以较长，甚至可以长达数月之久，悬停方便，并且安全可靠，控制也较简单。它的缺点是飞行速度较低，并且由于充气成本过高导致飞行成本过高。

3. 伞翼无人机

伞翼无人机（见图 1-3）采用伞形机翼作为无人机升力的主要来源，具有成本低廉、维护简易等优势，一般是运动和旅游项目的首选无人机。伞翼无人机（简称伞翼机）的特点是轻巧、速度较慢、成本也较低，适合低空飞行，广泛应用于低空农林作业、巡线、探矿、运动和娱乐等；其缺点是不能在较高的高度飞行，动力较小，易受强风影响，机体过轻，受侧风影响较强烈。

图 1-1　固定翼无人机

图 1-2　无人飞艇

4．扑翼无人机

基于仿生学原理，扑翼无人机（见图 1-4，又称振翼机）配备的活动机翼能够模拟飞鸟翅膀上下扑动的动作，从而产生向上的升力和向前的推动力。

图 1-3　伞翼无人机

图 1-4　扑翼无人机

5．旋翼无人机

图 1-5　六旋翼无人机

旋翼无人机（见图 1-5）配备单个或多个朝正上方安装的螺旋桨，由螺旋桨动力系统产生向下气流，并对无人机产生升力。旋翼无人机可分为单旋翼、共轴双旋翼以及多旋翼无人机，其中单旋翼无人机即我们平常所说的直升机。

旋翼无人机的特点是可以垂直起降，对场地要求很低；其缺点是载重比较小，续航时间也比较短。相比单旋翼无人机而言，多旋翼无人机的机械结构简单、易维护保养、控制简单。

由于多旋翼无人机具有成本低廉以及维护操控简单的特点，近几年来在民用领域得到了快速的发展，主要应用于影视航拍、城市管理与规划、消防救援、交通安防巡查、灾害救援、农林植保、电力巡线以及探矿测绘等方面。

1.1.2　多旋翼无人机的基本组件

无论多旋翼无人机（本书后文中的无人机，如无特殊说明均指多旋翼无人机）的尺寸大小如何，都包含一些基本的组件。在这些基本组件的基础上，根据各自不同的应用场景、任务及特性等，无人机可增加额外的辅助设备及任务载荷。无人机的基本组件如下所述。

1. 机架系统

机架是无人机的飞行载体。为了减轻无人机的机身重量，机架系统通常使用高强度、重量轻的材料，如复合材料碳纤维、PA-66+30-GF 等材料。由于多旋翼无人机的控制特性比较简单，因此很多机架生产厂商基于美观和特殊用途，可以将机架设计成各式各样的形态，只要基本符合左右对称和前后对称的几何结构原理即可。

一般，多旋翼无人机可分为一体机和组装机。一体机一般都是品牌厂商直接设计的一体成型的机架，不易拆卸，其优点是美观、可靠、性能一致性较好，但价格相对较高，主要面向普通消费者玩家或者初学者。一体机的缺点是更换零件比较麻烦、维修成本较高，一般都需要找原厂维修，无法自行更换零件。组装机一般提供可以自行组装的散件，主要面向有一定技术背景的高级玩家以及一些科研机构等，其特点是可组装、可塑性好、可外挂各种实验负载、方便维修以及更换升级零件；但需要用户有较多的经验，并且系统的稳定性可能会受到装配校准等方面的影响。图 1-6 所示为飞航科技 F450 四旋翼无人机。

图 1-6　飞航科技 F450 四旋翼无人机

F450 中的数值 450 代表机架轴距，单位是毫米，该数值越大表示机架的尺寸越大，需要更大的动力系统，也可以承载更大的飞行载荷。无人机的机架轴距与桨叶尺寸有着密切关系，如式（1-1）和式（1-2）所示，通过桨叶尺寸可以计算出所需的机架轴距，或者根据机架轴距计算出所需的桨叶尺寸。

$$机架轴距 = \frac{桨叶尺寸 \times 25.4}{0.8 \times \sqrt{2}} \times 2 \qquad (1\text{-}1)$$

$$桨叶尺寸 = \frac{机架尺寸}{2} \times \frac{0.8 \times \sqrt{2}}{25.4} \qquad (1\text{-}2)$$

尽管无人机机架的形态各式各样，但有几个必要的部件：

（1）中心板（HUB）。中心板通常采用碳纤维、玻璃纤维或者 FR-4（玻璃纤维环氧树脂）等材料。中心板一般分为 2～4 层（可根据实际应用增加层），每层分别安装不同的设备和器件，包含飞控模块（系统）、GPS 模块、光流模块、超声波模块、任务载荷模块、云台和摄像头模块等。有的机架直接采用基于 FR-4 材料的 PCB 作为中心板，这种类型的中心板融合了分电板的功能，可以减少分电板部件。

图 1-7　飞航科技 F450 四旋翼
无人机机架的中心板和机臂

（2）机臂（ARM）。机臂一般采用碳管、PA 等材料，保证具有轻质、牢固的特点。机臂的一端固定在中心板上，另一端安装电机或油机。有的小型多旋翼无人机的中心板与机臂采用一体设计结构，省去了连接部分的结构和固定。图 1-7 所示为飞航科技 F450 四旋翼无人机机架的中心板和机臂。

（3）脚架。脚架是无人机的起落架，用于将无人机垫起一定高度，不仅可以为云台等挂载设备腾出空间，还可以提供降落缓冲，保障机体安全。脚架的位置有时会挡住云台上的摄像头镜头，导致摄像头画面中出现脚架的图像，因此比较高级的机架会采用可收放的脚架，在无人机起飞后能够抬起脚架；有的机架甚至能够通过机臂实现起落架的功能，实现起落架收放。

2．动力系统

动力系统是多旋翼无人机的飞行动力来源，主要包括桨叶和电机（或油机）。无人机的动力系统来源可分为电动的或者油动的。电动的动力系统采用电机配备电池系统，其优点是维护简单、噪声相对较小、更轻巧、成本较低，但续航时间和载重都比较小，续航时间一般不超过 30 分钟到 1 小时。如果需要更长的续航时间，则电动的动力系统的成本会呈指数增长，因此长航时的无人机一般建议采用油动的动力系统。电动的无人机主要用于消费类领域、个人航拍等。相比之下，油动无人机采用专用燃油发动机和专用燃油，功率较大，因此在配备大油箱的情况下续航时间较长，载重也可以比较大，但油动无人机的噪声较高、污染也较大，维护起来比较麻烦，成本也较高，一般在农林植保和长航时巡线执勤等领域上用得比较多。

电动无人机的电机将电能转换成机械能，带动旋翼（螺旋桨桨叶）旋转，电机一般分为有刷直流电机和无刷直流电机。

（1）有刷直流电机。有刷直流电机是早期使用的电机，将磁铁固定在电机外壳或者底座（构成定子），然后将线圈绕组（构成转子）。有刷直流电机采用内部集成的电刷进行电极换相，保持电机持续转动。在有刷直流电机中，为了减轻重量，转子通常采用无铁芯设计，仅由绕组构成，因此称为空心杯电机（Coreless Motor），也称为无铁芯电机。当然，无刷直流电机也有空心杯电机。空心杯电机一般用在微型四旋翼无人机上，其主要特点是功耗低、灵敏度高、转子电感小、转速稳定、响应好、效率高（效率可达 70%，甚至 90% 以上）。

（2）无刷直流电机。顾名思义，无刷直流电机是不带电刷的，由于省去了电刷，因此没有电刷损耗，也没有有刷直流电机运转时产生的电火花，极大地降低了电磁打火对机载电子设备的干扰。无刷直流电机采用绕组作为定子，转子由永磁铁构成。由于无刷直流电机没有电刷，因此具有噪声小、运转顺畅且工作寿命长、维护成本低等优点。

3．电子调速器

电子调速器（Electronic Speed Controller，ESC）简称电调。电调使用飞控系统输出的 PWM 信号，为无刷直流电机提供可控的动力电流输出。飞控系统输出的 PWM 信号的驱动能力无法直接驱动无刷直流电机，需要通过电调来控制无刷直流电机的转速。电调的作用就是将飞控系统输出的 PWM 信号转变为电枢电压大小和电流大小，以控制电机的转速。此外带有免电池电路（Battery Elimination Circuit，BEC）功能的电调还可以为系统提供 5 V 的电源。图 1-8 所示为无人机中的电调。

图 1-8　无人机中的电调

电调的主要参数有：

（1）电流。电调最主要的参数是电调的电流，如 10 A、20 A、30 A。电调还有两个重要参数，即持续电流大小和若干秒内的瞬时电流，前者表示正常工作时的电流，而后者表示在若干秒内容忍的最大电流。在选择电调型号时，一定要注意电调的最大电流能否满足要求，是否留有足够的安全裕量（以免烧毁电调中的功率管）。不同的电机需要配备不同电流的电调，若电调的电流不足，则可能会烧毁电调甚至电机。市面上的中型电调电流大小大多是 10 的整数倍，其中 50 A 的电调，其最大电流可能达不到 50 A，只有 45 A，如果电流超过 45 A 可能就会烧毁电调，因此在选取电调时通常要考虑一定的安全裕量。

（2）内阻。电调有内阻，需要注意其发热功率。有些电调的电流可以达到几十安培，发热功率是电流平方的函数，所以电调的散热性能是十分重要的。大规格电流的电调内阻一般都比较小。

电调在出厂后需要进行行程校准，该过程相当于让电调知道所用的 PWM 信号的最小占空比和最大占空比，并在这个范围之内进行线性对应关系转换。电调厂家通常会提供行程校准的方法，一般是通过控制电调驱动电机发出一定频率的音频声音来进行标定确认的。

4．螺旋桨

动力系统中的另一个非常重要的部分就是螺旋桨。螺旋桨是通过自身的旋转来将电机转动功率转化为动力的装置。在多旋翼无人机的飞行过程中，螺旋桨提供了飞行所需的动能。作为直接产生推力的部件，多旋翼无人机的螺旋桨的桨叶一般采用尼龙、轻质塑料或者碳纤维材料甚至木质制成。在多旋翼无人机中，为了抵消电机的反扭矩，相邻两个轴的电机旋转方向通常是相反的。为了保证无论电机正反旋转都能产生向上的升力，需要配备不同旋转方向的螺旋桨，顺时针旋转的螺旋桨称为正桨，逆时针旋转的螺旋桨称为反桨。图 1-9 所示为多旋翼无人机中的常用桨叶。

  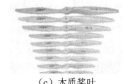

（a）尼龙桨叶　　　　（b）碳纤维桨叶　　　　（c）木质桨叶　　　　（d）三叶桨

图 1-9　多旋翼无人机中的常用桨叶

5．遥控器和遥控接收机

无人机的遥控器和遥控接收机是遥控链路的重要组成部分，负责将地面操控人员的控制指令传送到机载的飞控系统，以便飞控系统按照指令执行相应的动作，如图 1-10 所示。无人机遥控器的特点是轻便、易于使用、操作简单，但遥控距离一般较短，适用于目视距离的操控。

图 1-10   遥控器和遥控接收机

无人机遥控器的工作原理是通过操纵遥控器的手柄，对电位器阻值的变化信息进行采样并将其送入编码电路，编码电路将变化信息转换成一组脉冲编码信号，这组脉冲编码信号经过 PPM 或者 PCM 后再经过高频调制电路载波调制，由高频放大电路发射出去。

（1）脉冲位置调制（Pulse Position Modulation，PPM）：也称为脉位调制，这种调制方式使用脉冲信号的宽度位置来表示舵量，每个通道由 8 个型号的脉冲组成，脉冲个数不变，脉冲宽度相同，只是脉冲的相位不同，由相位来表示所传递的编码信息。PPM 一般采用积分电路来实现，这种编码方式的优点是实现简单、成本低。通常的 PPM 的接收解码电路都由通用的数字集成电路组成。对于这类电路来说，只要输入脉冲的上升沿达到一定的高度，都可以使其翻转。这样，一旦输入脉冲中含有干扰脉冲，就会造成输出混乱。由于干扰脉冲的数量和位置是随机的，因此在接收机输出端产生的效果就是"抖舵"。除此之外，由于电位器接触不好而造成编码波形的畸变等原因，也会影响接收效果，造成"抖舵"。对于窄小的干扰脉冲，一般的 PPM 接收解码电路可以采用滤波的方式消除；而对于较宽的干扰脉冲，滤波电路就无能为力了。这就是采用 PPM 的遥控器在强干扰的环境下或超出控制范围时会产生误动作的原因，尤其是存在同频干扰的情况下，无人机往往会完全失控。

（2）脉冲编码调制（Pulse Code Modulation，PCM）：也称为脉码调制，这种调制方式将若干通道的舵量大小以二进制数字来进行编码，形成数据帧。PCM 通常可以使用模/数（A/D）和数/模（D/A）转换技术来实现。在无人机遥控器的 PCM 中，每一个通道都由 8 个信号脉冲组成，脉冲个数永远不变，只是脉冲的宽度不同，宽脉冲代表"1"，窄脉冲代表"0"。

相比于 PPM，PCM 在信道中传播的数据帧可以进行信道编码，因此具有很强的抗干扰能力，采用这种调制方式的脉冲在传输过程中，如果产生了干扰脉冲，则解码电路中的单片机会自动清除与"0"或"1"脉冲宽度不相同的干扰脉冲。如果干扰脉冲与"0"或"1"脉冲的宽度恰好近似或者将"0"脉冲变成"1"脉冲，解码电路的单片机也可以通过信道数据校验方式将其滤除，这样就消除了各种干扰造成误动作的可能。PCM 的优点不仅在于其具有很强的抗干扰性，也可以很方便地利用计算机进行编程，在不增加或增加少量成本的情况下，可以实现各种智能化的设计。

6. 动力电源与充电系统

由于电动多旋翼无人机上的电机工作电流非常大，因此需要采用支持高放电电流的可充电的锂电池供电。放电电流的大小通常用放电倍率来表示，即 C。放电倍率 C 表示电池的放电能力，是放电快慢的一种度量，这是普通锂电池与动力锂电池的最大区别。放电电流也分为持续放电电流和瞬间放电电流。

锂电池的充/放电倍率决定了我们能够以多快的速度将一定的能量存储到电池中，或者以多快的速度将电池中的能量释放出来。当然，放电倍率越大，所能支撑的时间也越短。电池的容量在 1 小时内放完电，称为按 $1C$ 放电；若在 5 小时内放完电，则放电倍率为 $1C/5=0.2C$ 放电。假设容量为 1000 mAh 的电池的放电倍率是 $5C$，那么该电池的持续放电电流可以达到 5 A，但持续的时间则只有 1/5 小时，即 12 分钟；假设容量为 5000 mAh 的电池的放电倍率是 $20C$，则其持续放电电流为 5000 mAh×$20C$=100 A。电池的放电电流不能超过最大的电流限制，否则容易烧坏电池。放电倍率与放电电流和电池容量的关系为：

$$放电倍率C=\frac{放电电流（A）}{电池容量（mAh）} \tag{1-3}$$

多旋翼无人机中的锂电池和手机、充电宝等电子设备上的锂电池在特性和内部构造上是不一样的。为了提高放电倍率，多旋翼无人机中的锂电池的阳极采用不同的活性材料，可扩大锂离子的迁移速度，从而提高放电倍率，这类锂电池称为锂聚合物电池。图 1-11 是锂聚合物电池的内部结构和外观。

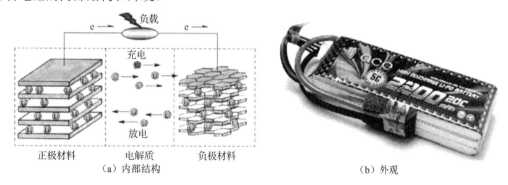

图 1-11　锂聚合物电池的内部结构和外观

锂聚合物电池在无人机中地位非常重要，尤其是在实际的飞行过程中，随着锂聚合物电池的放电，电量逐渐减小。研究表明，在某些区域，锂聚合物电池的剩余容量与电流基本成线性下降关系。而在锂聚合物电池放电后期，锂聚合物电池容量随电流的变化可能会急剧下降，通常需要会设置锂聚合物电池的安全电压，如 3.4 V 或者其他电压，因此无人机的飞控系统需要实时监测锂聚合物电池电量，确保无人机在电量耗尽前有足够的电量返航。另外，锂聚合物电池不仅在放电过程中电压会下降，而且由于锂聚合物电池本身具有内阻，其放电电流越大，因内阻导致的压降就越大，输出的电压就越小。需要特别注意的是，在使用锂聚合物电池的过程中，不能使完全耗尽电量，否则会对锂聚合物电池的电量造成无法恢复的损伤。

随着放电过程的进行，锂聚合物电池的放电能力会不断下降，输出电压会缓慢下降，导致锂聚合物电池剩余容量与放电时间并非线性关系。在实际多旋翼无人机飞行过程中，有两种方式可以检测锂聚合物电池剩余容量能否满足安全飞行的要求：一种方式是检测锂聚合物电池的单节电压，这种方式应用比较广泛，可通过传感器实时检测锂聚合物电池电压，衡量锂聚合物电池剩余电量的大小；另一种方式是实时检测锂聚合物电池输出电流，并进行积分计算，这种方式的可实现性较弱，相应的传感器目前尚未普及。

此外，从无人机锂聚合物电池的发展情况来看，锂聚合物电池智能化是一个重要的发展趋势。目前笔记本电脑、智能手机，以及很多移动设备，都已经采用智能化的锂聚合物电池。无人机的动力电池也正在向智能化的锂聚合物电池发展。

1.2 无人机的结构与飞控原理

1.2.1　无人机的机身布局

从多旋翼机身和机臂的拓扑布局结构来看，无人机的机身布局可以分为星状结构和环状结构。星状结构的特点是所有的机臂按照星状结构与中心板（Hub）组合在一起。中心板承载所有的机载系统，并连接所有的机臂，多旋翼无人机的重心也在中心板上；机臂主要承载动力系统。星状结构的机身布局如图 1-12 所示。

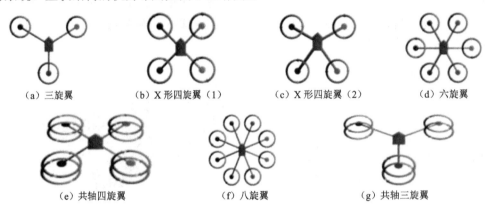

（a）三旋翼　　　　（b）X 形四旋翼（1）　　　　（c）X 形四旋翼（2）　　　　（d）六旋翼

（e）共轴四旋翼　　　　　（f）八旋翼　　　　　（g）共轴三旋翼

图 1-12　星状结构的机身布局

在星状结构的机身布局中，按照无人机机头方向与机臂相对位置的不同，可分为十字形和 X 字形。在十字形星状结构的机身布局中，机头方向与某一个机臂重合，这种机身布局的优点是操控稍简单一点，因为在进行姿态运动时无人机以其中一个机臂为旋转轴，这个机臂上的电机不需要调整转速；但其缺点也很明显，因为机载的前视摄像头通常是对准机头方向的，所以容易被机臂遮挡，影响视角。在 X 字形星状结构的机身布局中，两个机臂中间线作为机头方向，前视摄像头的视线不容易被遮挡，是目前比较常用的四旋翼无人机的机身布局。

除了星状结构的机身布局，多旋翼无人机还可以采用环状结构的机身布局，如图 1-13所示。环状结构的机身布局的机臂不是直接连在中心板上的，而是通过环状连接组合而成的，这种机身布局的结构强度很高，比较牢固，可以减少整机产生的振动，但整体重量会有所增加。在环状结构的机身布局中，由于质量密度分散在外围，到重心之间的距离增加，会增加整体的转动惯量，整机的灵活性也会降低。

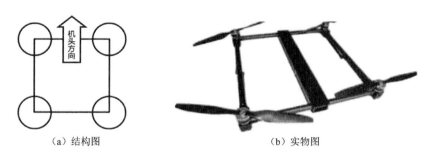

（a）结构图 （b）实物图

图 1-13 环状结构的机身布局

在设计多旋翼无人机的机身布局时，整机的重心设计是非常需要关注的一点。由于无人机动力系统的分布是对称的，因此要求无人机的重心必须在整机的中心轴上。当重心位于桨盘下方时，重心相对桨盘产生的力矩与外界干扰产生的力矩相反，将会对干扰振动产生抑制作用，重心越低，无人机的稳定性越好。但重心过低，会造成无人机在受到阵风影响时机体姿态角发散，因此通常要求重心靠近桨盘平面稍偏下位置。对于机载飞控系统的惯性测量传感器，也要求尽可能靠近机身几何中心位置，从而能够精准地反映机体的运动状态。

1.2.2　无人机的旋翼结构

相比于单旋翼无人机，多旋翼无人机具有两个或两个以上的旋翼。双旋翼无人机可分为共轴双旋翼无人机、交错双旋翼无人机和直列双旋翼无人机。为了保持无人机的平衡稳定，旋翼的个数通常是偶数，并且采用围绕机体重心对称分布布局。当然也有旋翼个数是奇数的无人机，如三旋翼无人机，要保持它们的飞行平衡稳定性需要特殊的算法。

最常见的多旋翼无人机是四旋翼无人机、六旋翼无人机和八旋翼无人机，随着旋翼个数的增加，无人机的整机尺寸也会显著增大，旋翼对角线的长度也会增大，同时无人机的额定设计载荷也会进一步增大。

除了旋翼的个数和安装位置，每个旋翼位置还可以配置成单桨与共轴双桨的方式。采用共轴双桨的好处是可以在不增加整机尺寸的基础上提升整体升力、增加整机载荷能力，但缺点是能耗会增加，因为上下桨叶形成了风力耦合，整体升力小于两个桨叶单独升力之和，降低了桨叶的力效比。

1.2.3　无人机的飞控原理

多旋翼无人机之所以在民用领域呈现爆发式的增长，其中一个很重要的原因就是它的飞行原理、机械构成和飞控算法都比较简单。无人机在空中飞行的过程中，其基本动作主要是悬停、上升、下降、前/后飞行、左/右飞行，以及航向运动等自由度的控制。不同于固定翼无人机的结构，多旋翼无人机可以实现侧滑飞行，因此极大地提高了机动性能力。

通常，直升机的螺旋桨采用较复杂的倾斜盘（见图 1-14）来调整旋翼的总距和倾斜盘角度，其中总距用来调整旋翼的螺距，从而改变升力。倾斜盘通过改变螺旋桨的倾斜角度，从而控制旋翼产生的拉力指向所需的方向，进一步控制直升机向不同方向运动。

多旋翼无人机并没有采用这种机械结构复杂的倾斜盘，而是采用了固定总距且不带倾斜盘的多轴旋翼，因此大大降低了维护成本，提高了系统的可靠性与安全性。通过调节多个旋翼之间的转速差,可以获得各旋翼拉力相对于质心的力矩,从而来改变多旋翼无人机的姿态,并产生相应的飞行动作。下面以四旋翼无人机为例介绍各种飞行动作的控制情况,四旋翼无人机与六旋翼无人机、八旋翼无人机在飞行原理上没有本质区别,只是电机拉力的分配有所不同。图 1-15 所示为四旋翼无人机的四个轴的编号和旋转方向。

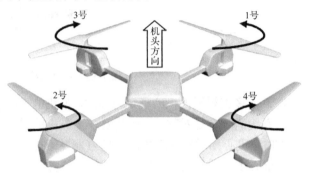

图 1-14　直升机的倾斜盘　　　　图 1-15　四旋翼无人机的四个轴编号和旋转方向

从图 1-15 中可以看出,对角线上的两个旋翼旋转方向相同,相邻两个旋翼的旋转方向相反,其中 3、4 号旋翼按照顺时针方向旋转,采用的是正桨;1、2 号旋翼按照逆时针方向旋转,采用的是反桨,这样四个轴上的电机产生的拉力均向上,并且两组对角线上产生的反扭矩可以相互抵消,使飞行保持稳定。四旋翼无人机的所有姿态和位置控制都是通过调节四个驱动电机的速度来实现的。

四旋翼无人机的飞行、悬停以及姿态变化,都是由多种传感器将无人机本身的姿态数据传给飞控系统的,再由飞控系统通过运算和判断下达指令,由执行机构完成飞行动作和飞行姿态的调整。

飞控系统是无人机的控制系统,是无人机的核心,其功能主要是发送各种指令,并且处理各部件传回的数据。类似于人体的大脑,飞控系统对无人机的各个部件发送指令,并且接收各部件传回的信息,经过运算和判断后发出新的指令。

一般来说,四旋翼无人机的飞行状态主要分为悬停姿态、升降飞行、俯仰(Pitch)飞行、横滚(Roll,也称为翻滚)飞行和航向(Yaw)飞行,这五种飞行状态可由遥控器控制。本书使用的遥控器采用"美国手",即遥控器的左摇杆控制无人机上升/下降、顺时针/逆时针旋转,右摇杆控制无人机向前/向后、向左/向右水平飞行。

(1)悬停姿态。在无人机处于悬停姿态时,螺旋桨的盘面垂直于重力,4 个旋翼产生的合拉力抵消重力,产生的扭矩也相互抵消。

(2)升降飞行。在悬停的基础上,向上推动遥控器油门拨杆,4 个旋翼同时提升相同的转速,产生的合拉力大于重力,此时无人机向上飞行;向下拉动遥控器油门拨杆,4 个旋翼同时降低相同的转速,产生的合拉力小于重力,此时无人机向下飞行。升降飞行及其遥控器操作如图 1-16 所示。

(3)俯仰飞行。当向上推动遥控器前进拨杆时,1 号和 3 号旋翼降低转速,2 号 4 号旋翼提升转速,产生低头动作,同时由于存在向前的拉力,因而产生向前飞行的动作。反之,当向下拉动遥控器前进拨杆时,1 号和 3 号旋翼提升转速,而 2 号和 4 号旋翼降低转速,从而产生抬头动作,同时由于存在向后的拉力,因此产生向后飞行的动作。俯仰飞行及其遥控器操作如图 1-17 所示。

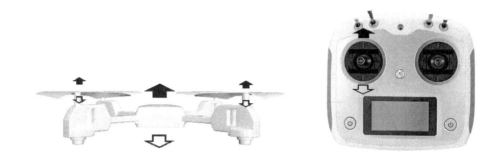

图 1-16 升降飞行及其遥控器操作

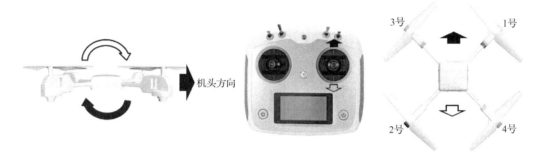

图 1-17 俯仰飞行及其遥控器操作

（4）横滚飞行。当向右推动遥控器横滚拨杆，1 号和 4 号旋翼降低转速，2 号 3 号旋翼提升转速，产生向右滚转的动作，同时由于存在向右的拉力，因而产生向右飞行的动作。反之，当向左推动遥控器横滚拨杆时，1 号和 4 号旋翼提高转速，2 号 3 号旋翼降低转速，产生向左滚转的动作，同时由于存在向左的拉力，因而产生向左飞行的动作。横滚飞行及其遥控器操作如图 1-18 所示。

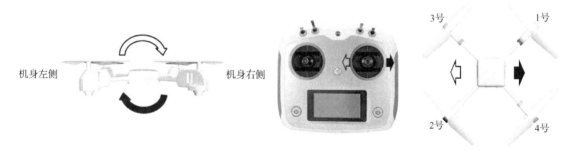

图 1-18 横滚飞行及其遥控器操作

需要注意的是，无论俯仰飞行还是横滚飞行，提升转速的旋翼与降低转速的旋翼变化值并不能完全相等，这是因为合拉力在倾斜方向上产生了分量，导致在重力方向上的分量减小，因此合拉力需要增大，才能保证在重力方向上的分量仍然能够保持与重力相等，如图 1-19 所示。

（5）航向飞行。当向右推动遥控器航向拨杆时，1 号和 2 号旋翼降低转速，3 号和 4 号旋翼提升转速，无人机的两组对角线上产生扭矩差，且顺时针方向的扭矩大于逆时针方向的扭矩，从而产生顺时针方向的航向动作。反之，当向左推动遥控器航向拨杆时，1 号和 2 号旋翼提升转速，3 号 4 号旋翼降低转速，无人机的两组对角线上同样产生扭矩差，且顺时针方向的扭矩小于逆时针方向的扭矩，从而产生逆时针方向的航向动作。航向飞行及其遥控器操作如图 1-20 所示。

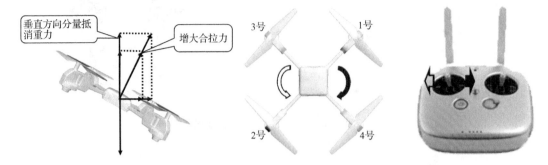

图 1-19　无人机在倾斜时需要补偿合拉力以抵消重力　　图 1-20　航向飞行及其遥控器操作

1.3 无人机的系统设计

1.3.1　飞控系统的硬件架构设计

本书基于飞航科技的嵌入式飞控系统——"光标"飞控系统，介绍飞控系统的硬件架构设计。"光标"飞控系统采用的是意法半导体公司的微控制器 STM32F407，其主频为 168 MHz、内存为 192 KB 的 SRAM，Flash 的容量有 512 KB。"光标"飞控系统的外观如图 1-21 所示，"光标"飞控系统不仅提供了无人机飞控系统的必要接口，还提供了嵌入式开发板的丰富外设接口和传感器芯片组。

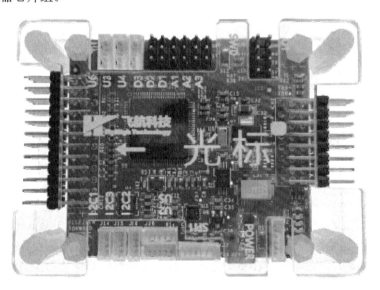

图 1-21　"光标"飞控系统的外观

"光标"飞控系统的外设接口与传感器分布如图 1-22 所示。

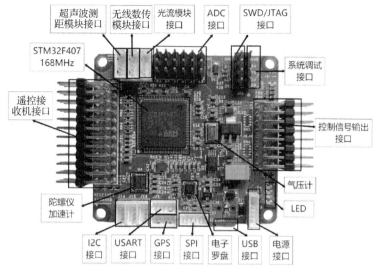

图 1-22　"光标"飞控系统的外设接口及传感器分布

无人机光流模块
以及数传安装

1.3.2　飞控系统的硬件接口

1. 遥控接收机接口

根据 1.1.2 节的内容可知，无人机的遥控器通常采用 PCM 和 PPM。遥控接收机的输出有 PWM 通信接口、PPM 通信接口和 S-Bus 通信接口，本书将主要介绍 PWM 通信接口。

脉宽调制（Pulse Width Modulation，PWM）信号通过周期性的脉冲高电平宽度组成的方波来表示控制信号，PWM 信号的占空比如图 1-23 所示。

PWM 信号是比较常用的遥控信号，遥控接收机在接收到 PPM 或者 PCM 编码信号后，将其解码出每个通道的控制量，然后按照 PWM 信号重构每个通道。由于每个通道都需要一组 PWM 信号，因此 PWM

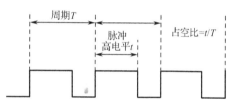

图 1-23　PWM 信号的占空比

通信接口需要较多的物理引脚。标准的 PWM 通信接口由 PWM 信号线、5 V 电源线和地线组成，遥控接收机是通过 PWM 通信接口的 5 V 电源线和地线从飞控系统上获得电源的。"光标"飞控系统的遥控接收机接口如图 1-24 所示，最多支持 12 路 PWM 信号。图 1-25 所示为遥控接收机输出的实测波形。

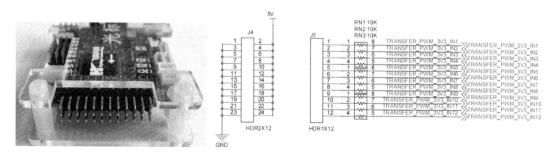

图 1-24　"光标"飞控系统的遥控接收机接口

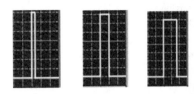

图 1-25　遥控接收机输出的实测波形

常用的直接控制舵机的 PWM 信号的频率是 50 Hz 和 300 Hz。在早期，50 Hz 的 PWM 信号是通过模拟电路产生的，300 Hz 的 PWM 信号是通过数字电路产生的，现在这两种信号都是通过数字电路产生的，因此 50 Hz 的 PWM 信号可用于老式舵机。高频的 PWM 信号对于高速伺服机构更有优势，高级的无人机遥控器都可以对信号频率进行配置，可在 50～399 Hz 之间连续调整。PWM 信号的优点是：

- PWM 信号在传输过程中，其高电平采用全电压传输，非 0 即 1，具有数字信号的特性，即具有较强的抗干扰能力。
- PWM 信号的脉宽是可以连续调节的，因此可以用来表示连续的信息。
- PWM 信号的产生、采集和解析都比较简单，只需要一定的数字电路或者定时器即可，基本不需要占用 MCU 的运算资源。
- PWM 信号与电压本身无关，因此对电压上的噪声、纹波等不敏感。

"光标"飞控系统实现了 PWM 通信接口，采用 STM32F407 的 TIM 模块的输入捕获模式对 PWM 信号进行采集（捕获）。在输入捕获模式下，TIM 模块可以采集每个通道的脉宽占空比，并且这种采集完全是由硬件自动完成的，无须 MCU 干预，不消耗 MCU 资源，仅在捕获完成后自动触发中断来计算 PWM 信号的脉宽。

2. 电调输出接口

飞控系统的执行机构一般是无刷直流电机或者空心杯电机，无刷直流电机需要使用电调来驱动，因此"光标"飞控系统通过控制 PWM 信号来控制电调，从而控制电机转速。"光标"飞控系统采用 STM32F407 的 8 路 TIM 输出 PWM 通道，从而输出 8 路 PWM 信号，如图 1-26 所示。

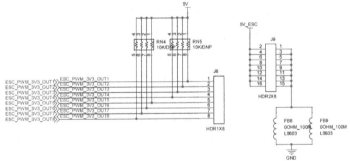

图 1-26　"光标"飞控系统输出的 8 路 PWM 信号

采用 TIM 模块的输出比较模式（Output Compare）可以直接控制 PWM 信号的输出，这样的好处是无须消耗 MCU 的资源。

3. 传感器接口

"光标"飞控系统集成的板载传感器有 6 轴 MEMS 微机械传感器（三轴加速计和三轴陀螺仪）、三轴磁力计和气压计，这种配置称为 10DOF（Degrees Of Freedom）。

（1）陀螺仪和加速计。"光标"飞控系统采用的是集陀螺仪、加速计于一体的 MPU6050。MPU6050 提供了 SPI 总线接口和 I2C 总线接口，"光标"飞控系统采用的是 I2C 总线接口。

MPU6050 的电路原理图如图 1-27 所示。

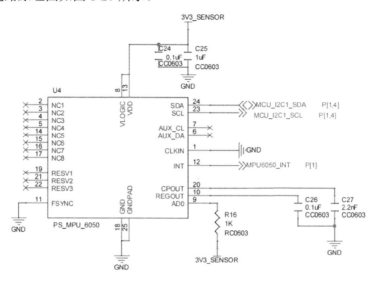

图 1-27　MPU6050 的电路原理图

（2）磁力计。磁力计是通过微磁性材料来测量三维空间的磁场强度的，"光标"飞控系统是通过 QMC5883L 来测量三维空间的磁场强度的。QMC5883L 采用 I2C 总线接口访问，其电路原理图如图 1-28 所示。

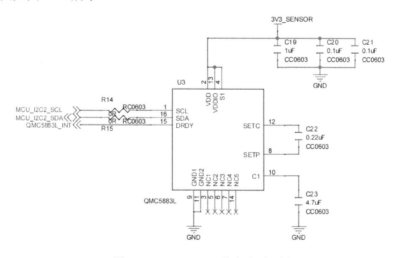

图 1-28　QMC5883L 的电路原理图

磁场容易受到周围环境的干扰以及电机的影响，因此在安装磁力计时一般采用板载与外挂结合的方式。在没有受到强烈外部干扰的环境中，可以仅使用板载磁力计，但如果板载的其他设备严重影响到板载磁力计，就需要使用外挂磁力计。很多 GPS 模块都会同时集成磁力计，通过 GPS 的天线支架可以尽可能地使磁力计处于干扰区域之外。

（3）气压计。气压计是通过测量大气压强来间接获取高度的传感器，"光标"飞控系统采用的 MS5611 气压传感器是由瑞士 MEAS 公司推出的一款具有 SPI 总线接口和 I2C 总线接口的新一代高分辨率气压传感器，其分辨率可达到 10 cm。"光标"飞控系统采用 SPI 总线接口与 MS5611 进行通信，MS5611 的电路原理图如图 1-29 所示。

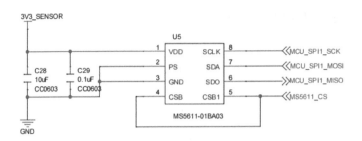

图 1-29   MS5611 的电路原理图

4. USART/UART 扩展口

（1）系统调试接口。通过 USART 接口可以实时打印系统日志，以便查看系统的运行状态，以及进行系统调试。系统调试接口的电路原理图如图 1-30 所示。

（2）GPS 模块接口。全球导航卫星定位系统（Global Navigation Satellite System，GNSS）主要包括美国的 GPS、俄罗斯的 GLONASS、欧盟的伽利略卫星导航系统和中国的北斗卫星导航系统。无人机在室外飞行时必须通过 GNSS 来获取自己的位置信息，同时计算与规划飞行路线并转换成无人机的控制信号，从而使其按照既定的飞行路线飞行。"光标"飞控系统集成了 GPS 模块，该模块通常是采用标准串口（波特率为 57600 bps）与主控设备互联的。GPS 模块的电路原理图如图 1-31 所示。

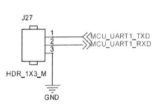

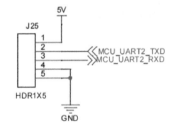

图 1-30   系统调试接口的电路原理图   图 1-31   GPS 模块的电路原理图

（3）无线数传模块接口。无线数传模块通常是采用串口进行通信的，"光标"飞控系统采用 STM32 系列微控制器的 UART 接口作为无线数传模块接口，可以直接支持 3DR Radio Telemetry 模块。无线数传模块的电路原理图如图 1-32 所示。

（4）光流与激光测距模块接口。从本质上说，光流（Optic Flow）是可以在三维空间中通过视觉感应到的运动模式，即光线的流动。例如，当我们坐在行驶的车上往窗外观看，可以看到外面的物体（如树木、房屋）不断后退运动，这种运动模式是物体表面在一个视角下由视觉感应器（如人眼或者摄像头等）感应到的物体与背景之间的相对位移。光流系统不但可以提供物体的相对位移速度，还可以提供一定的角度信息。通过对相对位移速度进行积分可以获得相对位置信息。

激光测距模块是使用激光来对被测物体进行准确测距的。激光测距传感器一般都带有激光发射器和光电元件，激光发射器发射一束细小的激光，由光电元件接收到被测物体反射的激光后，通过计时器可得到激光从发射到接收的时间，从而计算出观测者与被测物体之间的距离。

"光标"飞控系统是通过 UART 接口读取光流与激光测距模块的数据的，光流和激光测距模块的电路原理图如图 1-33 所示。

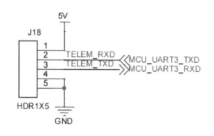

图 1-32　无线数传模块的电路原理图

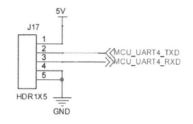

图 1-33　光流和激光测距模块的电路原理图

（5）超声波测距模块接口。超声波测距模块是用来测量距离的，通过发送和接收到超声波的时间差，以及声音的传播速度，即可计算出模块到前方障碍物的距离。"光标"飞控系统通过 UART 接口与超声波测距模块进行通信，超声波测距模块的电路原理图如图 1-34 所示。

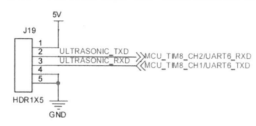

图 1-34　超声波测距模块的电路原理图

5. 其他功能和扩展接口

飞控系统工程还需要提供各种其他的功能和扩展接口。图 1-35 所示为"光标"飞控系统配备的 EEPROM 模块的电路原理图。EEPROM 模块的功能主要是保存系统的传感器校准参数、系统配置、软件配置等信息。当然 STM32 系列微控制器的内置 Flash 也可以用来存储信息，这为用户提供了多种存储方案。

"光标"飞控系统还提供了 4 个可以显示系统状态的 LED 指示灯，通过 STM32 系列微控制器的 GPIO 可以控制 LED 的亮灭以及闪烁，从而显示系统状态。LED 的电路原理图如图 1-36 所示。在默认情况下，"光标"飞控系统采用 GPIO 来测量每个实时任务的运行时间，以便监控任务状态。

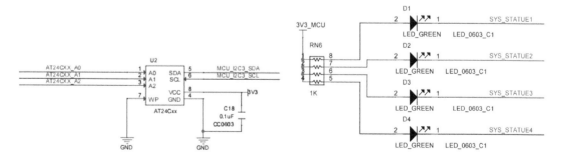

图 1-35　EEPROM 模块的电路原理图　　　　　图 1-36　LED 的电路原理图

STM32F407 芯片本身还带有一个 USBOTG 接口，该接口既可以连接 USB 主设备，也可以连接 USB 从设备。"光标"飞控系统引出了该接口，可以用来进行高速的数据传输，在地面阶段作为调试串口。USBOTG 接口的电路原理图如图 1-37 所示。

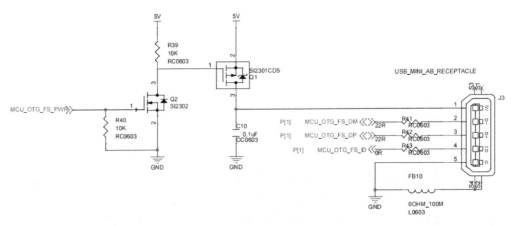

图 1-37　USBOTG 接口的电路原理图

1.3.3　飞控系统的软件架构

1．无人机的状态估计

无人机的飞行可分为水平飞行与升降飞行。水平飞行包括俯仰飞行、横滚飞行和航向飞行。对陀螺仪、加速计与磁力计等传感器采集的数据进行姿态解算，可得到无人机当前的姿态，以及 x、y 轴的加速度；对 x、y 轴的加速度进行积分可得到水平估计速度；对水平估计速度与传感器水平速度（可通过对 GPS/光流模块获得）进行速度融合可得到水平速度；对水平速度进行积分可得到水平估计位置；对水平估计位置与传感器水平位置（可通过对 GPS/光流模块获得）进行位置融合可得到最终的水平位置。

对于升降飞行，对加速计获得的 z 轴加速度进行积分可得到垂直估计速度；对高度计（气压计、超声波及激光测距传感器）测量的高度值进行微分可得到传感器速度；对垂直估计速度和传感器垂直速度进行速度融合可得到垂直速度；对垂直速度进行积分可得到垂直估计位置；对垂直估计位置与传感器垂直位置进行高度融合可得到最终的垂直位置。

无人机的状态估计流程如图 1-38 所示。

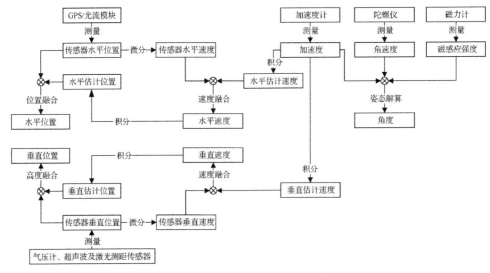

图 1-38　无人机的状态估计流程

2．无人机的控制流程

在获得无人机的状态后，通过水平位置与垂直位置就可以直接控制无人机的飞行。

当进行俯仰飞行（前进/后退）或横滚飞行（左/右飞行）时，对当前水平位置与水平期望位置进行 PID 计算可得到水平控制位置，对水平控制位置进行微分可得到水平期望速度，对水平期望速度与当前水平速度进行 PID 计算可得到水平控制速度，水平控制速度与水平期望角度在短时间内成线性关系，对水平期望角度与当前水平角度进行 PID 计算可得到水平控制角度，对水平控制角度进行微分可得到水平期望角速度，对水平期望角速度与当前水平角速度进行 PID 计算可得到水平控制角速度，最终控制电机的转动。

当进行升降飞行时，对当前垂直位置与垂直期望位置进行 PID 计算可得到垂直控制位置，对垂直控制位置进行微分可得到垂直期望速度，对垂直期望速度与当前垂直速度进行 PID 计算可得到垂直控制速度，由垂直控制速度直接控制电机转动。

当进行航向飞行时，对航向期望角度与当前航向角度进行 PID 计算可得到航向控制角度，对航向控制角度进行微分可得到航向期望角速度，对航向期望角速度与当前航向角速度进行 PID 计算可得到航向控制角速度，由航向控制角速度控制电机转动。

无人机的控制流程如图 1-39 所示。

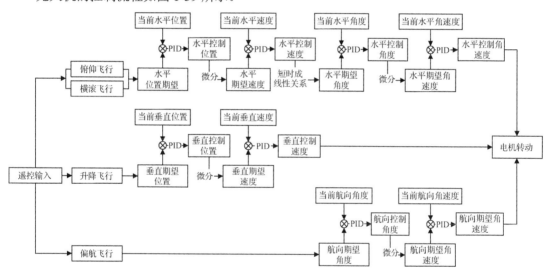

图 1-39　无人机控制流程

3．基于 FreeRTOS 的飞控系统设计

"光标"飞控系统是基于 FreeRTOS 实时操作系统设计的，由多个周期性的任务组成，可根据传感器采集的数据更新周期、功能需求和任务的重要性，创建不同的周期性任务，分别是 2 ms 任务、5 ms 任务、10 ms 任务、30 ms 任务、50 ms 任务、1 s 任务和 MAVLink 任务。"光标"飞控系统的设计结构如图 1-40 所示。

- ⮞ 2 ms 任务：以 2 ms 为周期，用来完成陀螺仪、加速计的数据更新，光流和激光测距模块的数据更新，角速度控制，以及控制电机转动。
- ⮞ 5 ms 任务：以 5 ms 为周期，用来完成姿态解算、位置估计、遥控输入、速度控制、角度控制和油门控制。
- ⮞ 10 ms 任务：以 10 ms 为周期，用来完成位置控制、磁力计数据更新。

- 30 ms 任务：以 30 ms 为周期，用来完成超声波测距模块的数据更新，以及气压计的数据更新。
- 50 ms 任务：以 50 ms 为周期，用来解析 MAVLink 消息以及 GPS 数据。
- 1000 ms 任务：以 1000 ms 为周期，用来完成电池信息和飞控运行状态的更新。
- 1 s 任务：以 1 s 为周期，用来完成电池信息更新、飞控运行状态更新。
- MAVLink 任务：用来发送 MAVLink 数据。

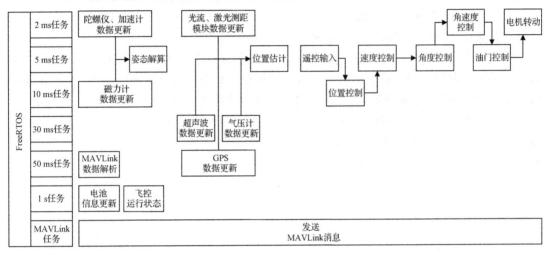

图 1-40 "光标"飞控系统的设计结构

第 2 章
无人机的首次飞行

无人机在进行首次飞行前需要先连接地面站的遥控器，在地面站中可以查看遥控器与无人机的连接是否正常、各个传感器的数据，以及无人机电池的状态，并对陀螺仪、加速计和磁力计进行校准。

2.1 地面站简介

无人机的地面站也称为控制站，是无人机的指挥中心，可对无人机的飞控系统和任务载荷进行监控和操纵，通常由无人机的发射和回收控制设备组成。

一般而言，地面站是地面上的基站，即指挥无人机的基站。通过地面站给无人机下达任务后，无人机可根据下达的任务开始控制飞控系统和任务载荷（如摄像头），自主完成飞行任务。通过地面站可以实时查看无人机的状态，并随时干预和控制无人机的飞控系统和任务载荷，包括改变或者中断任务、起飞和返航等操作。

飞航科技的"光标"飞控系统配备了地面站软件，该地面站软件具有无人机实时状态显示、飞控参数设置、在线调试、数据记录等功能，可满足无人机飞行测试、参数调优、算法验证等需求，降低无人机套件的使用难度。

2.1.1 地面站软件的基本功能

地面站软件的基本功能包括：
- 实时显示无人机的 2D 姿态和 3D 姿态；
- 显示三轴加速计、三轴陀螺仪、三轴磁力计的原始值及物理值，三轴姿态角，并绘制实时折线图；
- 显示遥控输入和电机输出；
- 显示飞行高度、飞行速度、飞行模式、传感器状态、电机状态、MCU 使用率、电池电量等状态；
- 支持串口调试助手，支持 MAVLink 协议；
- 支持对无人机进行校准；
- 支持对带有 GPS 功能的无人机进行飞行轨迹规划；
- 可对 3DR Radio Telemetry 模块进行配置；
- 支持飞行数据的存储，并可导入历史记录进行飞行状态绘制；

- ⮫ 支持拉力控制、扭矩测量平台；
- ⮫ 支持调姿平台；
- ⮫ 支持 IMU 校准平台。

2.1.2　地面站软件介绍

地面站软件的界面如图 2-1 所示。

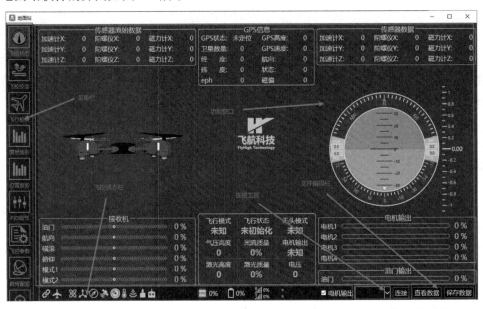

图 2-1　地面站软件界面

1．菜单栏

地面站软件界面中的菜单栏包括飞控状态、飞控校准、飞行控制、惯导波形、位置波形、PID 调节、飞控参数、数传配置、飞行轨迹、视频接收、拉力测量、调姿平台、IMU 校准、MAG 校准、串口助手、高级接收、软件设置等选项。

2．飞控状态栏

地面站软件界面中的飞控状态栏可显示无人机的各种状态信息，从左至右依次为：

- ⮫ 飞控连接状态：地面站软件与地面站连接状态，未连接时显示🔗（灰色），连接后显示🔗（蓝色）。
- ⮫ 飞控状态：无人机锁定时显示✈（灰色），解锁后显示✈（蓝色），正在校准时显示🔄（蓝色）。
- ⮫ 陀螺仪状态：未使用时显示⊠（灰色），异常时显示⊠（橙色），正常时显示⊠（蓝色）。
- ⮫ 加速计状态：未使用时显示�（灰色），异常时显示�（橙色），正常时显示�（蓝色）。
- ⮫ 磁力计状态：未使用时显示⊘（灰色），异常时显示⊘（橙色），正常时显示⊘（蓝色）。
- ⮫ GPS 模块状态：未使用时显示✿（灰色），异常时显示✿（橙色），正常时显示✿（蓝色）。
- ⮫ 光流模块状态：未使用时显示☻（灰色），异常时显示☻（橙色），正常时显示☻（蓝色）。
- ⮫ 气压计状态：未使用时显示🌡（灰色），异常时显示🌡（橙色），正常时显示🌡（蓝色）。

- 超声波测距模块状态：未使用时显示 ≋（灰色），异常时显示 ≋（橙色），正常时显示 ≋（蓝色）。
- 电机输出状态：未使用时显示 ♣（灰色），异常时显示 ♣（橙色），正常时显示 ♣（蓝色）。
- 遥控器输入状态：未使用时显示 ☖（灰色），异常时显示 ☖（橙色），正常时显示 ☖（蓝色）。
- 接收数据量：从本次连接飞控系统开始地面站接收到的数据总量。
- MCU 负载：无人机 MCU 的实时利用率百分比。
- 电池电量：无人机电池的实时电量百分比。
- 信号强度：微型地面站与无人机无线数传模块之间的实时信号强度。
- 电机输出：显示无人机电机使能状态，单击该图标可切换电机的使能状态。

3．连接工具

使用连接线连接地面站和计算机后，在地面站软件的下拉栏中选择正确的端口号，单击"连接"按钮即可连接地面站软件与地面站。在断开地面站与计算机的连接线断开前，应先单击"断开"按钮断开地面站软件与地面站间的连接。

4．文件编辑栏

文件编辑栏的功能包括：
- 查看数据：单击"查看数据"按钮后，即可回放选择的飞控数据。
- 保存数据：单击"保存数据"按钮后，即可保存接收到的飞控数据。

2.2 数据传输

无人机数传模块的配置

●●●● 学习目标

了解无线数传模块的工作原理及基本配置，使用无线数传模块进行数据的透传。

2.2.1　开发原理

无人机的遥测链路主要用于地面控制人员对无人机进行实时的飞行状态感知与定位。遥测链路由无线数传模块和地面站两部分组成，无线数传模块包含地面站收发模块和机载收发模块。3DR 公司推出的 3DR Radio Telemetry 模块（见图 2-2）是比较常用的无线数传模块。

（a）地面站收发模块　　　　　　　　（b）机载收发模块

图 2-2　3DR Radio Telemetry 模块

3DR Radio Telemetry 模块可以传输符合 MAVLink 协议的数据和状态信息，其机载收发模块使用标准的 TTL 串行通信接口与飞控系统连接，地面站收发模块使用 USB CDC（USB Communication Device Class）接口与地面站计算机连接。3DR Radio Telemetry 模块的射频频率为 915 MHz 和 433 MHz，数据传输速率（空速）可达 250 kbps，内带错误校验机制，可纠正 25%左右的错误数据。3DR Radio Telemetry 模块是开源设计的，用户可以在 3DR 公司的官网查询该模块的原理图、PCB 设计文件和烧写的固件代码。3DR Radio Telemetry 模块配有专门的配置软件（见图 2-3），可以配置一些基本的参数，如波特率、信道、错误检测、发射功率和接收灵敏度等，如图 2-4 所示。3DR Radio Telemetry 模块主要适用于近距离、小范围的微型无人机的无线数传应用，其传输功率约为 20 dBm（100 mW，增加功放模块后可以达到 500 mW），接收灵敏度为-121 dBm，传输距离约 100 m。

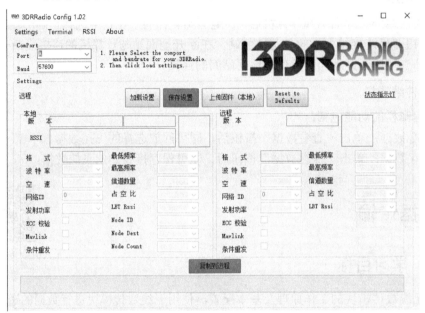

图 2-3　3DR Radio Telemetry 模块的配置软件

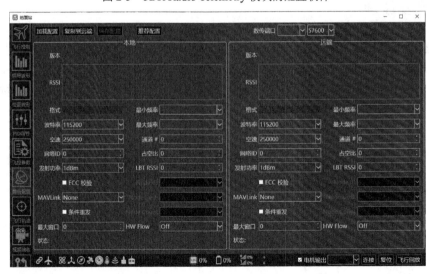

图 2-4　3DR Radio Telemetry 模块的参数设置

如果需要传输更远的距离，如几千米甚至几十千米，则需要使用大功率的数传电台，如 Microhard 公司的数传电台 N920F-ENC，如图 2-5 所示。

N920F-ENC 采用跳频扩频（Frequency-Hopping Spread Spectrum，FHSS）技术，提高了抗噪声、抗干扰能力，发射功率为 1 W，可以实现上百千米的数据传输，且通信信道带宽可达 12 Mbps，支持点对点、中继转发和星状组网等连接方式。

图 2-5   Microhard 公司的数传电台 N920F-ENC

2.2.2   开发步骤

1. CP2102 芯片的驱动安装

图 2-6   计算机设备管理器中显示的 CP2102 芯片

地面站无线数传模块接口使用的是 CP2102 芯片，因此需要安装 CP2102 芯片驱动。连接无线数传模块后，在计算机的设备管理器中可以看到如图 2-6 所示的设备。

2. 无线数传模块的配置

1）加载配置

打开地面站软件，选择左侧的"数传配置"选项，可打开配置无线数传模块的对话框。在该对话框中，将端口设置为 COM3，波特率使用默认的 57600，单击"加载配置"按钮（见图 2-7）后，地面站即可读取无线数传模块的参数。

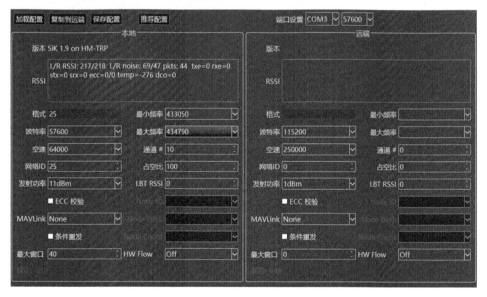

图 2-7   单击"加载配置"按钮

2）参数配置

在配置无线数传模块的对话框中，用户可以配置无线数传模块的参数。网络 ID 的初始值为 25，网络 ID 可以更改，但本地无线数传模块和远端无线数传模块的网络 ID 必须相同，否则会配置失败。波特率可以修改为其他值，但本地无线数传模块和远端无线数传模块的波特率必须相同，否则会配置失败。空速越小，传输距离越远，但会减小数据传输量。为了追求传输距离，发射功率可以选择最大值，即 20 dBm。勾选"ECC 校验"选项后，数据传输速率会被减半，但这是值得的，因为错误率会急剧下降，从而能在较远的范围内建立一个更加可靠的连接。打开 MAVLink 后，无线数传模块将处于 MAVLink 框架下。MAVLink 协议的 APM 用于向地面站传输遥测数据。当使用 MAVLink 框架，无线数传模块会尽力根据 MAVLink 数据包边界来对齐无线数传模块的数据包，如果数据包丢失了，接收端不会收到不完整的 MAVLink 数据包，这部分不完整的 MAVLink 数据包在地面站软件的控制面板上会显示成线性噪声。在进行参数配置时，本地无线数传模块和远端无线数传模块的参数一定要一致，建议在配置完本地无线数传模块的参数后，单击"复制到远端"按钮可将本地无线数传模块的参数复制到远端无线数传模块，确保本地无线数传模块和远端无线数传模块的参数保持一致。

　　无线数传模块的参数配置如图 2-8 所示。

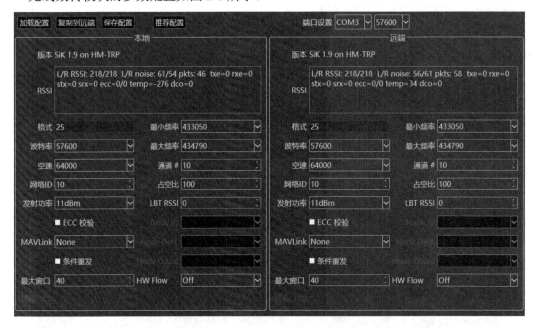

图 2-8　数传模块的参数配置

3）推荐配置

　　如果两个无线数传模块连接失败，则应分别检测每个无线数传模块的参数。建议采用地面站的推荐配置，单击"推荐配置"按钮即可完成无线数传模块的参数配置。推荐配置如图 2-9 所示。

2．无线数传模块在飞控中的应用

　　将远端无线数传模块连接到飞控系统，将本地无线数传模块连接到计算机，在计算机中打开地面站软件，在界面右下角选择 COM 口（见图 2-10）后单击"连接"按钮，此时可以看到飞控系统回传的数据，由于飞控系统还没有进行校准，因此当前的姿态角可能不准确。

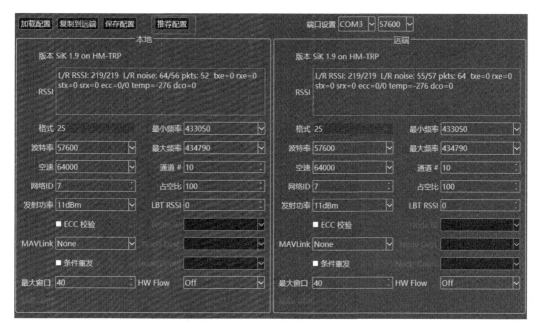

图 2-9　推荐配置

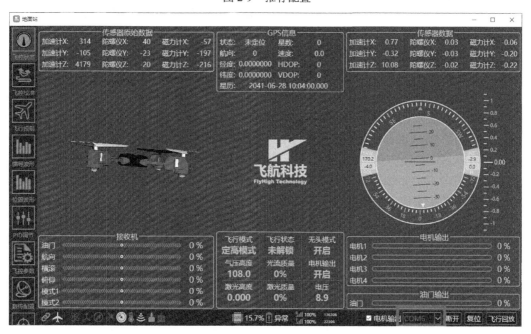

图 2-10　选择 COM 口

2.3 遥控链路

无人机遥控接收器的安装

学习目标

了解遥控器的工作原理、信号特性、配对方法和调试方法。

2.3.1　开发原理

无人机遥控器的原理和电视机遥控器、空调遥控器一样，可以不接触到被控设备，通过一个手持器件，使用无线信号与被控设备进行通信，从而达到对设备的控制。"遥"是指远距离，"控"是指可以控制设备，"器"是指一个电子器件。无人机的遥控器主要用于控制无人机的飞行动作。

无人机的遥控器与无人机的通信需要由发射机和接收机配合完成，遥控器上的控制杆可将操作命令转换成无线信号并发射给接收机，接收机接收到无线信号后会解码出遥控器的操作命令，并发送到飞控系统。

在飞行过程中，无人机的遥控器使用的是 2.4 GHz 的跳频系统。跳频系统通信是一种扩频通信，跳频是指载波频率在很宽频带范围内按某种图案（序列）进行跳变。遥控器首先对数据进行适当的编码，生成带宽为 B_d 的基带信号；再对带宽为 B_d 的基带信号进行载波调制。载波频率由伪随机码发生器控制，在带宽为 B_{SS}（B_{SS} 远大于 B_d）的频带内随机跳变，从而将带宽为 B_d 的基带信号扩展到带宽为 B_{SS} 的发射信号，实现了频谱扩展。产生跳变载波的可变频率合成器由伪随机序列（跳频序列）控制，使载波频率随跳变序列值的改变而改变。跳频序列的码元宽度为 T_c，每间隔时间 T_c，可变频率合成器输出的载波频率就跳变一次。跳频信号经射频滤波器处理后由天线发射。

接收机首先从接收到的跳频信号中提取跳频同步信号，使本地伪随机序列控制的频率跳变与接收到的跳频信号同步，得到同步后的本地载波，使载波解调（即扩频解调）获得携带信息的中频信号，从而得到发射机发射的信息。

跳频系统使狭窄的工作频带按某种顺序跳变，并均匀地使用全部宽频带的各个窄带。跳频系统最常用的 RS（Reed-Solomon）编码是一种前向纠错的信道编码，它是多元 BCH（Bose-Chaudhuri-Hocquenghem）循环编码的一种，具有最大的汉明距离，可选用的编码数目多。

跳频系统与 IS-95 系统中采用的直扩系统一样，最重要的参数是扩频增益 G。对跳频系统来说，扩频增益又称为跳频增益。跳频系统的可变频率合成器能提供 N 个不同频率，即跳频数为 N。跳频系统的频带宽度 B_{SS} 为 N 个最小跳频间隔（$\Delta f = B_d$）。也就是说，跳频系统的扩频增益等于系统的最大频率跳变数。扩频增益 G 的大小直接反映了跳频抗摔落、抗干扰的能力大小。

对跳频系统的可变频率合成器的要求有两点：一是要受跳频序列控制；二是能足够快地跳变频率，使系统可以很快地从一个频率跳变到另一个频率，快跳比慢跳具有更好的抗干扰和隐蔽性能。跳频所用的频率合成器有直接式（仅使用混频、分频、倍频合成）和间接式（使用锁相环）两种。前者的跳频速率高于后者，后者仅适用于慢速、中速跳频。遥控器的发射机和接收机原理框图如图 2-11 所示。

遥控器的发射机在时钟的控制下，伪随机码发生器产生的伪随机序列通过控制频率生成跳频载波系列（称为跳频图案）。遥控器发射机中的调制器是一种中心频率随信号跳频图案同步跳变的窄带滤波器，目的是增加接收机的时间选择性，减少强干扰对接收机可能引起的阻塞现象。

如果遥控器接收机接收到的跳频图案与本地产生的跳频图案一致，则经混频后可得到一个固定的中频信号，再经滤波和解调后即可得到输出信号。若接收到的跳频图案与本地产生的跳频图案不一致，则得不到一个固定的中频信号，解调后的输出信号只是一些噪声。因此，时间同步是跳频系统的关键技术。

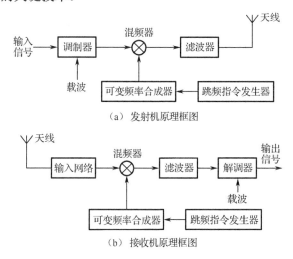

（a）发射机原理框图

（b）接收机原理框图

图 2-11　遥控器的发射机和接收机原理框图

　　调制方式可根据跳频信号的特征来选择。在跳频系统中，不宜采用对相位要求严格的调制方式，这是因为接收机的本地载波要做到与接收到的信号载波在相位上保持相干是很困难的，应当采用非相干调制/解调方式。可变频率合成器是跳频系统的重要组成部分，其性能将制约跳频速率。对可变频率合成器的要求是跳频速率快、杂散电平低和功耗小。可变频率合成器在进行频率跳变时一般有两个阶段，一个是过渡期（暂态时间），另一个是滞留期（稳态时间），要求过渡期尽量短，以实现高速的转换。

　　无人机遥控器发射机的正面、背面和顶端说明如图 2-12 所示，无人机遥控器接收机说明如图 2-13 所示。

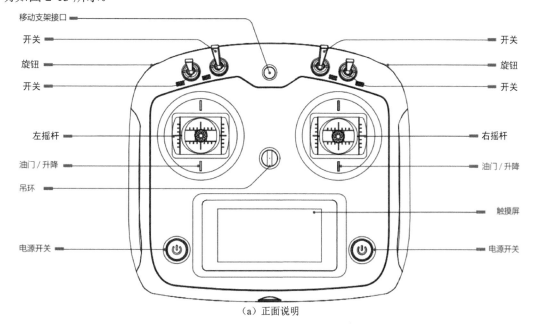

（a）正面说明

图 2-12　无人机遥控器发射机的正面、背面和顶端说明

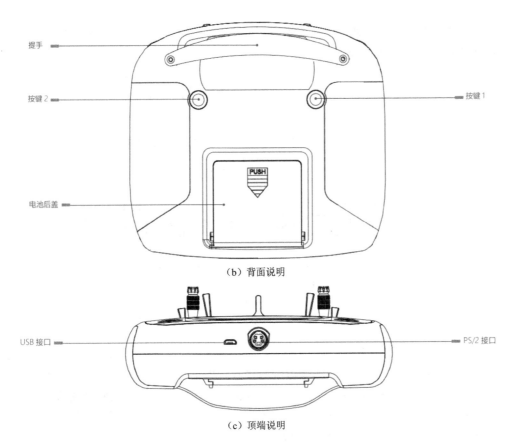

（b）背面说明

（c）顶端说明

图 2-12　无人机遥控器发射机的正面、背面和顶端说明（续）

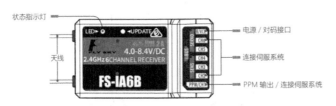

图 2-13　无人机遥控器接收机说明

　　发射机上的状态指示灯用于指示遥控器的电源和工作状态。当状态指示灯不亮时，表示发射机的电源处于关闭状态；当状态指示灯发蓝光时，表示发射机的电源处于开启状态，能够正常工作。

　　当接收机上的状态指示灯灭时，接收机电源未接通；当状态指示灯发蓝光且常亮时，表示接收机已连接电源，并处于正常工作状态；当状态指示灯发蓝光且快速闪烁时，表示接收机处于对码状态；当状态指示灯发蓝光且慢速闪烁时，表示已配对的发射机未开机或信号已丢失。

2.4.2　开发步骤

1. 辅助通道

辅助通道可以设置默认通道外的其他通道，设置方法为：单击触摸屏界面"FUNCTION"

→ "AUX. channels" 下的 " ◀ Channel 5 ▶"（此处为通道 5，也可以是其他通道）图标两侧的箭头，选择需要设置的通道。单击通道框，可进入子菜单后可选择 "Nul"（无）、"VRx"（旋钮）、"STx"（摇杆）、"Key"（按键）和 "SWx"（开关）。辅助通道设置如图 2-14 所示。

2. 输出模式

输出模式用于选择接收机的输出模式，可选 PWM Mode 和 PPM Mode，黑点图标表示当前选定的模式。输出模式的设置如图 2-15 所示。

图 2-14　辅助通道设置　　　　　　　　　　图 2-15　输出模式的设置

3. 设置 "光标" 飞控系统对应的通道

在默认情况下，发射机已经与接收机配套。当接收机上电后，其上的状态指示灯会开始闪烁；当发射机上电后，接收机上的状态指示灯常亮表示已经绑定发射机，否则需要重新绑定发射机。

（1）选择 "FUNCTION" → "Aux. channels"，如图 2-16 所示。

（2）单击 "▨" 图标，如图 2-17 所示。

图 2-16　选择 "FUNCTION" → "Aux. channels"　　　　图 2-17　单击 "▨" 图标

（3）选择 "SWx"，表示该通道使用开关控制，默认使用 SWA，如图 2-18 所示。

（4）单击 "Channel 5" 右侧的箭头，如图 2-19 所示，对通道 6 进行设置。

图 2-18　选择 "SWx"　　　　　　　　　　图 2-19　单击 "Channel 5" 右侧的箭头

（5）继续单击"▩"图标，如图 2-20 所示。

（6）选择"VRx"选项，表示该通道使用旋钮控制，默认使用 VRA，如图 2-21 所示。

图 2-20　继续单击"▩"图标　　　　　　　图 2-21　选择"VRx"选项

（7）返回后，遥控器会自动保存相关设置。

2.4 飞控校准

无人机校准

●●●●● 学习目标

了解飞控系统的传感器和惯性测量元件工作原理，对飞控系统的传感器进行校准。

2.4.1　开发原理

飞控校准是无人机飞行前的一个最重要的过程，良好的飞控校准会减少飞行事故发生的概率。飞控校准主要是针对陀螺仪、加速计、磁力计等飞行系统传感器和惯性测量元件的量程范围、零点值，以及遥控器各通道的行程范围进行的。

1. 加速计的工作原理

惯性测量元件是一种能够在惯性系中测量载体自身三维加速度和三维角度的设备，主要包括加速计和角速度计两种。根据物理学原理可知，加速度的积分是速度，速度的积分是位移信息，角速度的积分是角度信息。从理论上来说，通过惯性测量元件，可以得到三轴加速度、三轴速度、三轴位置、三轴角速度、三轴角度等物理量。在没有全球卫星定位系统前，导航系统是通过惯性测量元件来推断载体的状态信息的。例如，导弹通常都安装了精密的惯性测量元件，导弹上主要依靠惯性测量元件推断自身的状态信息，从而自主控制导弹飞向预定目标。惯性测量元件本身固有的误差，会因为时间上的积分而积累（惯性测量元件本身的工艺、技术水平越低，误差越大，误差的积累也越大）。当无人机飞行上万千米后，积累的误差可以达到几千米甚至几十千米，因此现代导航系统都是通过全球卫星定位系统获取精准的定位和速度信息来对惯性导航系统进行修正的。

此外，早期的惯性测量元件由于机械结构的因素，其外形尺寸方面都比较大，并且也很重，因此惯性测量元件很难在小型或者微型无人机上使用，也成为微型无人机发展的一个障碍。图 2-22 所示为一款机械式惯性测量元件。

　　MEMS 是 Micro-Electro-Mechanical Systems 的缩写，是指集微机械结构、微型传感器、微型执行器，以及信号处理和控制电路，甚至接口、通信和电源等于一体的微型器件或系统。现在很多微型加速计、陀螺仪都是基于 MEMS 技术实现的。微机械加速计是根据压电效应的原理来工作的。无对称中心的异极晶体加在晶体上的外力，除了会使晶体发生形变，还将改变晶体的极化状态，在晶体内部建立电场，这种由于机械力作用使介质发生极化的现象称为正压电效应。根据压阻技术、谐振技术、电容效应等，可以制作惯性测量元件（传感器），但这些惯性测量元件都是由内部集成的微机械质量块来测量机械力作用带来的介质形变的，并将介质形变转换为电压后通过相应的放大电路和滤波电路进行处理，测量值的大小分别与电阻、电压、电容的变化成正比。

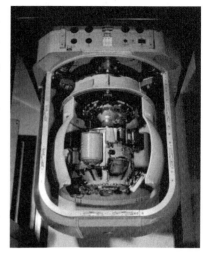

图 2-22　机械式惯性测量元件

　　加速计也称为加速度传感器，是一种能够测量物体加速度的传感器。加速计不仅可以检测一个物体的状态，如是停止还是运动，是向前、向后、向左还是向右运动，是向上还是向下运动；甚至还可以用来分析物体的振动。加速计常用于各种控制及测量设备中，如报警系统、玩具、环境监测、地质勘探、地震监测、道路和桥梁的振动分析等。

　　图 2-23 所示为三轴加速计的测量原理。它的每个轴中均有一个微机械质量块，通过微机械质量块来感受重力，从而对轴上的感应器（类似弹簧）产生作用。三轴加速计有三种感应器类型，即压阻式、压电式和压容式，由微机械质量块产生的加速度或位移分别正比于电阻、电压和电容的变化，并通过专门的放大、滤波、整形及采样电路来提取加速度信息。

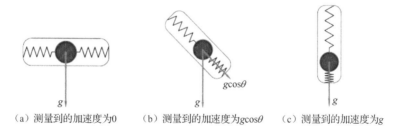

（a）测量到的加速度为0　　（b）测量到的加速度为gcosθ　　（c）测量到的加速度为g

图 2-23　三轴加速计的测量原理

2．陀螺仪的工作原理

　　陀螺仪又称为角速度传感器或角速度计，用于检测旋转角速度的大小。角速度的单位 deg/s（度/秒）。陀螺仪有多种设计结构和实现原理，如内/外框架驱动式、梳状和电磁驱动式等，但基本上都采用相互正交振动和转动引起的交变科里奥利（Coriolis）力。当两个 MEMS 质量块运动速度的大小相同、方向相反时，所产生的科里奥利力相反，压迫两个 MEMS 质量块对应的电容板移动，从而产生电容差分的变化。由于加速度的变化只能使两个 MEMS 质量块朝相同方向移动，不会带来电容差分的变化，因此电容差分的变化与旋转角速度的大小成正比。

　　科里奥利力也称为哥里奥利力，简称科氏力，是对旋转体系中进行直线运动的质点由于惯性相对于旋转体系产生的直线运动偏移的一种描述。科里奥利力的示意图如图 2-24 所示，科里奥利力来自物体运动所具有的惯性。

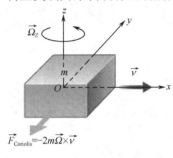

图 2-24　科里奥利力示意图

3. 磁力计的工作原理

磁力计是指各种用来测量磁场的仪器，也称为磁力仪、高斯计。无人机的机头朝向哪个方位，这个状态量称为航向，也是无人机三维姿态信息中的一维。磁力计通过测量大地的磁场强度可以获得载体的航向信息。磁力计之所以能够获得航向信息，是因为地球空间存在磁场，磁场强度为 0.5～0.6 高斯。地球磁场与地球自转轴如图 2-25 所示，磁力计可以测量穿过三维的地球磁场强度，从而获得载体相对于地磁线的偏转方位。

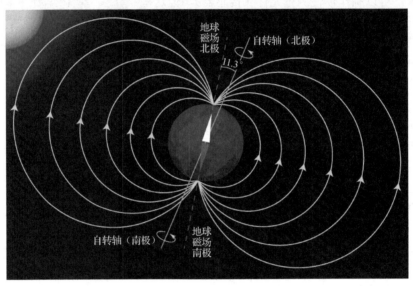

图 2-25　地球磁场与地球自转轴

磁力计是通过各向异性的磁致电阻（Anisotropic Magneto-Resistance，AMR）材料来检测空间中磁感应强度大小的。这种具有晶体结构的 AMR 材料对外界的磁场非常敏感，磁场的变化会导致 AMR 材料的阻值发生变化。在制造磁力计的过程中，将一个强磁场加在 AMR 材料上使其在某一方向上磁化，从而建立一个主磁域；与主磁域垂直的轴被称为 AMR 材料的敏感轴。磁力计的制造过程示意图如图 2-26 所示。

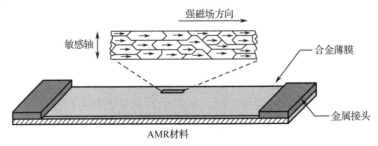

图 2-26　磁力计的制造过程示意图

为了使磁力计的测量结果以线性的方式变化，AMR 材料上的金属导线呈 45° 角倾斜排列，如图 2-27 所示。当电流从这些金属导线上流过时，由初始的强磁场在 AMR 材料上建立起来的主磁域和电流的方向有 45° 的夹角。

当存在外界磁场 H_a 时，AMR 材料上的主磁域方向就会发生变化，不再是初始的方向了，此时磁场方向和电流的夹角 θ 也会发生变化。对于 AMR 材料来说，θ 的变化会引起 AMR 材料自身阻值的变化，并且成线性关系。磁力计中利用惠斯通电桥检测 AMR 材料阻值的变化。惠斯通电桥如图 2-28 所示，其中的 R_1、R_2、R_3、R_4 是初始状态相同的 AMR 材料电阻，但 R_1、R_2 和 R_3、R_4 具有相反的磁化特性。当检测到外界磁场时，R_1、R_2 的阻值增加 ΔR，R_3、R_4 的阻值减少 ΔR。在没有外界磁场时，惠斯通电桥的输出为零；在有外界磁场时，惠斯通电桥的输出为一个微小的电压 ΔV。

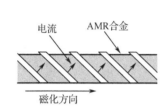

图 2-27　呈 45° 角排列的金属导线

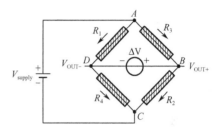

图 2-28　惠斯通电桥

当 $R_1=R_2=R_3=R_4=R$ 时，在外界磁场的作用下电阻的变化为 ΔR，惠斯通电桥输出的 ΔV 正比于 ΔR。

2.4.2　开发步骤

无人机起飞前需要进行飞控校准，以确保传感器及遥控器的值是正确的。在进行飞控校准时，飞控系统需要与地面站连接，既可以使用无线数传模块进行连接，也可以使用 USB 线进行连接。飞控系统中的 USB 为虚拟串口，所以这两种连接方式的后续操作是一致的。

1．校准前的准备

（1）选择正确的 COM 口，如图 2-29 所示，单击"连接"按钮。

图 2-29　选择正确的 COM 口

（2）为安全起见，在飞控校准的过程中尽量关闭电机输出功能。去掉 COM 口左侧的"电机输出"选项后，此时观察飞控状态栏中电机输出状态图标，该图标变成灰色后表示关闭了电机输出功能，如图 2-30 所示。

图 2-30　关闭电机输出功能

2. 校准加速计和陀螺仪

（1）单击地面站软件左侧的"飞控校准"按钮后，单击"惯性单元校准"按钮，即可根据提示进行飞控校准。MPU6050（"光标"飞控系统使用的传感器型号）的单轴校准如图 2-31 和图 2-32 所示。

图 2-31　MPU6050 的单轴校准（一）

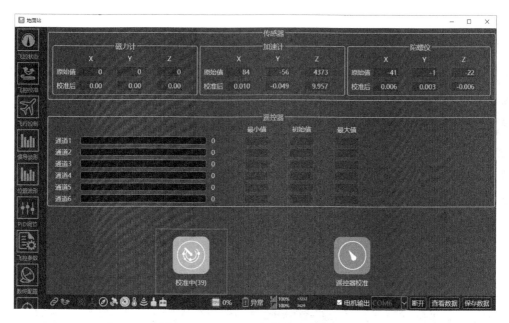

图 2-32　MPU6050 的单轴校准（二）

（2）完成 MPU6050 单轴校准后，可以看到"传感器数据"中加速计 Z 的校准值为 9.80，其他的校准值为 0.00，证明 MPU6050 单轴校准的结果比较完美，如图 2-33 所示。

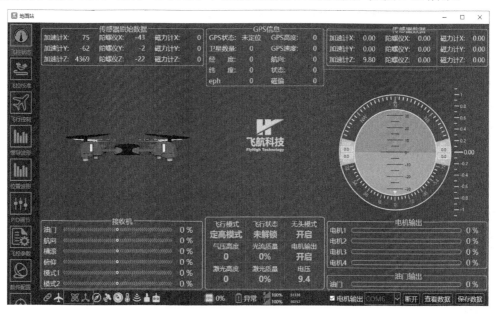

图 2-33　MPU6050 的单轴校准结果

3．校准磁力计

（1）连接好"光标"飞控系统后单击"MAG 校准"按钮，即可根据 3D 模型的旋转方式进行校准，如图 2-34 所示。

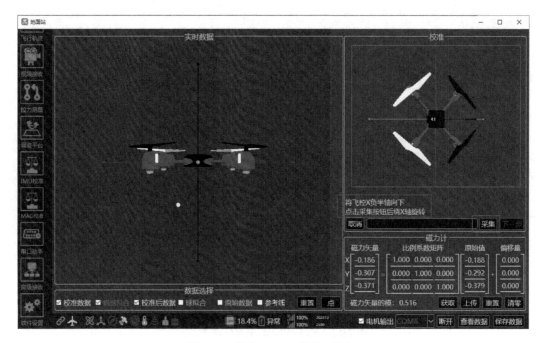

图 2-34　单击"MAG 校准"按钮

单击"采集"按钮（见图 2-35）后 3D 模型会开始旋转，并且可以看到"采集"按钮左侧的数据采集进度条（蓝色的）在增加。数据采集完成后单击"下一步"按钮，左侧的"实时数据"栏中会出现校准数据。

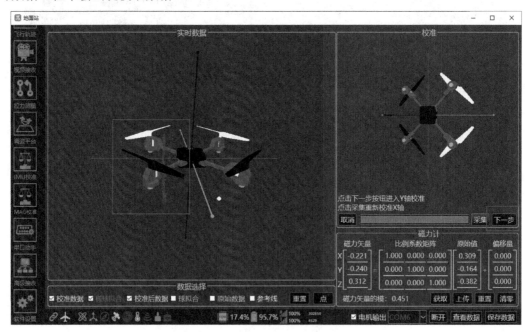

图 2-35　单击"采集"按钮

继续单击"下一步"按钮，会提示 Y 轴负方向朝下，按照同样的方法进行校准。同样，Z 轴负方向也采用同样的方法进行校准。校准结束后会出现"完成"按钮，如图 2-36 所示。

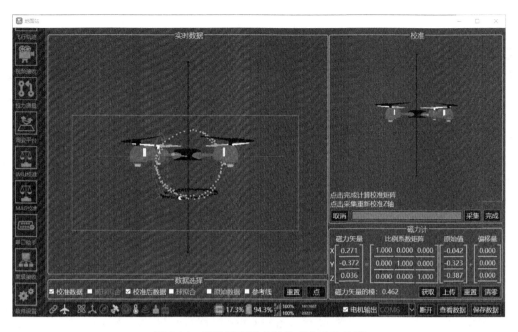

图 2-36 校准结束后出现的"完成"按钮

单击"完成"按钮会发现磁力计的比例系数矩阵和偏移量发生了变化，单击"上传"按钮后即可完成校准数据的上传。在无人机周围磁场较弱的情况下，磁力矢量的模约等于 1，如图 2-37 所示。

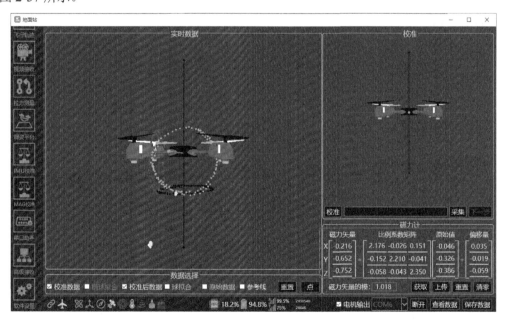

图 2-37 磁力矢量的模

4. 校准遥控器

单击地面站软件界面左侧的"飞控校准"按钮后，单击"遥控器校准"按钮可以测量遥控器的量程大小。在遥控器校准前，确保遥控器的当前值为初始状态，在校准过程中拨动遥控器摇杆，尽量达到各个方向到极值。遥控器校准界面如图 2-38 所示。

图 2-38　遥控器校准界面

了解飞控系统中惯性测量单元的工作原理，有助于对飞控系统传感器和遥控器进行校准。

2.5 动力电池

●●●●● 学习目标

了解无人机动力电池的电压、电流、放电倍率等特性参数，以及充/放电的方法，能够使用专用仪器对电池进行测试。

2.5.1　开发原理

拥有良好的充电习惯可以增加无人机电池的使用寿命，能够在减少成本开销的同时提高无人机长时间飞行的体验感。

1.1.2 节介绍了无人机的动力来源，本节主要介绍电池的充电过程。

锂聚合物电池具有重量轻、容量大、放电电流大（放电倍率高）等优势，已迅速成为无人机及相关模型使用的主要动力电池。锂聚合物电池的充电与镉电池、氢电池的充电有很大区别，锂聚合物电池的充电要求专门的充电器，通常锂电池的充电器可以用来为锂聚合物电池充电，只要电池串联的个数相同即可。一定不要用镉电池和氢电池的充电器为锂聚合物电池充电，这是非常危险的。在充电的过程中使用锂聚合物电池是非常危险的，并且在充电过程中应有人在现场照应。正确设置充电电压或电池组数是非常重要的，否则可能引起电池爆炸。

下面锂聚合物电池充电必须遵守的几条原则：

（1）使用专用的充电器。可以用锂离子电池或者锂聚合物的充电器，两者非常接近。部分手机充电器（输出电压为 4.1～4.2 V）可以用来为锂聚合物电池充电，不会损坏电池。

（2）在无人照看时不要充电，以防引起火灾。

（3）最好在安全的地方充电，不要使用陶瓷板、花盆等有一层细沙的易燃物品，这样在锂聚合物电池燃烧时也不会引起火灾。

（4）充电电流不要过大，否则会损坏锂聚合物电池。

（5）不要刺破锂聚合物电池。如果锂聚合物电池上有鼓包，则表明存在着火的安全隐患。如果锂聚合物电池在充电时产生鼓包，则应立即停止充电，将电池移动到安全的地方，静置 2 小时后开始小电流放电。使用电压较高的小电珠进行放电是一个不错的选择。

（6）撞击会损坏锂聚合物电池，有可能电池看起来是好的，但内部已经短路了。假如电池受到强烈的撞击，应小心地将其从无人机上取下来移动到安全的地方，并仔细进行检查。

（7）在通风良好和空旷的地方充电。当锂聚合物电池爆裂时，会有浓烟和内容物喷射出来。

2.5.2　开发步骤

1. 充电过程

将充电器插入锂聚合物电池的充电端口（见图 2-39）和电源插板上，接通电源后可看到充电器上两个指示灯点亮（一红一蓝），如图 2-40 所示，表示锂聚合物电池处于充电状态，当红灯变为绿灯时，表示充电完成。

图 2-39　将充电器插入锂聚合物电池的充电端口　　　　图 2-40　充电器上的两个指示灯点亮

2. 检测锂聚合物电池的电压

将带 LED 的低电压测试仪插入锂聚合物电池的充电端，如图 2-41 所示，此时低电压测试仪的 LED 会先显示"ALL"；然后显示锂聚合物电池的总电压，如图 2-42 所示；最后显示锂聚合物电池的每块电池的电压，如图 2-43 所示。

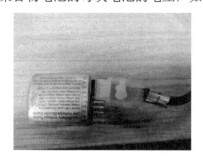

图 2-41　将低电压测试仪插入锂聚合物电池的充电端　　　　图 2-42　锂聚合物电池的总电压

图 2-43　锂聚合物电池中每块电池的电压

在为锂聚合物电池充电时需要注意安全，当充满电时充电器上的红色指示灯会变为绿色。在检测电压时，低电压测试仪插入锂聚合物电池的充电端，插孔和插针的位置也要对应。从低电压测试仪上可以看到锂聚合物电池的总电压和每块电池的电压，测量的电压可能和额定电压值不相等，会有一定的误差。

2.6 飞行操作

●●●● 学习目标

控制四旋翼无人机的飞行。

2.6.1　开发原理

不同无人机之间的操作大同小异，在飞行前应该熟悉无人机的飞行操作。只有在起飞前做好充足的准备，才能减少无人机事故发生的概率。

熟悉"光标"飞控系统的算法控制原理和遥控器的操作后，读者可以轻松地实现无人机的姿态控制与悬停。遥控器的操作如表 2-1 所示。

表 2-1　遥控器的操作

操　作	对应的功能
将左侧摇杆拉到左下角	无人机锁定
将左侧摇杆拉到右下角	无人机解锁（解锁后会有怠速，小心桨叶旋转）
将左侧摇杆垂直向上	在无人机解锁状态下，油门增大，无人机向上飞行
将左侧摇杆垂直向下	在无人机解锁状态下，油门减小，无人机向下飞行
将左侧摇杆水平向左	在无人机解锁状态下，航向角变小，无人机向左旋转
将左侧摇杆水平向右	在无人机解锁状态下，航向角变大，无人机向右旋转
将右侧摇杆垂直向上	在无人机解锁状态下，俯仰角变小，无人机向前飞行
将右侧摇杆垂直向下	在无人机解锁状态下，俯仰角变大，无人机向后飞行
将右侧摇杆水平向左	在无人机解锁状态下，横滚角变小，无人机向左飞行
将右侧摇杆水平向右	在无人机解锁状态下，横滚角变大，无人机向右飞行
将遥控器左上角旋钮向下拨	云台带动摄像头向上旋转
将遥控器左上角旋钮向上拨	云台带动摄像头向下旋转
将遥控器右上角旋钮向下拨	云台带动摄像头向右旋转
将遥控器右上角旋钮向上拨	云台带动摄像头向左旋转

2.6.2　开发步骤

（1）使能电机输出。勾选地面站软件右下方的"电机输出"可打开电机输出，如图 2-44 所示。

图 2-44　打开电机输出

（2）确定旋翼的旋转方向。首先将无人机放置在开阔地带，以避免解锁后电机旋转造成意外事故；然后解锁无人机，查看电机旋转方向，正确的旋翼旋转方向如图 2-45 所示。当旋翼的旋转方向不对时，应关闭电源，将该电机对应的电调信号线中任意两根调换位置。

（3）高度确认。在地面站软件的首页观察高度计（包括气压计、激光和超声波）返回的高度数据与无人机的高度是否一致。在定高飞行时要确保高度数据是一致的，否则会出现不可预期的后果。

（4）为无人机和遥控器上电。为无人机上电后，将遥控器的摇杆和开关拨到默认位置，为遥控器上电。在正常情况下，无人机的电调在发出"嘀嘀"声后不再有任何声音，否则需要重新检查电调。

图 2-45　正确的旋翼旋转方向

（5）无人机解锁。首先将无人机放在飞行保护网内或者开阔地带，操控者需要与无人机保持一定距离（建议在 3 m 以上）；然后将遥控器左侧摇杆拉到右下角，此时无人机的桨叶开始低速旋转，处于怠速状态；最后将左侧摇杆先水平回中再垂直回中。

（6）无人机起飞。将遥控器左侧摇杆向上推动，此时无人机的电机会慢慢加速。在无人机即将起飞前，将左侧摇杆松手垂直回中，无人机的电机会不断加速直到无人机起飞。在无人机起飞过程中，需要通过右侧摇杆控制前、后、左、右方向。无人机起飞后会在大约 1 m 的高度处悬停。

（7）无人机姿态控制。通过右侧摇杆控制无人机的前、后、左、右飞行，通过左、右摇杆控制无人机的上升、下落与航向。

（8）无人机降落。首先使无人机尽量飞平稳，然后将左侧油门拉到底，无人机会慢慢下落，直到落地。无人机在落地后仍处于怠速状态。

（9）无人机锁定。将左侧摇杆拉到左下角位置，无人机即可被锁定，电机将停止旋转。

第3章
无人机飞控系统的底层开发

本章在介绍 STM32 系列微控制器 GPIO、时钟配置、ADC、DMA、TIM、USART 和模拟 I2C 总线等模块基础上，实现了对无人机状态指示灯的控制、无人机系统时钟的配置、无人机电池电压的读取、无人机控制信号的输出、无人机遥控信号的接收、无人机数据的收发、无人机 MAVLink 消息的收发，以及通过 I2C 总线读 EEPROM。本章将逐一对上述模块的相关原理进行详细介绍，并以实例开发的形式帮助读者掌握无人机状态、输入/输出控制信号的实现原理与过程，完成无人机飞控系统的底层开发。

3.1 无人机状态指示灯的控制

●●●●● 学习目标

了解 ARM Cortex-M 系列芯片的 GPIO 分类，通过配置 STM32F407 芯片的 GPIO 相关寄存器控制 LED 指示灯的亮灭，根据事先约定好的亮灭规则判断无人机的当前状态。

3.1.1 开发原理

实时了解飞控系统的 LED 指示灯，可以直观地了解无人机当前存在 LED 指示灯的控制
的问题。"光标"飞控系统是通过 4 个 LED 指示灯的状态来表示无人机当前运行情况的，如表 3-1 所示，4 个 LED 指示灯分别为 LED1、LED2、LED3、LED4。

表 3-1 LED 状态指示

LED 指示灯	LED 指示灯的状态	对应的无人机的当前运行情况
LED1	闪烁	陀螺仪、加速计运行异常
	常亮	陀螺仪、加速计运行正常
LED2	闪烁	磁力计运行异常
	常亮	磁力计运行正常
LED3	闪烁	气压计或光流模块运行异常
	常亮	气压计或光流模块运行正常
LED4	闪烁	系统处于待机状态
	常亮	系统处于启动状态

"光标"飞控系统是通过 STM32F407 的 GPIO 来控制 LED 的亮灭及闪烁的。STM32F407 共有 7 组 GPIO 端口，分别为 GPIOA、GPIOB、…、GPIOG，每组 GPIO 端口均有 16 个 GPIO 端口，共 112 个 GPIO 端口，另外再加上 PH0 和 PH1，因此 STM32F407 有 114 个 GPIO 端口。

GPIO 端口模式包括输入模式、输出模式、复用模式、模拟模式，端口类型包括推挽和开漏两种类型，端口状态分为上拉、下拉和浮空三种状态。STM32F407 的每个 GPIO 端口的输出频率均可设置为 2 MHz、25 MHz、50 MHz 或 100 MHz。推挽类型的 GPIO 端口可以输出高电平和低电平，用于连接数字器件；开漏类型的 GPIO 端口只能输出低电平，适用于电流型的驱动，其吸收电流的能力相对较强，当需要高电平时可以通过外部上拉电阻将低电平拉高。

STM32F407 的 GPIO 端口的结构如图 3-1 所示。

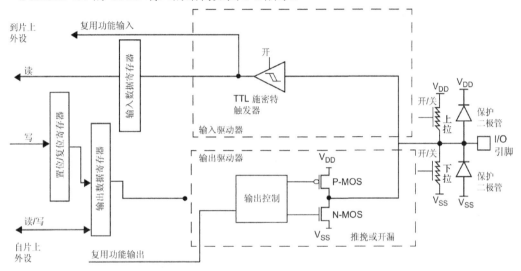

图 3-1　STM32F407 的 GPIO 端口的结构

每组 GPIO 端口寄存器包括模式寄存器（GPIOx_MODER）、输出类型寄存器（GPIOx_OTYPER）、输出速度寄存器（GPIOx_OSPEEDR）、上拉/下拉寄存器（GPIOx_PUPDR）、输入数据寄存器（GPIOx_IDR）、输出数据寄存器（GPIOx_ODR）、置位/复位寄存器（GPIOx_BSRR）、配置锁存寄存器（GPIOx_LCKR）、两个复位功能寄存器（低位 GPIOx_AFRL 和高位 GPIOx_AFRH）。

（1）模式寄存器（GPIOx_MODER）如图 3-2 所示，其中位 2y:2y+1（y=0～15）是 MODERy[1:0]，表示端口配置位，通过软件向这些位写入数据可以配置 GPIO 的模式，00 表示输入模式，01 表示输出模式，10 表示复用模式，11 表示模拟模式。

31	30	29	28	27	26	25	24	23	22	21	20	19	18	17	16
MODER15[1:0]		MODER14[1:0]		MODER13[1:0]		MODER12[1:0]		MODER11[1:0]		MODER10[1:0]		MODER9[1:0]		MODER8[1:0]	
rw	rw	rw	rw	rw	rw	rw	rw	rw	rw	rw	rw	rw	rw	rw	rw

15	14	13	12	11	10	9	8	7	6	5	4	3	2	1	0
MODER7[1:0]		MODER6[1:0]		MODER5[1:0]		MODER4[1:0]		MODER3[1:0]		MODER2[1:0]		MODER1[1:0]		MODER0[1:0]	
rw	rw	rw	rw	rw	rw	rw	rw	rw	rw	rw	rw	rw	rw	rw	rw

图 3-2　模式寄存器

（2）输出类型寄存器（GPIOx_OTYPER）如图 3-3 所示，其中位 31:16 为保留位，必须保持复位值；位 15:0 是 OTy（y=0～15），是端口配置位，通过软件向这些位写入数据可以配置 GPIO 端口的类型，0 表示推挽类型，1 表示开漏类型。

31	30	29	28	27	26	25	24	23	22	21	20	19	18	17	16
Reserved															
15	14	13	12	11	10	9	8	7	6	5	4	3	2	1	0
OT15	OT14	OT13	OT12	OT11	OT10	OT9	OT8	OT7	OT6	OT5	OT4	OT3	OT2	OT1	OT0
rw	rw	rw	rw	rw	rw	rw	rw	rw	rw	rw	rw	rw	rw	rw	rw

图 3-3 输出类型寄存器

（3）输出速度寄存器（GPIOx_OSPEEDR）如图 3-4 所示，其中位 $2y{:}2y{+}1$（$y{=}0\sim15$）是 OSPEEDRy[1:0]，是端口配置位，通过软件向这些位写入数据可以配置 GPIO 的输出频率（速率），00 表示 2 MHz（低速），01 表示 25 MHz（中速），10 表示 50 MHz（快速），当负载为 30 pF 时 11 表示 100 MHz（高速），当负载为 15 pF 时 11 表示 80 MHz（最大速度）。

31	30	29	28	27	26	25	24	23	22	21	20	19	18	17	16
OSPEEDR15[1:0]		OSPEEDR14[1:0]		OSPEEDR13[1:0]		OSPEEDR12[1:0]		OSPEEDR11[1:0]		OSPEEDR10[1:0]		OSPEEDR9[1:0]		OSPEEDR8[1:0]	
rw	rw	rw	rw	rw	rw	rw	rw	rw	rw	rw	rw	rw	rw	rw	rw
15	14	13	12	11	10	9	8	7	6	5	4	3	2	1	0
OSPEEDR7[1:0]		OSPEEDR6[1:0]		OSPEEDR5[1:0]		OSPEEDR4[1:0]		OSPEEDR3[1:0]		OSPEEDR2[1:0]		OSPEEDR1[1:0]		OSPEEDR0[1:0]	
rw	rw	rw	rw	rw	rw	rw	rw	rw	rw	rw	rw	rw	rw	rw	rw

图 3-4 输出速度寄存器

（4）上拉/下拉寄存器（GPIOx_PUPDR）如图 3-5 所示，其中位 $2y{:}2y{+}1$（$y{=}0\sim15$）是 PUPDRy[1:0]，是端口配置位，通过软件向这些位写入数据可以配置 GPIO 的上拉或下拉，00 表示无上拉或下拉，01 表示上拉，10 表示下拉，11 为保留。

31	30	29	28	27	26	25	24	23	22	21	20	19	18	17	16
PUPDR15[1:0]		PUPDR14[1:0]		PUPDR13[1:0]		PUPDR12[1:0]		PUPDR11[1:0]		PUPDR10[1:0]		PUPDR9[1:0]		PUPDR8[1:0]	
rw	rw	rw	rw	rw	rw	rw	rw	rw	rw	rw	rw	rw	rw	rw	rw
15	14	13	12	11	10	9	8	7	6	5	4	3	2	1	0
PUPDR7[1:0]		PUPDR6[1:0]		PUPDR5[1:0]		PUPDR4[1:0]		PUPDR3[1:0]		PUPDR2[1:0]		PUPDR1[1:0]		PUPDR0[1:0]	
rw	rw	rw	rw	rw	rw	rw	rw	rw	rw	rw	rw	rw	rw	rw	rw

图 3-5 上拉/下拉寄存器

（5）输入数据寄存器（GPIOx_IDR）如图 3-6 所示，其中位 31:16 为保留位，必须保持复位值；位 15:0 是 IDRy（$y{=}0\sim15$），用于保存输入数据，这些位都是只读的，只能在字模式下访问。

31	30	29	28	27	26	25	24	23	22	21	20	19	18	17	16
Reserved															
15	14	13	12	11	10	9	8	7	6	5	4	3	2	1	0
IDR15	IDR14	IDR13	IDR12	IDR11	IDR10	IDR9	IDR8	IDR7	IDR6	IDR5	IDR4	IDR3	IDR2	IDR1	IDR0
r	r	r	r	r	r	r	r	r	r	r	r	r	r	r	r

图 3-6 输入数据寄存器

（6）输出数据寄存器（GPIOx_ODR）如图 3-7 所示，其中位 31:16 为保留位，必须保持复位值；位 15:0 是 ODRy（$y{=}0\sim15$），用于保存输出数据，通过软件对这些位进行读写操作。注意：对于原子置位/复位，通过写入 GPIOx_BSRR，可以分别对 ODR 位进行置位和复位操作。

31	30	29	28	27	26	25	24	23	22	21	20	19	18	17	16
Reserved															
15	14	13	12	11	10	9	8	7	6	5	4	3	2	1	0
ODR15	ODR14	ODR13	ODR12	ODR11	ODR10	ODR9	ODR8	ODR7	ODR6	ODR5	ODR4	ODR3	ODR2	ODR1	ODR0
rw	rw	rw	rw	rw	rw	rw	rw	rw	rw	rw	rw	rw	rw	rw	rw

图 3-7　输出数据寄存器

（7）置位/复位寄存器（GPIOx_BSRR）如图 3-8 所示。

31	30	29	28	27	26	25	24	23	22	21	20	19	18	17	16
BR15	BR14	BR13	BR12	BR11	BR10	BR9	BR8	BR7	BR6	BR5	BR4	BR3	BR2	BR1	BR0
w	w	w	w	w	w	w	w	w	w	w	w	w	w	w	w
15	14	13	12	11	10	9	8	7	6	5	4	3	2	1	0
BS15	BS14	BS13	BS12	BS11	BS10	BS9	BS8	BS7	BS6	BS5	BS4	BS3	BS2	BS1	BS0
w	w	w	w	w	w	w	w	w	w	w	w	w	w	w	w

图 3-8　置位/复位寄存器

（8）配置锁定寄存器（GPIOx_LCKR）如图 3-9 所示。

31	30	29	28	27	26	25	24	23	22	21	20	19	18	17	16
Reserved															LCKK
															rw
15	14	13	12	11	10	9	8	7	6	5	4	3	2	1	0
LCK15	LCK14	LCK13	LCK12	LCK11	LCK10	LCK9	LCK8	LCK7	LCK6	LCK5	LCK4	LCK3	LCK2	LCK1	LCK0
rw	rw	rw	rw	rw	rw	rw	rw	rw	rw	rw	rw	rw	rw	rw	rw

图 3-9　配置锁定寄存器

（9）复用功能低位寄存器（GPIOx_AFRL）如图 3-10 所示。

31	30	29	28	27	26	25	24	23	22	21	20	19	18	17	16
AFRL7[3:0]				AFRL6[3:0]				AFRL5[3:0]				AFRL4[3:0]			
rw	rw	rw	rw	rw	rw	rw	rw	rw	rw	rw	rw	rw	rw	rw	rw
15	14	13	12	11	10	9	8	7	6	5	4	3	2	1	0
AFRL3[3:0]				AFRL2[3:0]				AFRL1[3:0]				AFRL0[3:0]			
rw	rw	rw	rw	rw	rw	rw	rw	rw	rw	rw	rw	rw	rw	rw	rw

图 3-10　复用功能低位寄存器

（10）复用功能高位寄存器（GPIOx_AFRH）如图 3-11 所示。

31	30	29	28	27	26	25	24	23	22	21	20	19	18	17	16
AFRH15[3:0]				AFRH14[3:0]				AFRH13[3:0]				AFRH12[3:0]			
rw	rw	rw	rw	rw	rw	rw	rw	rw	rw	rw	rw	rw	rw	rw	rw
15	14	13	12	11	10	9	8	7	6	5	4	3	2	1	0
AFRH11[3:0]				AFRH10[3:0]				AFRH9[3:0]				AFRH8[3:0]			
rw	rw	rw	rw	rw	rw	rw	rw	rw	rw	rw	rw	rw	rw	rw	rw

图 3-11　复用功能高位寄存器

关于 GPIO 寄存器的详细资料，请参考 STM32F407 的芯片手册。

串口+中断　串口通信

3.1.2　开发步骤

（1）查看"光标"飞控系统的电路原理图，了解 LED 连接的芯片引脚，以便配置 GPIO。LED 的电路原理图如图 3-12 所示。

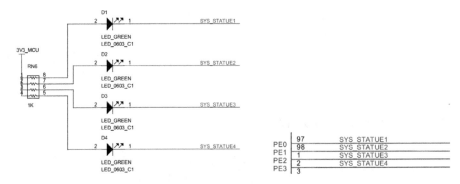

图 3-12　LED 的电路原理图

（2）由 STM32F407 的方框图（见图 3-13）可知，GPIO 连接在 AHB1 时钟线上。

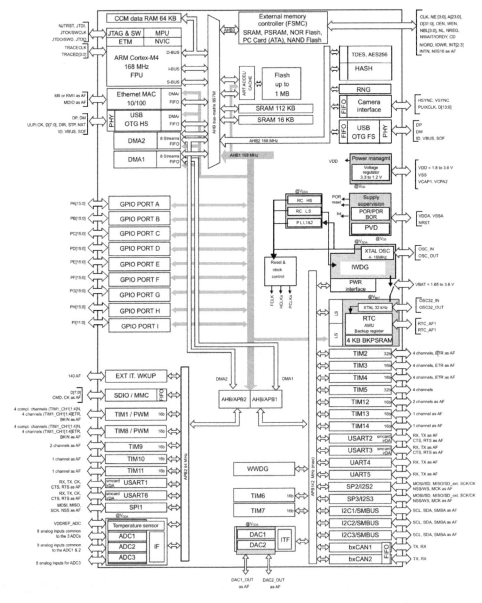

图 3-13　STM32F4 方框图

（3）新建一个工程。在工程文件夹 User\bsp_stm32f4xx\src 中新建一个文件，并命名为 bsp_led.c 文件，如图 3-14 所示。

图 3-14　新建 bsp_led.c 文件

（4）在工程文件夹 User\bsp_stm32f4xx\inc 中新建一个文件，并命名为 bsp_led.h 文件，如图 3-15 所示。

图 3-15　新建 bsp_led.h 文件

（5）打开工程后新建 BSP 目录，如图 3-16 所示，并将 bsp_led.c 文件添加到工程中。

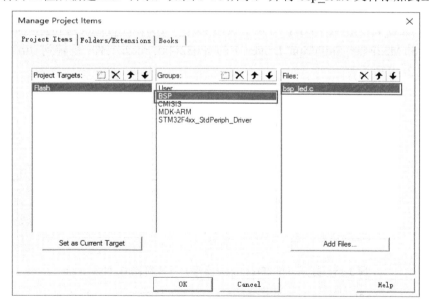

图 3-16　打开工程后新建 BSP 目录

（6）将 bsp_led.h 文件的路径添加到工程中，如图 3-17 所示。

（7）在 bsp_led.c 文件中包含 bsp_led.h 文件，代码如下：

```
#include "bsp_led.h"
```

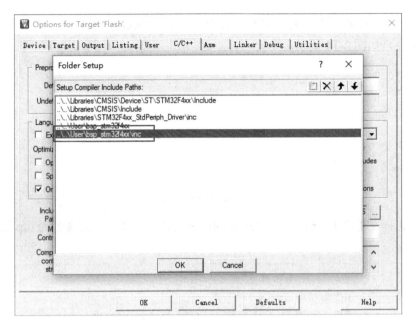

图 3-17   将 bsp_led.h 文件的路径添加到工程中

（8）在 bsp_led.c 文件中定义 LED_Init()函数。代码如下：

```
//LED 的 GPIO 初始化函数
void LED_Init(void)
{
}
```

（9）在 LED_Init()函数中配置 GPIO。调用 RCC_AHB1PeriphClockCmd()函数开启 GPIO
时钟，打开 STM32F4xx_StdPeriph_Driver 下的 stm32f4xx_rcc.c 文件，跳转到 stm32f4xx_rcc.h
文件，如图 3-18 所示。

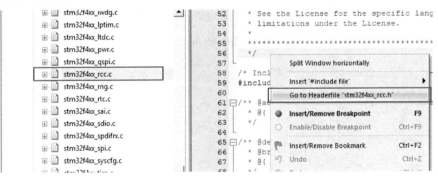

图 3-18   打开 stm32f4xx_rcc.c 文件并跳转到 stm32f4xx_rcc.h

（10）在 stm32f4xx_rcc.h 文件底部有多个时钟使能函数，单击鼠标右键可跳转到
RCC_AHB1PeriphClockCmd()函数，如图 3-19 所示。

（11）在 RCC_AHB1PeriphClockCmd()函数中可以发现连接 LED 的 GPIOE 就是在这个
函数中被使能的，所以需要将RCC_AHB1PeriphClockCmd()函数复制到我们创建的 LED_Init()
函数中。RCC_AHB1PeriphClockCmd()函数如图 3-20 所示。

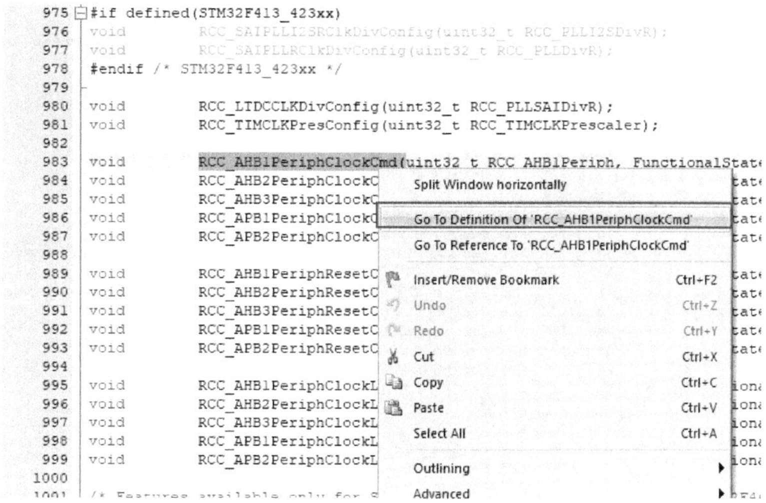

图 3-19　跳转到 RCC_AHB1PeriphClockCmd()函数

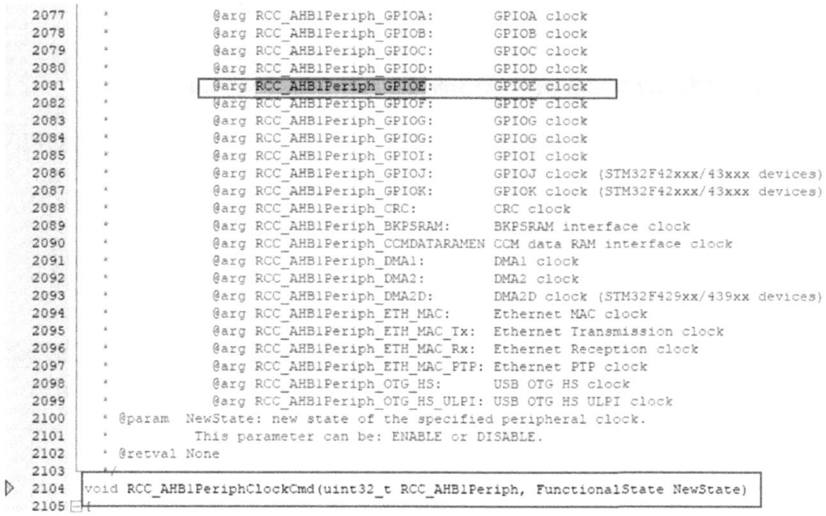

图 3-20　RCC_AHB1PeriphClockCmd()函数

```
//LED 的 GPIO 初始化函数
void LED_Init(void)
{

    RCC_AHB1PeriphClockCmd();

}
```

（12）通过鼠标右键跳转到 RCC_AHB1PeriphClockCmd()函数的两个参数列表，找到参数 RCC_AHBPeriph_GPIOE 和 ENABLE，将这两个参数填入 RCC_AHB1PeriphClockCmd()函数中。参数 RCC_AHBPeriph_GPIOE 和 ENABLE 如图 3-21 所示。

```
//LED 的 GPIO 初始化函数
void LED_Init(void)
{

    RCC_AHB1PeriphClockCmd(RCC_AHB1Periph_GPIOE , ENABLE); //开启 GPIOE 的时钟

}
```

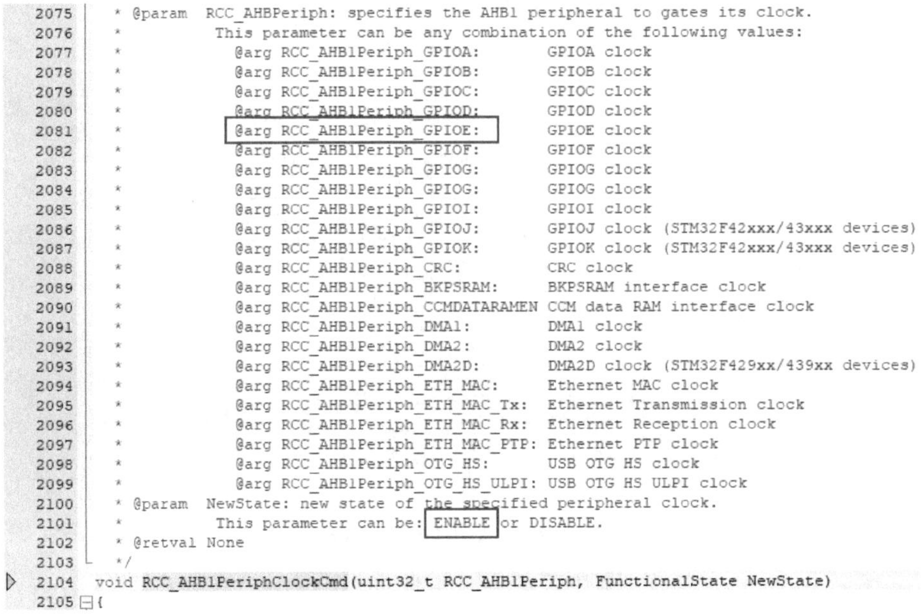

```
2075     * @param  RCC_AHBPeriph: specifies the AHB1 peripheral to gates its clock.
2076     *          This parameter can be any combination of the following values:
2077     *            @arg RCC_AHB1Periph_GPIOA:       GPIOA clock
2078     *            @arg RCC_AHB1Periph_GPIOB:       GPIOB clock
2079     *            @arg RCC_AHB1Periph_GPIOC:       GPIOC clock
2080     *            @arg RCC_AHB1Periph_GPIOD:       GPIOD clock
2081     *            @arg RCC_AHB1Periph_GPIOE:       GPIOE clock
2082     *            @arg RCC_AHB1Periph_GPIOF:       GPIOF clock
2083     *            @arg RCC_AHB1Periph_GPIOG:       GPIOG clock
2084     *            @arg RCC_AHB1Periph_GPIOG:       GPIOG clock
2085     *            @arg RCC_AHB1Periph_GPIOI:       GPIOI clock
2086     *            @arg RCC_AHB1Periph_GPIOJ:       GPIOJ clock (STM32F42xxx/43xxx devices)
2087     *            @arg RCC_AHB1Periph_GPIOK:       GPIOK clock (STM32F42xxx/43xxx devices)
2088     *            @arg RCC_AHB1Periph_CRC:         CRC clock
2089     *            @arg RCC_AHB1Periph_BKPSRAM:     BKPSRAM interface clock
2090     *            @arg RCC_AHB1Periph_CCMDATARAMEN CCM data RAM interface clock
2091     *            @arg RCC_AHB1Periph_DMA1:        DMA1 clock
2092     *            @arg RCC_AHB1Periph_DMA2:        DMA2 clock
2093     *            @arg RCC_AHB1Periph_DMA2D:       DMA2D clock (STM32F429xx/439xx devices)
2094     *            @arg RCC_AHB1Periph_ETH_MAC:     Ethernet MAC clock
2095     *            @arg RCC_AHB1Periph_ETH_MAC_Tx:  Ethernet Transmission clock
2096     *            @arg RCC_AHB1Periph_ETH_MAC_Rx:  Ethernet Reception clock
2097     *            @arg RCC_AHB1Periph_ETH_MAC_PTP: Ethernet PTP clock
2098     *            @arg RCC_AHB1Periph_OTG_HS:      USB OTG HS clock
2099     *            @arg RCC_AHB1Periph_OTG_HS_ULPI: USB OTG HS ULPI clock
2100     * @param  NewState: new state of the specified peripheral clock.
2101     *          This parameter can be: ENABLE or DISABLE.
2102     * @retval None
2103     */
2104   void RCC_AHB1PeriphClockCmd(uint32_t RCC_AHB1Periph, FunctionalState NewState)
2105   {
```

图 3-21　参数 RCC_AHBPeriph_GPIOE 和 ENABLE

（13）通过库文件中的 stm32f4xx_gpio.c 跳转到 stm32f4xx_gpio.h 声明的 GPIO_Init()函数（见图 3-22），将 GPIO_Init()函数复制到 LED_Init()函数中。

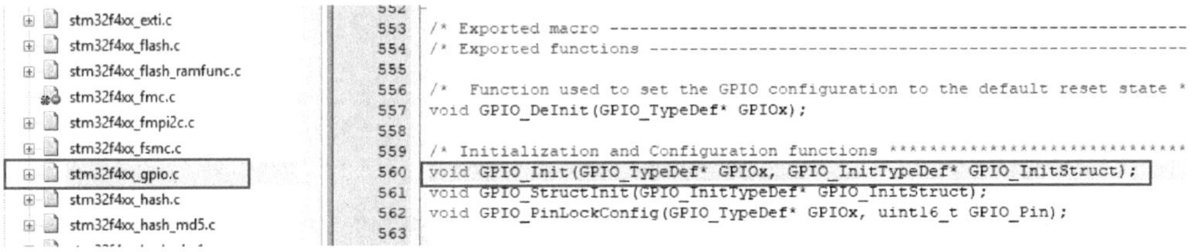

```
  stm32f4xx_exti.c           552
  stm32f4xx_flash.c          553   /* Exported macro --------------------------------------------
  stm32f4xx_flash_ramfunc.c  554   /* Exported functions
  stm32f4xx_fmc.c            555
  stm32f4xx_fmpi2c.c         556   /*  Function used to set the GPIO configuration to the default reset state *
  stm32f4xx_fsmc.c           557   void GPIO_DeInit(GPIO_TypeDef* GPIOx);
  stm32f4xx_gpio.c           558
  stm32f4xx_hash.c           559   /* Initialization and Configuration functions **********************
  stm32f4xx_hash_md5.c       560   void GPIO_Init(GPIO_TypeDef* GPIOx, GPIO_InitTypeDef* GPIO_InitStruct);
                             561   void GPIO_StructInit(GPIO_InitTypeDef* GPIO_InitStruct);
                             562   void GPIO_PinLockConfig(GPIO_TypeDef* GPIOx, uint16_t GPIO_Pin);
                             563
```

图 3-22　GPIO_Init()函数

```
//LED 的 GPIO 初始化函数
void LED_Init(void)
{
    RCC_AHB1PeriphClockCmd(RCC_AHB1Periph_GPIOE , ENABLE); //开启 GPIOE 的时钟
    GPIO_Init();
}
```

（14）由于在调用 GPIO_Init()函数时需要将一个结构体地址传入该函数，所以在调用该函数之前需要定义一个结构体变量，即 GPIO_InitStruct，并为这个结构体变量的成员赋值。步骤如下：

① 调用 GPIO_Init()函数并传入相关参数。

② 调用 GPIO_SetBits()函数设置连接 LED 的 GPIO 端口的初始化状态。

这里以 LED1 为例进行说明，需要设置连接 LED1 的 GPIO 端口。代码如下：

```
//LED 的 GPIO 初始化函数
void LED_Init(void)
{
    GPIO_InitTypeDef GPIO_InitStruct;
```

```
RCC_AHB1PeriphClockCmd(RCC_AHB1Periph_GPIOE, ENABLE);        //开启 GPIOE 的时钟

GPIO_InitStruct.GPIO_Mode = GPIO_Mode_OUT;        //输出
GPIO_InitStruct.GPIO_OType = GPIO_OType_PP;        //推挽
GPIO_InitStruct.GPIO_Pin = GPIO_Pin_0;            //LED1 对应引脚
GPIO_InitStruct.GPIO_PuPd = GPIO_PuPd_UP;         //上拉
GPIO_InitStruct.GPIO_Speed = GPIO_High_Speed;     //100MHz
GPIO_Init(GPIOE, &GPIO_InitStruct);               //初始化 GPIO

GPIO_SetBits(GPIOE, GPIO_Pin_0);                  //设置 LED1 初始状态为熄灭
}
```

（15）GPIO 端口的初始化步骤可以参考库文件 stm32f4xx_gpio.c 中的使用说明，如图 3-23 所示。

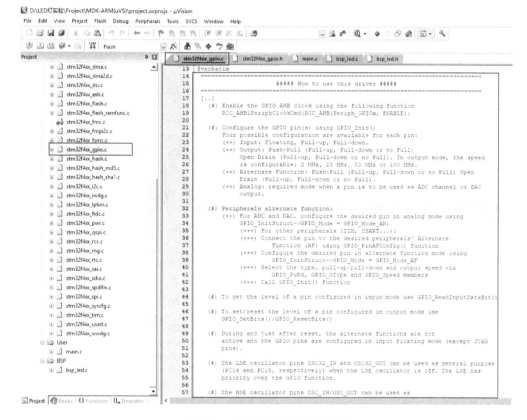

图 3-23　GPIO 端口的初始化步骤

（16）在 bsp_led.h 文件中添加了防止重复声明的代码，在初始化 LED 的 GPIO 端口时需要添加 stm32f4xx.h 头文件，定义 LED1_ON 与 LED1_OFF（宏定义）来控制 LED1 的亮灭，并对 LED_Init()初始化函数进行声明（以便在其他文件中调用该函数）。代码如下：

```
#ifndef __BSP_LED_H__
#define __BSP_LED_H__

#include "stm32f4xx.h"

//将 PE0 引脚输出设为低电平（LED1 亮）
#define LED_ON   GPIO_ResetBits(GPIOE, GPIO_Pin_0)
```

```
//将 PE0 引脚输出设为高电平（LED1 灭）
#define LED_OFF GPIO_SetBits(GPIOE , GPIO_Pin_0)

void LED_Init(void);

#endif
```

（17）在 main.c 文件的 main()函数中点亮 LED。步骤如下：

① 在 main()函数中包含头文件 bsp_led.h。

② 调用 LED_Init()函数初始化 GPIO 端口。

③ 在 main()函数的 while 循环中通过 LED_ON 和 LED_OFF 控制 LED 的亮灭。

上述步骤的代码如下：

```
#include "bsp_led.h"

int main(void)
{
    LED_Init();                          //调用 LED 初始化函数
    while(1)
    {
        LED_ON;                          //LED 亮
        for(uint32_t i = 0; i < 7000000; i++);
        LED_OFF;                         //LED 灭
        for(uint32_t i = 0; i < 7000000; i++);
    }
}
```

（18）编译整个工程，将编译生成的程序下载到"光标"飞控系统中。

说明：具体的细节请参考本书的源代码。

3.1.3　运行结果

将编译生成的程序下载到"光标"飞控系统后，可以看到"光标"飞控系统上的 LED1
在闪烁，根据表 3-1 可知，陀螺仪和加速计运行异常（此处仅为案例模拟程序，是否真的异
常要根据飞控代码设定的逻辑来进行判断）。

●●●●● 练习

（1）简述实现点亮 LED 的过程。

（2）GPIO 端口的模式有哪些？

3.2 无人机系统时钟的配置

●●●●● 学习目标

了解 ARM Cortex-M 系列芯片的内部时钟及定时器的用法；通过配置 STM32F407 的内
部定时器来配置"光标"飞控系统的时钟，通过编程实现流水灯的效果，以验证"光标"飞
控系统的时钟是否能正常工作。

3.2.1　开发原理

　　系统时钟是微处理器同步系统的基准和运行节拍，如同人的心跳节　SysTick 定时器的配置
拍一样。在"光标"飞控系统中，如果没有系统时钟，则其中的各任务间将无法协调运行。

　　SysTick 定时器是一个 24 位的递减数定时器，当计数到 0 时，将从 LOAD 寄存器中自
动重装载定时器初值。只要不清除 SysTick 定时器的控制及状态寄存器（CTRL 寄存器）中
使能位，SysTick 定时器就会一直工作，即使微处理器在休眠模式下，SysTick 定时器也能正
常工作。

　　SysTick 定时器可以使用 AHB 系统时钟（微控制器时钟）作为时钟源，还可以使用 AHB
系统时钟的 8 分频（参考时钟）作为时钟源。当 SysTick 定时器开始工作时，当前数值寄存
器（VAL 寄存器）从重装载值寄存器（LOAD 寄存器）设置的初值开始递减；当计数到 0
时，将从 LOAD 寄存器再次获取设置初值，重新递减计数，如此循环往复。如果开启 SysTick
定时器中断，则在计数到 0 时会产生一个中断信号。SysTick 定时器一般用于在操作系统中
产生时基，维持操作系统的"心跳"。

　　SysTick 定时器有 4 个寄存器，在使用 SysTick 定时器时，只需要配置 CTRL、LOAD、
VAL 这三个寄存器即可，CALIB 寄存器不需要配置（出厂时已校准好）。SysTick 定时器的
寄存器如表 3-2 所示。

表 3-2　SysTick 定时器的寄存器

寄存器名称	寄存器描述
CTRL	SysTick 定时器的控制及状态寄存器
LOAD	SysTick 定时器的重装载值寄存器
VAL	SysTick 定时器的当前数值寄存器
CALIB	SysTick 定时器的校准数值寄存器

　　（1）CTRL 寄存器如表 3-3 所示。

表 3-3　CTRL 寄存器

位　段	名　　称	类　型	复 位 值	描　　述
16	COUNTFLAG	R/W	0	如果在上次读取寄存器后，SysTick 定时器已经计数到 0，则该位置 1
2	CLKSOURCE	R/W	0	时钟源选择位，0 表示 AHB 系统时钟的 8 分频作为时钟源，1 表示 AHB 系统时钟作为时钟源
1	TICKINT	R/W	0	1 表示 SysTick 定时器计数到 0 时产生 SysTick 定时器异常请求，0 表示计数到 0 时无动作。通过读取 COUNTFLAG 标志位可以确定 SysTick 定时器是否递减到 0 了
0	ENABLE	R/W	0	SysTick 定时器的使能位

　　（2）LOAD 寄存器如表 3-4 所示。

表 3-4　LOAD 寄存器

位　段	名　　称	类　型	复 位 值	描　　述
23:0	RELOAD	R/W	0	当 SysTick 定时器递减计数到 0 时，将被重新装载的值

（3）VAL 寄存器如表 3-5 所示。

表 3-5　VAL 寄存器

位　段	名　称	类　型	复位值	描　述
23:0	COUNRENT	R/W	0	读取该标志位时，将返回当前递减计数的值，同时会清除 SysTick 定时器 CTRL 寄存器中的 COUNTFLAG

通过 STM32F407 的时钟树可以解定时器的时钟线，如图 3-24 所示。

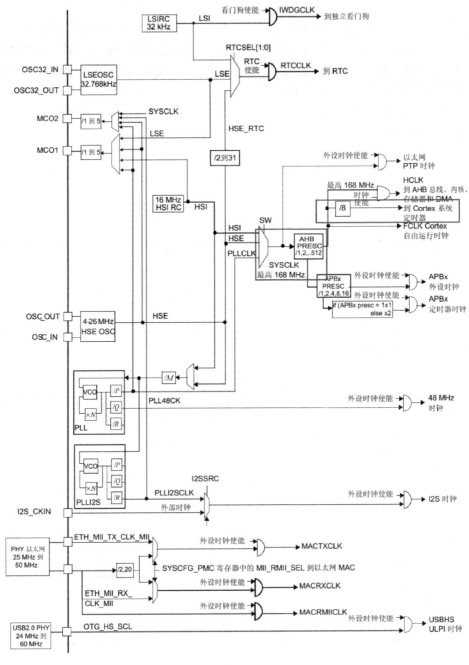

图 3-24　STM32F407 的时钟树

3.2.2　开发步骤

（1）创建一个新的工程模板。为了测试 SysTick 定时器的延时函数，这里用 LED1 闪烁表示延时，因此需要配置连接 LED1 的 GPIO 端口（3.1 节已经介绍过 GPIO 的配置，这里就不再详细说明了）。

（2）在创建的工程模板中新建 bsp_systick.c 和 bsp_systick.h 文件，分别保存在/User/bsp_stm32f4xx/inc 和/User/bsp_stm32f4xx/src 中。将 bsp_systick.c 添加到 BSP 中，如图 3-25 所示。

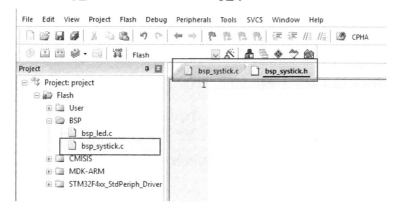

图 3-25　将 bsp_systick.c 添加到 BSP 中

（3）在 bsp_systick.c 文件中定义变量 boot_time_ms 和 time_uint_ms，分别用来存储系统运行时间和定时器产生一次中断事件。代码如下：

```
uint32_t boot_time_ms;              //系统运行时间
uint16_t time_uint_ms;              //定时器产生一次中断事件
```

（4）在 bsp_systick.c 中定义 SysTick_Init()函数，用来初始化 SysTick 定时器及其中断。代码如下：

```
//systick : 0~ms     99 = 0xFFFFFF / (168M / 1000)
void SysTick_Init(uint16_t time_ms)
{
    time_uint_ms = time_ms;
    //初始化 SysTick 定时器及中断，打开定时器
    SysTick_Config(SystemCoreClock / 1000 * time_ms);
    /*
    * 1 s 计数 :    SystemCoreClock
    * 1 ms 计数：   SystemCoreClock / 1000
    * 1 us 计数：   SystemCoreClock / 1000000
    */
}
```

（5）在 bsp_systick.c 中配置 SysTick 定时器的中断处理函数。代码如下：

```
//SysTick 定时器中断处理函数
void SysTick_Handler(void)
{
```

```
        boot_time_ms += time_uint_ms;
}
```

（6）在 bsp_systick.c 中配置获取当前时间毫秒数的函数。代码如下：

```
//获取当前时间毫秒数
uint32_t SYSTICK_GetTime_Ms(void)
{
    return boot_time_ms;
}
```

（7）在 bsp_systick.c 中配置获取当前时间微秒数的函数。代码如下：

```
//获取当前时间微秒数
uint32_t SYSTICK_GetTime_Us(void)
{
    returnboot_time_ms * 1000 + SysTick->VAL / (SystemCoreClock / 1000000);
}
```

（8）在 bsp_systick.c 中配置延时微秒数的函数。代码如下：

```
//延迟 n us
void SysTick_DelayUS(uint32_t n)
{
    uint32_t ticks;
    uint32_t told;
    uint32_t tnow;
    uint32_t tcnt = 0;
    uint32_t reload;
    reload = SysTick->LOAD;
    ticks = n * (SystemCoreClock / 1000000);            //需要的节拍数
    tcnt = 0;
    told =SysTick->VAL;                                 //刚进入时的计数器值
    while (1)
    {
        tnow = SysTick->VAL;
        if (tnow != told)
        {
            /* SysTick 是一个递减的计数器*/
            if (tnow < told)
            {
                tcnt += told - tnow;
            }
            /*重新装载递减 */
            else
            {
                tcnt += reload - tnow + told;
            }
            told = tnow;
            /*时间超过或等于要延时的时间，则退出*/
```

```
        if (tcnt >= ticks)
        {
            break;
        }
    }
  }
}
```

（9）在 bsp_systick.c 中配置延时毫秒数的函数。代码如下：

```
void SysTick_DelayMS(uint32_t n)
{
    SysTick_DelayUS(n*1000);
}
```

（10）在 bsp_systick.h 中分别声明上述的函数。代码如下：

```
#ifndef __BSP_SYSTICK_H__
#define __BSP_SYSTICK_H__

#include "stm32f4xx.h"

void SysTick_Init(uint16_t time_ms);
void SysTick_Handler(void);
uint32_t SYSTICK_GetTime_Ms(void);
uint32_t SYSTICK_GetTime_Us(void);
void SysTick_DelayUS(uint32_t n);
void SysTick_DelayMS(uint32_t n);

#endif
```

（11）在 main.c 的 main() 函数中调用上述函数，步骤如下：

① 引用头文件。

② 在 main() 函数中调用 SysTick_Init() 函数和 LED_Init() 函数，分别初始化 SysTick 定时器和 LED。

③ 在 while 循环中调用 SysTick_DelayMS() 函数，实现 LED 的闪烁效果。

上述步骤的代码如下：

```
#include "bsp_led.h"
#include "bsp_systick.h"

int main(void)
{
    SysTick_Init(1);          //调用初始化 SysTick 定时器的函数
    LED_Init();               //调用初始化 LED 的函数
    while(1)
    {
        LED1_ON;              //LED 亮
        SysTick_DelayMS(500);
```

```
            LED1_OFF;              //LED 灭
            SysTick_DelayMS(500);
        }
    }
}
```

（12）编译工程，并将编译生成的程序下载到"光标"飞控系统。

说明：具体细节请参考本书附带的代码。

3.2.3　运行结果

将编译生成的程序下载到"光标"飞控系统后，可以看到"光标"飞控系统上的 LED1 每 500 ms 亮一次、每 500 ms 灭一次（依次循环），说明该 SysTick 定时器配置成功，完成了无人机"光标"飞控系统的时钟构建。

●●●●● 练习

（1）简述 SysTick 定时器的实现流程。

（2）点亮其他的 LED，实现流水灯效果。

3.3 无人机电池电压的读取（ADC+DMA）

●●●●● 学习目标

了解 Cortex-M 系列芯片的 ADC 和 DMA 的原理，熟悉 STM32F407 芯片的 ADC 配置、DMA 配置，以及通过 DMA 传输 ADC 数据的基础知识，最终通过 ADC+DMA 的方式实现无人机电池电压的读取。

3.3.1　开发原理

ADC 实验　　　　　　ADC+DMA

实时获取无人机的电池电压，可以更好地了解无人机的飞行状态，及时调整无人机的航线规划，避免电池电压过低导致飞行不稳定或者无法返航。电池电压信息可通过 ADC+DMA 的方式获取。

1. ADC

模/数转换器（Analog-to-Digital Converter，ADC）是指将连续变化的模拟信号转换为离散的数字信号的器件。在电路中，ADC 可将模拟信号转换成表示一定比例电压值的数字信号。

STM32F407 共 3 个 ADC，每个 ADC 有 12 位、10 位、8 位和 6 位可选，具有 16 个外部通道。另外，还有两个内部 ADC 源和 V_{BAT} 通道挂在 ADC1 上。ADC 可工作于独立模式、双重模式或三重模式，用户可根据不同的模/数转换要求选择合适的工作模式。ADC 功能非常强大，其功能框图如图 3-26 所示。

1）输入电压范围

ADC 的输入电压范围为 $V_{REF-} \sim V_{REF+}$，输入电压由引脚 V_{REF-}、V_{SSA}、V_{REF+}、V_{DDA} 决定。

在设计电路原理图时，一般把引脚 V_{SSA} 和 V_{REF-}接地，把引脚 V_{REF+}和 V_{DDA} 接 3.3 V 的电源，得到的 ADC 输入电压范围为 0～3.3 V。如果想让输入电压的范围变宽，则可以在外部加一个电压调理电路，把需要转换的电压抬升或者降低到 0～3.3 V，这样就可以使用 ADC 进行转换了。

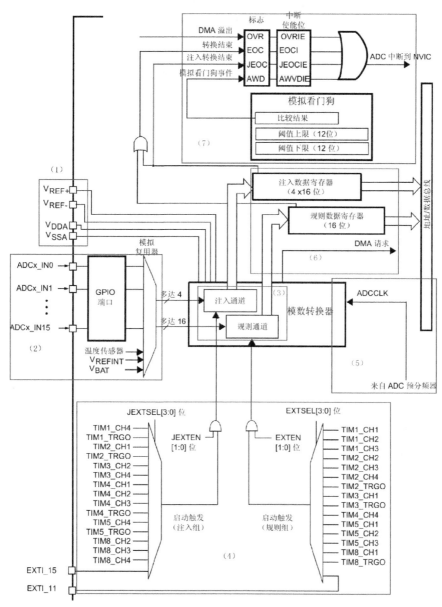

图 3-26　ADC 的功能框图

2）输入通道

确定好 ADC 的输入电压后，怎么才能把输入电压输入到 ADC 呢？这里我们引入通道的概念，STM32F407 有 19 个复用通道，可转换来自 16 个外部源、2 个内部源和 V_{BAT} 通道的信号。这些通道的 A/D 转换可在单次、连续、扫描或不连续采样模式下进行。A/D 转换结果存储在一个左对齐或右对齐的 16 位数据寄存器中。16 个连接外部源的通道对应着不同的

GPIO 端口，具体是哪一个 GPIO 端口，可以从芯片的参考手册中查询到。输入通道和 GPIO 端口的对应关系如表 3-6 所示，ADC1 还有内部通道 ADC1_IN16（通道 16，连接内部的温度传感器）和 ADC1_IN17（通道 17，连接内部的 V_{REFINT}）。

表 3-6 输入通道和 GPIO 端口的对应关系

通道号	ADC1	ADC2	ADC3
通道 0	PA0	PA0	PA0
通道 1	PA1	PA1	PA1
通道 2	PA2	PA2	PA2
通道 3	PA3	PA3	PA3
通道 4	PA4	PA4	PF6
通道 5	PA5	PA5	PF7
通道 6	PA6	PA6	PF8
通道 7	PA7	PA7	PF9
通道 8	PB0	PB0	PF10
通道 9	PB1	PB1	PF3
通道 10	PC0	PC0	PC0
通道 11	PC1	PC1	PC1
通道 12	PC2	PC2	PC2
通道 13	PC3	PC3	PC3
通道 14	PC4	PC4	PF4
通道 15	PC5	PC5	PF5
通道 16	连接内部的温度传感器	—	—
通道 17	连接内部的 V_{REFINT}	—	—

连接外部源的 16 个通道在进行 A/D 转换时可分为规则通道和注入通道，其中规则通道最多有 16 路，注入通道最多有 4 路。规则通道就是"很规矩"的通道，我们平时一般使用的就是这种通道。注入可以理解为插入、插队，注入通道可以理解为一种"不安分"的通道，它是一种在规则通道转换时强行插入要进行 A/D 转换的通道。如果规则通道在进行 A/D 转换的过程中，有注入通道插队，那么要先转换完注入通道的 A/D 转换，再回到规则通道继续进行 A/D 转换。这跟中断程序很像，都是"不安分"的主。注入通道只有在规则通道存在时才会出现。

3）转换顺序

（1）规则序列。规则序列寄存器有 3 个，分别为 ADC_SQR3、ADC_SQR2、ADC_SQR1。ADC_SQR3 用于控制规则序列中的第 1 到 6 次转换的通道，对应的位段为 SQ1[4:0]～SQ6[4:0]，第 1 次转换对应的位段是 SQ1[4:0]，如果通道 16 要进行第一次转换，那么在 SQ1[4:0] 中写入"1111"即可。ADC_SQR2 寄存器用于控制规则序列中的第 7 到 12 次转换，对应的位段是 SQ7[4:0]～SQ12[4:0]，如果通道 1 要进行第 8 次转换，则在 SQ8[4:0] 中加入"0001"即可。ADC_SQR1 用于控制规则序列中的第 13 到 16 次转换，对应的位段是 SQ13[4:0]～SQ16[4:0]，如果通道 6 要进行第 10 次转换，则在 SQ10[4:0] 中写入"0110"即可。具体使用多少个通道，由 SQR1 的 SQL[3:0]决定，最多使用 16 个通道。转换通道和 ADC_SQR 的关系如表 3-7 所示。

表 3-7　转换通道和 ADC_SQR 的关系

寄　存　器	位　段	功　能	取　值
ADC_SQR3	SQ1[4:0]	设置第 1 次转换的通道	通道 1～16
	SQ2[4:0]	设置第 2 次转换的通道	通道 1～16
	SQ3[4:0]	设置第 3 次转换的通道	通道 1～16
	SQ4[4:0]	设置第 4 次转换的通道	通道 1～16
	SQ5[4:0]	设置第 5 次转换的通道	通道 1～16
	SQ6[4:0]	设置第 6 次转换的通道	通道 1～16
ADC_SQR2	SQ7[4:0]	设置第 7 次转换的通道	通道 1～16
	SQ8[4:0]	设置第 8 次转换的通道	通道 1～16
	SQ9[4:0]	设置第 9 次转换的通道	通道 1～16
	SQ10[4:0]	设置第 10 次转换的通道	通道 1～16
	SQ11[4:0]	设置第 11 次转换的通道	通道 1～16
	SQ12[4:0]	设置第 12 次转换的通道	通道 1～16
ADC_SQR1	SQ13[4:0]	设置第 13 次转换的通道	通道 1～16
	SQ14[4:0]	设置第 14 次转换的通道	通道 1～16
	SQ15[4:0]	设置第 15 次转换的通道	通道 1～16
	SQ16[4:0]	设置第 16 次转换的通道	通道 1～16
	SQL[3:0]	需要转换的通道数量	1～16

（2）注入序列。注入序列寄存器（ADC_JSQR）只有一个，最多支持 4 个通道，具体使用多少个通道由 ADC_JSQR 寄存器中的 JL[1:0]决定。当 JL[1:0]=3 时，表示有 4 次注入转换，ADC 的转换通道顺序是 JSQ1[4:0]、JSQ2[4:0]、JSQ3[4:0]和 JSQ4[4:0]；当 JL[1:0]=2 时，表示有 3 次注入转换，ADC 的转换通道顺序是 JSQ2[4:0]、JSQ3[4:0]和 JSQ4[4:0]；当 JL[1:0]=1 时，表示有 2 次注入转换，ADC 的转换通道的顺序是先是 JSQ3[4:0]和 JSQ4[4:0]；当 JL[1:0]=0 时，表示有 1 次注入转换，ADC 将仅转换 JSQ4[4:0]对应的通道。转换通道和 ADC_JSQR 的关系如表 3-8 所示。

表 3-8　转换通道和 ADC_JSQR 的关系

寄　存　器	位　段	功　能	取　值
ADC_JSQR	JSQ1[4:0]	设置第 1 次转换的通道	通道 1～4
	JSQ2[4:0]	设置第 2 次转换的通道	通道 1～4
	JSQ3[4:0]	设置第 3 次转换的通道	通道 1～4
	JSQ4[4:0]	设置第 4 次转换的通道	通道 1～4
	JL[1:0]	需要转换的通道数量	1～4

4）触发源

选择好通道后，转换顺序也就设置好了，接下来就可以开始转换了。ADC 的转换是由

ADC 控制寄存器 2（ADC_CR2）的 ADON 位来控制的，当向该位写 1 时开始转换，当向该位写 0 时停止转换，这是最简单、也是最好理解的开启 A/D 转换的控制方式。

除了上述的控制方法，ADC 还支持事件触发转换。事件触发包括内部定时器触发和外部 GPIO 触发。触发源有很多，具体选择哪一种触发源，由 ADC_CR2 中的 EXTSEL[3:0]和 JEXTSEL[3:0]来控制。EXTSEL[3:0]用于选择规则通道的触发源，JEXTSEL[3:0]用于选择注入通道的触发源。选择好触发源后，触发源是否要激活，则是由 ADC_CR2 的 EXTEN 和 JEXTEN（分别用于设置规则通道的触发源和注入通道的触发源）来决定的。EXTEN 和 JEXTEN 还可以控制触发极性，可以设置 4 种触发状态，分别是禁止触发检测、上升沿触发检测、下降沿触发检测，以及上升沿和下降沿触发检测。

5）转换时间

（1）ADC 的输入时钟。ADC 的输入时钟 ADC_CLK 是由 PCLK2 经过分频产生的，最大值是 36 MHz，典型值为 30 MHz。分频因子是由 ADC 通用控制寄存器（ADC_CCR）的 ADCPRE[1:0]设置的，可设置的分频系数有 2、4、6 和 8。注意：这里没有 1 分频。对于 STM32F429IGT6，一般设置 PCLK2=HCLK/2=84 MHz，因此在编程时一般使用 4 分频或者 6 分频。

（2）采样时间。ADC 需要若干个 ADC_CLK 周期来完成对输入电压的采样，采样的周期数可通过 ADC 采样时间寄存器（ADC_SMPR1 和 ADC_SMPR2）中的 SMP[2:0]位来设置，ADC_SMPR2 控制的是通道 0~9，ADC_SMPR1 控制的是通道 10~18。每个通道可以分别采用不同的时间采样。采样周期最小是 3/ADC_CLK，如果我们要达到最快的采样速率，那么应该设置采样周期为 3/ADC_CLK。

ADC 的总转换时间和 ADC 的输入时钟、采样时间有关，计算公式为：

$$T_{conv} = 采样时间 + 12/ADC\_CLK$$

当 ADC_CLK=30 MHz，即 PCLK2 为 60 MHz，ADC 采用 2 分频，采样时间设置为 3/ADC_CLK 时，总转换时间 T_{conv} =(3 + 12)/ADC_CLK = 0.5 μs。

通常，PCLK2=84 MHz，经过 ADC 预分频器能分频到最大的时钟频率只能是 21 MHz，采样周期设置为 3/ADC_CLK，通过计算可以得到最短的转换时间为 0.7142 μs，这个转换时间是最常用的。

6）数据寄存器

根据转换组的不同，规则组将 A/D 转换后的数据存放在规则数据寄存器（ADC_DR）中，注入组将 A/D 转换后的数据存放在注入数据寄存器（ADC_JDRx）中。如果 ADC 使用的是双重模式或者三重模式，则规则组将 A/D 转换后的数据存放在通用规则数据寄存器（ADC_CDR）中。

（1）规则数据寄存器（ADC_DR）。ADC_DR 只有一个，是一个 32 位的寄存器，只有低 16 位有效，并且只用于在独立模式中存放 A/D 转换后的数据。ADC 的最大精度是 12 位，ADC_DR 的低 16 位有效，因此允许 ADC 在存放数据时可以选择左对齐方式或右对齐方式，具体采用哪一种方式存放数据，由 ADC_CR2 的 ALIGN（第 11 位）决定。如果存放数据时采用左对齐方式，则 A/D 转换后的数据存放在 ADC_DR 的 4~15 位；如果存放数据时采用右对齐方式，则 A/D 转换后的数据存放在 ADC_DR 的 0~11。

规则通道有 16 个，但 ADC_DR 只有一个，因此在使用多通道进行 A/D 转换时，转换后的数据都存放在 ADC_DR 中，前一个时间点某个通道的 A/D 转换数据，会被下一个时间点的其他通道的 A/D 转换数据覆盖，因此在通道完成 A/D 转换后应立即数据取走，或者通过 DMA 模式把数据传输到内存中，否则就会造成数据被覆盖。最常用的做法就是使用 DMA 模式把数据传输到内存中。

如果使用 DMA 模式传输数据，则通常需要使用 ADC 的状态寄存器（ADC_SR）获取 ADC 的当前转换进度，进而控制转换程序的执行。

（2）注入数据寄存器（ADC_JDRx）。ADC 的注入组最多有 4 个通道，注入数据寄存器也有 4 个，每个通道对应着自己的寄存器，因此不会像规则寄存器那样存在数据覆盖问题。ADC_JDRx 是 32 位的，低 16 位有效，高 16 位保留，数据存放同样分为左对齐方式和右对齐方式，具体采用哪一种方式存放数据，由 ADC_CR2 的 ALIGN 位决定。

（3）通用规则数据寄存器（ADC_CDR）。ADC_DR 仅适用于独立模式的，ADC_CDR 可适用于双重模式和三重模式。独立模式是指仅仅适用三个 ADC 中的一个，双重模式是指同时使用 ADC1 和 ADC2，三重模式是指同时使用三个 ADC。在双重模式或者三重模式下，一般需要配合 DMA 模式传输数据。

7）中断

（1）转换结束中断。在 A/D 转换结束后可以产生中断，中断分为四种，即规则通道转换结束中断，注入通道转换结束中断、模拟看门狗中断和溢出中断。其中，转换结束中断很好理解，和我们平时接触的中断一样，有相应的中断标志位和中断使能位，可以根据中断类型编写相应的中断服务程序。

（2）模拟看门狗中断。当被 A/D 转换的模拟电压低于低阈值或者高于高阈值时，就会产生中断，前提是开启了模拟看门狗中断，其中低阈值和高阈值由 ADC_LTR 和 ADC_HTR 设置。例如，如果设置的高阈值是 2.5 V，那么当模拟电压超过 2.5 V 时，就会产生模拟看门狗中断；反之低阈值也一样。

（3）溢出中断。如果 DMA 传输的数据丢失，则会置位 ADC 状态寄存器（ADC_SR）的 OVR 位。如果同时使能了溢出中断，则会在转换结束后会产生一个溢出中断。

（4）DMA 请求。规则通道和注入通道的转换结束后，除了会产生转换结束中断，还会产生 DMA 请求，以便把 A/D 转换数据直接存放在内存中。对于独立模式下的多通道 A/D 转换，使用 DMA 模式传输数据是非常有必要的，可以简化编程；对于双重模式或三重模式，使用 DMA 模式传输数据是必需的。在使用 ADC 时，通常都会开启 DMA 模式传输数据。

8）电压转换

模拟电压的 A/D 转换结果是一个相对精度的数字值，如果通过串口以十六进制数的形式显示出来，则可读性较差，这就需要把数字电压转换成模拟电压的形式，从而跟实际的模拟电压（如用万用表测的结果）对比，看看转换是否准确。

在设计电路原理图时，通常会把 ADC 的输入电压范围设定在 0～3.3 V。如果 ADC 是 12 位的，那么 12 位的满量程对应的就是 3.3 V，12 位满量程对应的数字是 2^{12}，0 对应的是 0 V。如果转换后的数值为 X，X 对应的模拟电压为 Y，则 $2^{12}/3.3 = X/Y$，$Y =(3.3X)/2^{12}$。

2. DMA

DMA 传输的主要特点是在获取 A/D 转换后的数据时不需要等待转换完成标志位，可以由专门的 DMA 模块将数据发送到缓冲区，在读取数据的过程中不需要 MCU 直接传输，可以节省 MCU 资源，加快传输速率。STM32F407 有两个 DMA，本书用到的是 DMA2。DMA2

的请求映射如表 3-9 所示。

表 3-9　DMA2 的请求映射

外设请求	数据流 0	数据流 1	数据流 2	数据流 3	数据流 4	数据流 5	数据流 6	数据流 7
通道 0	ADC1	—	TIM8_CH1 TIM8_CH2 TIM8_CH3	—	ADC1	—	TIM1_CH1 TIM1_CH2 TIM1_CH3	—
通道 1	—	DCMI	ADC2	ADC2	—	SPI6_TX(1)	SPI6_RX(1)	DCMI
通道 2	ADC3	ADC3	—	SPI5_RX	SPI5_TX	CRYP_OUT	CRYP_IN	HASH_IN
通道 3	SPI1_RX	—	SPI1_RX	SPI1_TX	—	SPI1_TX	—	—
通道 4	SPI4_RX	SPI4_TX	USART1_RX	SDIO	—	USART1_RX	SDIO	USART1_TX
通道 5	—	USART6_RX	USART6_RX	SPI4_RX	SPI4_TX	—	USART6_TX	USART6_TX
通道 6	TIM1_TRIG	TIM1_CH1	TIM1_CH2	TIM1_CH1	TIM1_CH4 TIM1_TRIG TIM1_COM	TIM1_UP	TIM1_CH3	—
通道 7	—	TIM8_UP	TIM8_CH1	TIM8_CH2	TIM8_CH3	SPI5_RX	SPI5_TX	TIM8_CH4 TIM8_TRIG TIM8_COM

注：表中阴影部分的请求映射在 STM32F42xxx 和 STM32F43xxx 上可用。

3.3.2　开发步骤

查看"光标"飞控系统的电路原理图，了解 ADC 所连接的芯片引脚，以便配置与 ADC 相关的 GPIO 引脚，如图 3-27 所示。

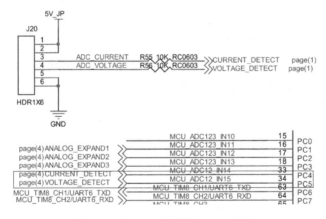

图 3-27　与 ADC 相关的 GPIO 引脚

查看 STM32F407 参考手册可知，GPIO 连接在 AHB1 时钟线上，因此使用 GPIO 时需要打开时钟；ADC 连接在 APB2 时钟线上，因此使用 ADC 时还需要打开 ADC 的时钟。

（1）在新建的工程中创建两个文件，分别命名为 bsp_adc_dma.c 和 bsp_adc_dma.h。

（2）在 bsp_adc_dma.c 文件中添加 bsp_adc_dma.h 头文件并定义接收缓冲区。

```
#include "bsp_adc_dma.h"
```

```
ADC_Data adc_data;
uint16_t adc_value[4];              //接收缓冲区
```

（3）在 bsp_adc_dma.c 文件中定义 ADC_DMA_Init()函数。

```
//初始化 DMA
void ADC_DMA_Init(void)
{
}
```

（4）在 ADC_init()函数中配置 ADC，用于采集传感器的数据，步骤如下：

① 使能 DMA2 的时钟。

② 定义结构体并初始化 DMA2。

③ 使能 DMA2。

上述步骤的代码如下：

```
//初始化 DMA
void ADC_DMA_Init(void)
{
    DMA_InitTypeDef DMA_InitStruct;

    RCC_AHB1PeriphClockCmd(RCC_AHB1Periph_DMA2 , ENABLE);

    DMA_DeInit(DMA2_Stream0);                                    //复位
    while (DMA_GetCmdStatus(DMA2_Stream0) != DISABLE){}

    DMA_InitStruct.DMA_BufferSize = sizeof(adc_value)/2;        //数据大小
    DMA_InitStruct.DMA_Channel = DMA_Channel_0;                 //设置通道
    DMA_InitStruct.DMA_DIR = DMA_DIR_PeripheralToMemory;        //内存到外设
    DMA_InitStruct.DMA_FIFOMode = DMA_FIFOMode_Disable;
    DMA_InitStruct.DMA_FIFOThreshold = DMA_FIFOThreshold_Full;
    DMA_InitStruct.DMA_Memory0BaseAddr = (uint32_t)&adc_value[0];  //存储区基地址
    DMA_InitStruct.DMA_MemoryBurst = DMA_MemoryBurst_Single;    //突发模式
    DMA_InitStruct.DMA_MemoryDataSize = DMA_MemoryDataSize_HalfWord;
    DMA_InitStruct.DMA_MemoryInc = DMA_MemoryInc_Enable;        //增加存储器地址寄存器
    DMA_InitStruct.DMA_Mode = DMA_Mode_Circular;               //循环模式
    DMA_InitStruct.DMA_PeripheralBaseAddr = (uint32_t)&ADC1->DR;  //外设地址
    DMA_InitStruct.DMA_PeripheralBurst = DMA_PeripheralBurst_Single;
    DMA_InitStruct.DMA_PeripheralDataSize = DMA_PeripheralDataSize_HalfWord;
    //关闭增加的外设地址寄存器
    DMA_InitStruct.DMA_PeripheralInc = DMA_PeripheralInc_Disable;
    DMA_InitStruct.DMA_Priority = DMA_Priority_High;
    DMA_Init(DMA2_Stream0 , &DMA_InitStruct);
    DMA_Cmd(DMA2_Stream0, ENABLE);

    /* Enable DMA request after last transfer (Single-ADC mode) */
    ADC_DMARequestAfterLastTransferCmd(ADC1, ENABLE);
    ADC_DMACmd(ADC1, ENABLE);            //开启 ADC+DMA 模式
    ADC_Cmd(ADC1, ENABLE);               //使能 ADC1
```

```
        ADC_SoftwareStartConv(ADC1);              //软件启动转换
}
```

（5）在 bsp_adc_dma.c 文件中定义 ADC1_DMA_GetValue()函数来读取 ADC 的值。代码如下：

```
//读取 A/D 转换后的数据
void ADC1_DMA_GetValue(void)
{
    adc_data.vrefint = 3.3f * VREFIN_CAL / adc_value[3];              //参考电压
    adc_data.current = adc_value[0] * adc_data.vrefint / 4095 * 20;   //电流
    //电压，电流计测得的电压是实际电压的 1/10
    adc_data.voltage = adc_value[1] * adc_data.vrefint / 4095 * 10;
    adc_data.temperature = (adc_value[2] * adc_data.vrefint / 4095 - V25) *
                            V25mV / Avg_Slope+ 25;                    //温度
}
```

这里直接读取 DMA 传输过来的数据并进行计算，不需要调用 ADC_GetConversionValue() 获取 ADC 的转换数据。

（6）在 bsp_adc_dma.h 文件中进行函数声明。代码如下：

```
#ifndef __BSP_ADC_DMA_H__
#define __BSP_ADC_DMA_H__

#include "stm32f4xx.h"

#define VREFIN_CAL *((uint16_t*) ((uint32_t) 0x1FFF7A2A))
#define V25 0.76f
#define V25mV 1000
#define Avg_Slope 2.5f

typedef struct
{
    float current;              //电流
    float voltage;              //电压
    float temperature;          //温度
    float vrefint;              //参考电压
}ADC_Data;
extern ADC_Data adc_data;
extern ADC_Data adc_data;

void ADC_DMA_Init(void);
void ADC1_DMA_GetValue(void);

#endif
```

（7）在 main.c 文件中调用相关函数。步骤如下：

① 调用相关的头文件。

② 在 main()函数中初始化定时器、串口、ADC 及 DMA。

③ 在 while 循环中每隔 0.5 s 调用一次 DMA1_Calculation()函数进行数据计算，并通过

串口打印计算结果。

上述步骤的代码如下：

```c
#include "bsp_systick.h"
#include "bsp_usart.h"
#include "bsp_adc.h"
#include "bsp_adc_dma.h"

int main(void)
{
    SysTick_Init(1);
    USART1_Init(115200);                //调用串口 1 的初始化函数，设置波特率
    ADC1_Init();
    ADC_DMA_Init();
    while(1)
    {
        ADC1_DMA_GetValue();
        printf("Current=%.6f , Voltage=%.6f , Temperature=%.6f\r\n",
                adc_data.current, adc_data.voltage, adc_data.temperature);
        SysTick_DelayMS(500);
    }
}
```

（8）编译整个工程并将编译生成的程序下载到"光标"飞控系统。

说明：具体细节请参考本书附带的代码。

3.3.3　运行结果

将编译生成的程序下载到"光标"飞控系统后，打开串口调试助手可以看到当前的电压、电流和 MCU 温度，实现了通过 ADC+DMA 的方式读取无人机电压、电流和 MCU 温度的目的。运行结果如图 3-28 所示。

图 3-28　运行结果

（1）简述 ADC+DMA 的实现过程。

（2）本节使用的是 ADC1 和 DMA2，请使用其他 ADC 和 DMA 模块实现无人机电池电压的读取。

3.4 无人机控制信号的输出（PWM 输出）

PWM 输出

●●●●●● 学习目标

了解 ARM Cortex-M 系列芯片的定时器工作原理，熟悉 STM32F407 定时器的寄存器配置，以及 PWM 输出的实现方法，通过编程模拟无人机"光标"飞控系统的控制信号输出。

3.4.1 开发原理

"光标"飞控系统的执行机构一般是无刷直流电机或者空心杯电机。对于无刷直流电机，需要通过电调（见 1.1.2 节）进行驱动，因此需要"光标"飞控系统通过输出 PWM 信号控制电调，从而控制电机转速。"光标"飞控系统采用 STM32F407 的 8 路 TIM 输出 PWM 信号。

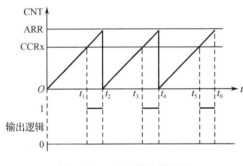

图 3-29 PWM 输出的原理

脉宽调制（Pulse Width Modulation，PWM）是利用微控制器的数字输出对模拟电路进行控制的一种非常有效的技术。简单来说，就是对脉冲宽度进行控制。PWM 输出的原理如图 3-29 所示。

在图 3-29 中，假设定时器工作在递增计数的 PWM 模式，当 CNT<CCRx 时输出 0，当 CNT≥CCRx 时输出 1，当 CNT 达到 ARR 时重新归零，然后重新开始递增计数，依次循环。改变 CCRx 的值，就可以改变 PWM 输出的占空比，改变 ARR 的值就可以改变 PWM 输出的频率，这就是 PWM 输出的原理。

STM32F407 有 14 个定时器，其中 TIM1 和 TIM8 为高级控制定时器，TIM2～TIM5 和 TIM9～TIM14 为通用定时器，TIM6 和 TIM7 为基本定时器。

除了 TIM2 和 TIM5 是 32 位的，其余定时器都是 16 位的。基本定时器不具备输出比较和输入捕获特性，因此不能配置 TIM6、TIM7 来输出 PWM。每个高级控制定时器都具备 4 个捕获/比较通道，通用定时器 TIM2～TIM5 也具备 4 个捕获/比较通道，通用定时器 TIM9 和 TIM14 具备 2 个捕获/比较通道，如表 3-10 所示。

表 3-10 STM32F407 的定时器特性

定时器类型	定时器	计数器分辨率/bit	计数器类型	预分频系数	产生 DMA 请求	捕获/比较通道	互补输出	最大接口时钟/MHz	最大定时器时钟/MHz
高级控制定时器	TIM1 TIM8	16	递增、递减、递增/递减	1～65536	是	4	是	84（APB2）	168

续表

定时器类型	定时器	计数器分辨率/bit	计数器类型	预分频系数	产生 DMA 请求	捕获/比较通道	互补输出	最大接口时钟/MHz	最大定时器时钟/MHz
通用定时器	TIM2 TIM5	32	递增、递减、递增/递减	1～65536	是	4	无	42（APB1）	84、168
	TIM3 TIM4	16	递增、递减、递增/递减	1～65536	是	4	否	42（APB1）	84、168
	TIM9	16	递增	1～65536	否	2	否	84（APB2）	168
	TIM10 TIM11	16	递增	1～65536	否	1	否	84（APB2）	168
	TIM12	16	递增	1～65536	否	2	否	42（APB1）	84、168
	TIM13 TIM14	16	递增	1～65536	否	2	否	42（APB1）	84、168
基本定时器	TIM6 TIM7	16	递增	1～65536	是	0	否	42（APB1）	84、168

通用定时器的计数模式分为递增计数模式、递减计数模式、递增/递减双向计数模式（中心对齐模式）。

每个定时器都包括 1 个或 2 个控制寄存器（TIMx_CR1/2）、1 个从模式控制寄存器（TIMx_SMCR）、1 个 DMA/中断使能寄存器（TIMx_DIER）、1 个状态寄存器（TIMx_SR）、1 个事件生成寄存器（TIMx_EGR）、2 个捕获/比较模式寄存器（TIMx_CCMR1/2）、1 个捕获/比较使能寄存器（TIMx_CCER）、1 个计数器（TIMx_CNT）、1 个预分频寄存器（TIMx_PSC）、1 个自动重载寄存器（TIMx_ARR）、4 个捕获/比较寄存器（TIMx_CCR1/2/3/4）等。

通用定时器的基本结构如图 3-30 所示。

通用定时器具有以下特性：

（1）16 位（TIM3 和 TIM4）或 32 位（TIM2 和 TIM5）递增、递减和递增/递减自动重载计数器。

（2）16 位可编程预分频，用于对计数器时钟频率进行分频（即运行时修改），分频系数为 1～65536。

（3）多达 4 个独立通道，可用于输入捕获、输出比较、PWM 生成（边沿和中心对齐模式）、单脉冲模式输出。

（4）使用外部信号控制定时器，可实现多个定时器互联的同步电路。

（5）在发生如下事件时可生成中断/DMA 请求：

‣ 更新事件，如计数器上溢/下溢、计数器初始化（通过软件或内部/外部触发）。

‣ 触发事件，如计数器启动、停止、初始化或通过内部/外部触发计数。

‣ 输入捕获。

‣ 输出比较。

（6）支持针对定位的增量（正交）编码器和霍尔传感器电路。

（7）支持外部时钟触发输入或逐周期电流管理。

每个捕获/比较通道均由 1 个捕获/比较寄存器（包括 1 个影子寄存器）、1 个捕获输入阶段（数字滤波、多路复用和预分频器）和 1 个输出阶段（比较器和输出控制）构建而成。首先在输入阶段对相应的 TIx 输入进行采样，生成一个滤波后的信号 TIxF；然后由带有极性选择功能的边沿检测器生成一个信号（TIxFPx），该信号可用于从模式控制器的触发输入，也可用于捕获命令；最后对信号 TIxFPx 进行预分频（ICxPS）后再进入捕获寄存器。

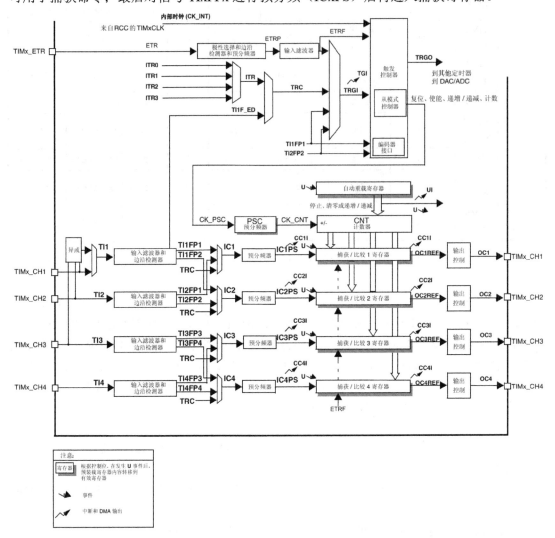

图 3-30　通用定时器基本结构

捕获/比较模块由 1 个预装载寄存器和 1 个影子寄存器组成，始终可通过读写操作访问预装载寄存器。在捕获模式下，捕获实际发生在影子寄存器中，将影子寄存器的内容复制到预装载寄存器中。在比较模式下，预装载寄存器的内容将复制到影子寄存器中，然后将影子寄存器的内容与计数器进行比较。

脉冲宽度调制模式可以生成一个信号，该信号频率由 TIMx_ARR 决定，其占空比则由 TIMx_CCRx 决定。通过向 TIMx_CCMRx 中的 OCxM 位写入 110（PWM 模式 1）或 111（PWM 模式 2），可以独立选择各通道（每个 OCx 输出对应一个 PWM）的 PWM 模式。必须先通过将 TIMx_CCMRx 中的 OCxPE 位置 1 来使能相应预装载寄存器，再通过将 TIMx_CR1 中的 ARPE 位置 1 来使能自动重载预装载寄存器。由于只有在发生更新事件时预装载寄存器才会将其中的内容传输到影子寄存器，因此在启动计数器之前，必须通过将 TIMx_EGR 中的 UG 位置 1 来初始化所有的寄存器。

OCx 的极性可使用 TIMx_CCER 中的 CCxP 位来设置，既可以设置为高电平有效，也可以设置为低电平有效。OCx 输出是通过将 TIMx_CCER 中的 CCxE 位置 1 来使能的。在 PWM 模式（1 或 2）下，TIMx_CNT 始终与 TIMx_CCRx 进行比较，以确定是 TIMx_CCRx、TIMx_CNT 还是 TIMx_CNT、TIMx_CCRx（取决于计数器的计数方向）。不过，为了与 ETRF 相符（在下一个 PWM 周期之前，ETR 信号上的一个外部事件能够清除 OCxREF），OCREF 信号仅在比较结果发生改变、输出比较模式（由 TIMx_CCMRx 中的 OCxM 位设置）从"冻结"配置（不进行比较，OCxM=000）切换为其他 PWM 模式（OCxM=110 或 111）这两种情况下变为有效状态。

在定时器运行期间，可以通过软件强制 PWM 输出。根据 TIMx_CR1 中的 CMS 位的状态，定时器能够产生边沿对齐模式或中心对齐模式的 PWM 信号。

在 PWM 边沿对齐模式下，当 TIMx_CR1 中的 DIR 位为 0 时定时器执行递增计数。以 PWM 模式 1 为例，如果 TIMx_CNT<TIMx_CCRx，则 PWM 参考信号 OCxREF 为 1，否则为 0。如果 TIMx_CCRx 中的比较值大于自动重载值（TIMx_ARR），则 OCxREF 保持为 1；如果比较值为 0，则 OCxREF 保持为 0。

3.4.2　开发步骤

（1）查看"光标"飞控系统的电路原理图，查找定时器 PWM 输出所使用的芯片引脚，以便配置相关的 GPIO 引脚。定时器 PWM 输出的 GPIO 引脚电路原理图如图 3-31 所示。

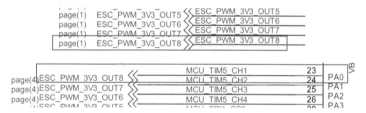

图 3-31　定时器 PWM 输出的 GPIO 引脚电路原理图

（2）由于 PWM 输出需要使用 GPIO 引脚，查看 STM32F407 芯片手册得知，GPIO 连接在 AHB1 时钟线上，因此需要打开 PWM 对应的 GPIO 时钟。另外，PWM 输出需要使用 TIM5，因此还需要打开 TIM5 的 APB1 时钟。

（3）新建一个工程，在其中创建两个文件，分别命名为 bsp_tim_pwm.c 和 bsp_tim_pwm.h，将这两个文件保存在该工程的 User\bsp_stm32f4xx\src 和 User\bsp_stm32f4xx\inc 中，并将创建的两个文件添加到 BSP 目录中。

（4）在 bsp_tim_pwm.c 文件中包含 bsp_tim_pwm.h 头文件。代码如下：

```
#include "bsp_tim_pwm.h"   //调用自身头文件，可以使用 bsp_tim_pwm.h 中的宏定义、函数声明、头
文件
```

（5）在 bsp_tim_pwm.c 文件中定义 PWM_Out_Init()函数。代码如下：

```
//PWM 初始化函数
void PWM_Out_Init(void)
{

}
```

（6）在 PWM_Out_Init()函数中通过配置定时器的相关寄存器，实现 PWM 输出。步骤如下：

① 调用 RCC_AHB1PeriphClockCmd()函数打开 PWM 输出所对应引脚 GPIO 的时钟，调用 RCC_APB1PeriphClockCmd()函数打开 TIM5 定时器时钟。

② 配置 PWM 输出所对应 GPIO 引脚。

③ 为了达到 2 kHz 的频率，将 TIM5 的分频系数设置为 84、将重装值设置为 500、将计数模式设置为递增计数。

④ 初始化 TIM5，将 TIM5 的模式设置为 PWM 模式、将输出极性设置为高电平、输出使能。

⑤ 通过 TIM5_CCR1 使能预装载寄存器。

⑥ 使能 ARR 与 TIM5。

上述步骤的代码如下：

```
//PWM 初始化
void PWM_init(void)
{
    GPIO_InitTypeDef GPIO_InitStruct;
    TIM_TimeBaseInitTypeDef TIM_TimeBaseInitStruct;
    TIM_OCInitTypeDef TIM_OCInitStruct;

    RCC_APB1PeriphClockCmd(RCC_APB1Periph_TIM5, ENABLE);        //开启 TIM5 的时钟
    RCC_AHB1PeriphClockCmd(RCC_AHB1Periph_GPIOA, ENABLE);       //开启 GPIOA 的时钟

    //端口复用
    GPIO_PinAFConfig(GPIOA, GPIO_PinSource0, GPIO_AF_TIM5);

    //初始化 GPIOA
    GPIO_InitStruct.GPIO_Mode = GPIO_Mode_AF;
    GPIO_InitStruct.GPIO_OType = GPIO_OType_PP;
    GPIO_InitStruct.GPIO_Pin = GPIO_Pin_0;
    GPIO_InitStruct.GPIO_PuPd = GPIO_PuPd_UP;
    GPIO_InitStruct.GPIO_Speed = GPIO_Speed_100MHz;
    GPIO_Init(GPIOA, &GPIO_InitStruct);

    //TIM 基础单元外设
    TIM_TimeBaseInitStruct.TIM_ClockDivision = TIM_CKD_DIV1;     //指定时间分割
    TIM_TimeBaseInitStruct.TIM_CounterMode = TIM_CounterMode_Up; //递增计数模式
    TIM_TimeBaseInitStruct.TIM_Period = 500-1;                   //自动重装值
    TIM_TimeBaseInitStruct.TIM_Prescaler = 84-1;                 //定时器分频
    TIM_TimeBaseInit(TIM5, &TIM_TimeBaseInitStruct);

    //初始化 TIM14 Channel1 PWM 模式
    TIM_OCInitStruct.TIM_OCMode = TIM_OCMode_PWM1;               //选择定时器模式
    TIM_OCInitStruct.TIM_OCPolarity = TIM_OCPolarity_High;       //输出极性
    TIM_OCInitStruct.TIM_OutputState = TIM_OutputState_Enable;   //比较输出使能
    TIM_OC1Init(TIM5, &TIM_OCInitStruct); //根据指定的参数初始化 TIM5 的 OC1
```

```
//通过 TIM5_CCR1 使能预装载寄存器
TIM_OC1PreloadConfig(TIM5, TIM_OCPreload_Enable);
//使能 ARR
TIM_ARRPreloadConfig(TIM5, ENABLE);
//使能 TIM5
TIM_Cmd(TIM5, ENABLE);
}
```

（7）在 bsp_tim_pwm.h 文件中添加防止重复定义代码，添加 stm32f4xx.h 头文件。由于初始化 PWM 需要使用 bsp_tim_pwm.h 文件中声明的函数，并且需要在该文件中对 PWM_Out_Init()函数进行声明，方便其他文件中调用该函数。代码如下：

```
#ifndef __BSP_TIM_PWM_H__
#define __BSP_TIM_PWM_H__

#include "stm32f4xx.h"

void PWM_Out_Init(void);

#endif
```

（8）通过 main.c 中的 main()函数配置 TIM，实现 PWM 输出，步骤如下：

① 在 main()函数中调用 Systick_init()函数来初始化 SysTick 定时器。

② 在 main()函数中调用 PWM_Out_Init()函数来初始化 PWM 模块。

③ 在 main()函数的 while 循环中调用 TIM_SetCompare1()函数实现 PWM 输出。

上述步骤的代码如下：

```
//主函数
uint32_t pwm_out=480;
int main(void)
{
    SysTick_Init(1);
    PWM_Out_Init();
    while(1)
    {
        TIM_SetCompare1(TIM5,pwm_out);        //PWM 输出
        SysTick_DelayMS(10);
    }
}
```

（9）编译整个工程，将编译生成的程序下载到"光标"飞控系统。

说明：具体细节请参考本书附带的代码。

3.4.3　运行结果

将编译生成的程序下载到"光标"飞控系统后，通过连接在 PWM 引脚的示波器可以看到 PWM 信号波形。更改 pwm_out 的值，可改变 PWM 信号的占空比，从而模拟无人机"光

标"飞控系统的控制信号输出。运行结果如图 3-32 所示。

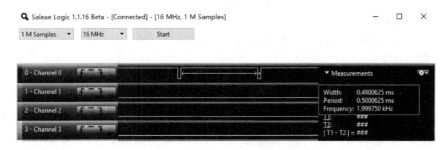

图 3-32　运行结果

●●●●● 练习

（1）简述 PWM 输出的过程。

（2）通过编程，使用其他的 PWM 模块实现 PWM 输出。

3.5 无人机遥控信号的接收（PWM 输入捕获）

PWM 输入捕获

●●●●● 学习目标

了解 ARM Cortex-M 系列芯片定时器的工作原理，熟悉 STM32F407 定时器的相关寄存器配置，实现 PWM 输入捕获，通过编程模拟无人机"光标"飞控系统遥控信号的接收。

3.5.1　开发原理

PWM 信号是比较常用的遥控信号，一般在遥控接收机接收到 PPM 编码或者 PCM 编码后，先由接收机内部解码出每个通道的控制量，再按照 PWM 信号重构每个通道并输出。"光标"飞控系统实现了 PWM 输入捕获，通过 STM32F407 的 TIM 的输入捕获模式对 PWM 信号进行采集处理。

在输入捕获模式下，当相应的 ICx 信号检测到跳变沿时，将使用捕获/比较寄存器（TIMx_CCRx）来锁存计数器的值。当发生捕获事件时，会将 TIMx_SR 的 CCxIF 置 1，并发送中断或 DMA 请求（前提是已经使能中断或 DMA 请求）。如果在发生捕获事件时 CCxIF 位已置 1，则会重新将 TIMx_SR 的捕获标志位 CCxOF 置 1。通过软件可将 CCxIF 清零，或读取存储在 TIMx_CCRx 中的已捕获到的数据。

输入捕获一般用于测量信号的频率和脉宽。

（1）信号频率的测量。当捕获通道 TIx 上出现上升沿时，进行第一次捕获，计数器的 CNT 值会被锁存到捕获/比较寄存器（TIMx_CCRx）中，而且还会触发捕获中断，在中断服务程序中记录一次捕获事件（可以用一个标志变量来记录），并把 TIMx_CCRx 中的值读取到 value1 中。当出现第二次上升沿时，进行第二次捕获，计数器的 CNT 值会再次被锁存到 TIMx_CCRx 中，并再次触发捕获中断，将 TIMx_CCRx 的值读取到 value2 中，并清除捕获记录标志。利用 value2 和 value1 的差值可以算出信号的周期（频率）。

（2）信号脉宽的测量。当捕获通道 TIx 上出现上升沿时，进行第一次捕获，计数器的 CNT 值会被锁存到 TIMx_CCRx 中，而且还会进入捕获中断，在中断服务程序中记录一次捕获事件（可以用一个标志变量来记录），并把 TIMx_CCRx 中的值读取到 value1 中；然后把捕获边沿改为下降沿捕获，目的是捕获后面的下降沿。当下降沿到来时，进行第二次捕获，计数器的 CNT 值会再次被锁存到 TIMx_CCRx 中，并再次触发捕获中断；把 TIMx_CCRx 的值读取到 value2 中，并清除捕获记录标志，把捕获边沿设置为上升沿捕获。利用 value2 和 value1 的差值就可以算出信号脉宽。

PWM 输入模式是输入捕获模式的一个特例，需要占用两个捕获/比较寄存器，这两个寄存器可分别测量输入 PWM 信号的周期和占空比。PWM 输入模式的原理如图 3-33 所示。

PWM 信号由输入通道 TI1 进入，由于工作在 PWM 输入模式下，因此信号会被分为两路，一路是 TI1FP1，另一路是 TI1FP2，其中一路用于测量周期，另一路用于测量占空比，具体是测量周期还是测量占空比，取决于编程时设置哪一路信号作为触发输入。作为触发输入的那一路信号用于测量周期，剩下的一路用于测量占空比。

在使用 PWM 输入模式时，必须将从模式控制器配置为复位模式（通过 TIMx_SMCR 的 SMS[2:0]来设置），当启动触发信号开始进行捕获时，需要把计数器的 CNT 值清零。

下面以一个更加具体的时序图来分析下 PWM 输入模式，如图 3-34 所示。

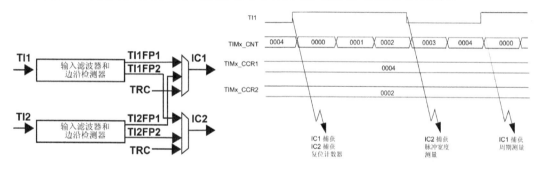

图 3-33　PWM 输入模式的原理　　　　　图 3-34　PWM 输入模式的时序图

PWM 信号由输入通道 TI1 进入，配置 TI1FP1 为触发信号，在检测到上升沿时进行捕获。当检测到上升沿时，IC1 和 IC2 同时进行捕获，并计数器的 CNT 值清零；当检测到下降沿时，IC2 进行捕获，此时计数器的 CNT 值被锁存到 TIMx_CCR2 中；当检测到下一个上升沿时，IC1 进行捕获，此时计数器的 CNT 值被锁存到 TIMx_CCR1 中，TIMx_CCR1 测量的就是周期，TIMx_CCR2 测量的就是占空比。

从编程的角度来看，使用 PWM 输入模式来测量周期和占空比更容易实现，但付出的代价是需要占用两个捕获/比较寄存器。

3.5.2　开发步骤

（1）查看"光标"飞控系统电路原理图，了解 PWM 输入捕获所连接的芯片引脚，以便配置 PWM 输入捕获的相关 GPIO 引脚。这里，以 PB4 引脚（即使用 TIM3 通道 1）为例进行说明，如图 3-35 所示。

（2）由于 PWM 输入捕获需要使用 GPIO 引脚，查看 STM32F407 芯片手册得知，GPIO

连接在 AHB1 时钟线上，因此需要打开 PWM 对应的 GPIO 时钟。另外，由于需要使用 TIM3，因此还需要打开 TIM3 的 APB1 时钟。

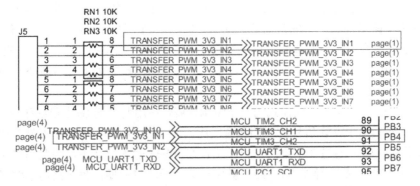

图 3-35　定时器 PWM 输入捕获的 GPIO 引脚电路原理图

（3）基于 3.4 节的 PWM 输出工程进行配置。

（4）在 bsp_tim_pwm.c 文件中定义 PWM_Cap_Init()函数。代码如下：

```
//PWM 输入捕获初始化函数
void PWM_Cap_Init(void)
{

}
```

（5）在 PWM_Cap_Init()函数中配置 PWM 的相关寄存器，实现 PWM 输入捕获。步骤如下：

① 调用 RCC_AHB1PeriphClockCmd()函数打开 PWM 输入捕获所对应 GPIO 的时钟，调用 RCC_APB1PeriphClockCmd()函数打开 TIM3 定时器的时钟。

② 配置 PWM 输入捕获对应的 GPIO 引脚。

③ 将 PB4 引脚映射到 TIM3 上，将 PB4 复用功能设置为 TIM3。

④ 将 TIM3 的分频系数设置为 84、将重装值设置为最大值、将计数模式设置为递增计数。

⑤ 初始化 TIM3 输入捕获参数。

⑥ 允许 TIM3 的中断更新。

⑦ 使能 TIM3，配置 TIM3 的 NVIC 中断。

上述步骤的代码如下：

```
//PWM 输入捕获初始化函数
void PWM_Cap_Init(void)
{
    GPIO_InitTypeDef GPIO_InitStruct;
    TIM_TimeBaseInitTypeDef TIM_TimeBaseInitStruct;
    TIM_ICInitTypeDef TIM_ICInitStruct;
    NVIC_InitTypeDef NVIC_InitStruct;

    RCC_APB1PeriphClockCmd(RCC_APB1Periph_TIM3, ENABLE);        //打开 TIM3 的时钟
    RCC_AHB1PeriphClockCmd(RCC_AHB1Periph_GPIOB, ENABLE);       //打开 GPIOB 的时钟

    //初始化 GPIOB
    GPIO_InitStruct.GPIO_Mode = GPIO_Mode_AF;
    GPIO_InitStruct.GPIO_OType = GPIO_OType_PP;
    GPIO_InitStruct.GPIO_Pin = GPIO_Pin_4;
```

```
    GPIO_InitStruct.GPIO_PuPd = GPIO_PuPd_DOWN;
    GPIO_InitStruct.GPIO_Speed = GPIO_Speed_100MHz;
    GPIO_Init(GPIOB, &GPIO_InitStruct);

    //端口复用
    GPIO_PinAFConfig(GPIOB , GPIO_PinSource4, GPIO_AF_TIM3);

    TIM_TimeBaseInitStruct.TIM_ClockDivision = TIM_CKD_DIV1;        //指定时间分割
    TIM_TimeBaseInitStruct.TIM_CounterMode = TIM_CounterMode_Up;    //递增计数模式
    TIM_TimeBaseInitStruct.TIM_Period = 0xFFFF;            //自动重装值（16 位计数器）
    TIM_TimeBaseInitStruct.TIM_Prescaler = 84-1;          //定时器分频
    TIM_TimeBaseInit(TIM3 , &TIM_TimeBaseInitStruct);

    //初始化 TIM3 输入捕获参数
    TIM_ICInitStruct.TIM_Channel = TIM_Channel_1;         //CCIS = 01,将输入端 IC1 映射到 TI1 上
    TIM_ICInitStruct.TIM_ICFilter = 0x00;                  //IC1F=0000,配置输入滤波器, 不滤波
    TIM_ICInitStruct.TIM_ICPolarity = TIM_ICPolarity_BothEdge;    //双边沿捕获
    TIM_ICInitStruct.TIM_ICPrescaler = TIM_ICPSC_DIV1;    //配置输入分频, 不分频
    TIM_ICInitStruct.TIM_ICSelection = TIM_ICSelection_DirectTI;  //映射到 TI1 上
    TIM_ICInit(TIM3 , &TIM_ICInitStruct);

    TIM_ITConfig(TIM3, TIM_IT_CC1 , ENABLE);    //允许更新中断, 允许 CC1IE 捕获中断

    TIM_Cmd(TIM3, ENABLE);                      //使能 TIM3

    NVIC_InitStruct.NVIC_IRQChannel = TIM3_IRQn;
    NVIC_InitStruct.NVIC_IRQChannelCmd = ENABLE;               //使能 IRQ 通道使能
    NVIC_InitStruct.NVIC_IRQChannelPreemptionPriority = 1;     //抢占优先级
    NVIC_InitStruct.NVIC_IRQChannelSubPriority = 0;            //子优先级
    NVIC_Init(&NVIC_InitStruct);                //根据指定的参数初始化 NVIC 寄存器
}
```

（6）在 bsp_tim_pwm.c 中定义 LAST_CAPTURE_RISING_VAL 与 LAST_CAPTURE_FALLING_VAL，用来捕获上升沿与下降沿的计数值；添加 TIM3_IRQHandler()中断服务函数，当 TIM3 发生中断时，如果采集到高电平，就记录最后一次上升沿时的计数值；如果采集到低电平，则记录最后一次下降沿时的计数值。判断上升沿计数与下降沿的计数大小，可以算出总的高电平时间。代码如下：

```
uint16_t PWMCount;                              //总的高电平时间
uint16_t LAST_CAPTURE_RISING_VAL;              //最后一次捕获到上升沿时的计数值
uint16_t LAST_CAPTURE_FALLING_VAL;             //最后一次捕获到下降沿时的计数值
//TIM3 的中断服务程序
void TIM3_IRQHandler(void)
{
    if(TIM_GetITStatus(TIM3, TIM_IT_CC1) != RESET)   //通道 1 发生的捕获事件
    {
        TIM_ClearITPendingBit(TIM3, TIM_IT_CC1);     //清除 1 通道的中断标志位
        if(GPIO_ReadInputDataBit(GPIOB, GPIO_Pin_4)) //标记捕获到了上升沿
        {
            //记录最后一次上升沿时的计数值
            LAST_CAPTURE_RISING_VAL = (uint16_t)TIM_GetCounter(TIM3);
```

```
        }
        else
        {
            //记录最后一次下降沿时的计数值
            LAST_CAPTURE_FALLING_VAL = (uint16_t)TIM_GetCounter(TIM3);
            if(LAST_CAPTURE_FALLING_VAL < LAST_CAPTURE_RISING_VAL)//判断计数器是否溢出
            {
                PWMCount = LAST_CAPTURE_FALLING_VAL - LAST_CAPTURE_RISING_VAL +
                        0xFFFF +1;                  //得到总的高电平时间
            }
            else
            {
                //得到总的高电平时间
                PWMCount = LAST_CAPTURE_FALLING_VAL - LAST_CAPTURE_RISING_VAL;
            }
        }
    }
}
```

（7）由于本节使用的是 PWM 输入捕获，所以应该有 PWM 输出。为了检验 PWM 输入捕获，可以在 bsp_tim_pwm.c 中配置 PWM 输出函数（关于 PWM 输出配置，请参考 3.4.2 节，这里不再赘述）。

（8）在 bsp_tim_pwm.h 中添加防止重复定义代码，添加 stm32f4xx.h 头文件，在初始化 PWM 输入捕获或者 PWM 输出时需要 stm32f4xx.h 头文件中声明的函数。代码如下：

```
#ifndef __BSP_TIM_PWM_H__
#define __BSP_TIM_PWM_H__

#include "stm32f4xx.h"

void PWM_Out_Init(void);
void PWM_Cap_Init(void);

#endif
```

（9）在 main.c 的 main()函数中配置 PWM 输出和 PWM 输入捕获，实现 PWM 输入捕获。代码如下：

```
//主函数
uint32_t pwm_out = 480;                          //PWM 输出的占空比
extern uint16_t PWMCount;
int main(void)
{
    SysTick_Init(1);
    USART1_Init(115200);
    PWM_Out_Init();                              //调用 PWM 输出的初始化函数
    PWM_Cap_Init();                             //调用 PWM 输入捕获的初始化函数
    while(1)
    {
        TIM_SetCompare1(TIM5, pwm_out);          //PWM 输出
        printf("GET PWM VALUE = %d\r\n", PWMCount);
        SysTick_DelayMS(20);
```

```
        }
    }
```

（10）编译整个工程，将编译生成的程序下载到"光标"飞控系统。

说明：具体细节请参考本书附带的代码。

3.5.3　运行结果

将编译生成的程序下载到"光标"飞控系统后，将 PWM 输出所对应的引脚（PA0）与 PWM 输入捕获所对应引脚（PB4）通过杜邦线连接起来（见图 3-36），从而模拟无人机"光标"飞控系统遥控信号的接收。

打开串口调试助手后，可看到 PWM 输入捕获为 480，PWM 输出为 480，如图 3-37 所示。

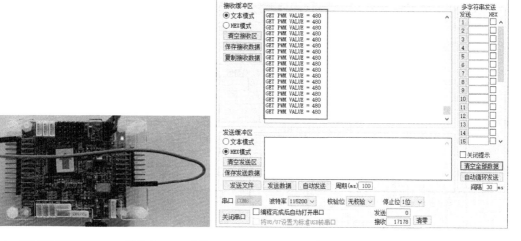

图 3-36　使用杜邦线连接 PA0 引脚和 PB4 引脚　　　　图 3-37　运行结果

●●●● 练习

（1）简述 PWM 输入捕获的实现过程。

（2）通过编程，使用其他的定时器实现 PWM 输入捕获。

3.6 无人机数据的收发（USART+DMA）

串口+DMA

●●●● 学习目标

了解 USART 和 DMA 的工作原理，熟悉 STM32F407 的 USART 和 DMA 的配置，实现 USART+DMA 的数据收发，模拟无人机"光标"飞控系统的数据收发。

串口+DMA 数据帧解析

3.6.1　开发原理

USART 既是 MCU 的重要外部接口，也是软件开发重要的调试手段，是实现无人机数据收发的基础。"光标"飞控系统中采用 USART+DMA 的方式实现了无人机数据的收发。

1. USART

通用同步异步收发器（USART，简称串口）能够灵活地与外部设备进行全双工数据传输，满足外部设备对工业标准 NRZ 异步串行数据格式的要求。USART 可以通过小数波特率发生器提供多种波特率，可以通过配置多个缓冲区来使用 DMA 实现高速数据传输。

USART 通过三个引脚与外部设备连接，任何 USART 双向通信至少需要两个引脚，即接收数据引脚（RX）和发送数据引脚（TX）。

USART 的基本结构如图 3-38 所示。

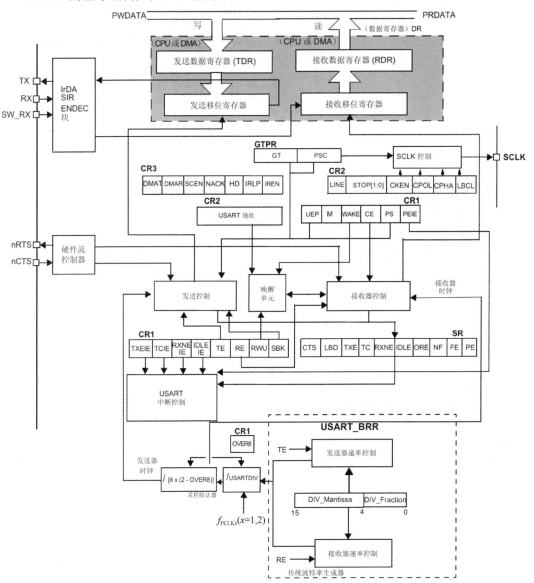

图 3-38　USART 结构

USART 通信的数据包由发送设备通过自身的 TX 引脚发送到接收设备的 RX 引脚，通信双方的数据包格式要一致才能正常收发数据。STM32 系列芯片中的 USART 通信需要定义的参数包括起始位、数据位（8 位或者 9 位）、奇偶校验位、停止位、波特率。USART 通信的数据包以帧为单位，常用的帧结构为：1 位起始位+8 位数据位+1 位奇偶校验位（可选）+1 位停止位。

通过 USART_CR1 中的 M 位可 8 位字长或 9 位字长，8 位字长或 9 位字长的帧结构如图 3-39 所示。

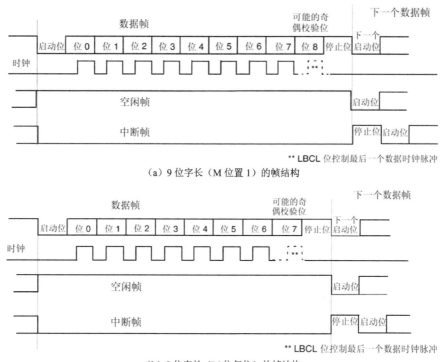

（a）9 位字长（M 位置 1）的帧结构

（b）8 位字长（M 位复位）的帧结构

图 3-39　8 位字长或 9 位字长的帧结构

奇校验是指每帧数据的数据位和奇偶校验位中 1 的个数必须为奇数；偶校验是指每帧数据的数据位和奇偶校验位中 1 的个数必须为偶数。

USART 寄存器包括：1 个状态寄存器（USART_SR）、2 个数据寄存器（USART_DR）、1 个波特率寄存器（USART_BRR）、3 个控制寄存器（USART_CR1/2/3）、1 个保护时间和预分频寄存器（USART_GTPR）。

USART 通信是通过轮询方式、中断方式或 DMA 方式来处理数据的，本节介绍轮询方式，其他方式在后文中介绍。轮询方式是指在程序中循环查询 USART 寄存器，如果寄存器接收到数据，则进行相应的数据处理。

（1）状态寄存器（USART_SR）如图 3-40 所示。

31	30	29	28	27	26	25	24	23	22	21	20	19	18	17	16
Reserved															
15	14	13	12	11	10	9	8	7	6	5	4	3	2	1	0
Reserved						CTS	LBD	TXE	TC	RXNE	IDLE	ORE	NF	FE	PE
						rc_w0	rc_w0	r	rc_w0	rc_w0	r	r	r	r	r

图 3-40　状态寄存器

（2）数据寄存器（USART_DR）如图 3-41 所示。

31	30	29	28	27	26	25	24	23	22	21	20	19	18	17	16
Reserved															

15	14	13	12	11	10	9	8	7	6	5	4	3	2	1	0
Reserved							DR[8:0]								
							rw	rw	rw	rw	rw	rw	rw	rw	rw

图 3-41   数据寄存器

（3）波特率寄存器（USART_BRR）如图 3-42 所示。

31	30	29	28	27	26	25	24	23	22	21	20	19	18	17	16
Reserved															

15	14	13	12	11	10	9	8	7	6	5	4	3	2	1	0
DIV_Mantissa[11:0]												DIV_Fraction[3:0]			
rw	rw	rw	rw	rw	rw	rw	rw	rw	rw	rw	rw	rw	rw	rw	rw

图 3-42   USART_BRR

（4）控制寄存器 1（USART_CR1）如图 3-43 所示。

31	30	29	28	27	26	25	24	23	22	21	20	19	18	17	16
Reserved															

15	14	13	12	11	10	9	8	7	6	5	4	3	2	1	0
OVER8	Reserved	UE	M	WAKE	PCE	PS	PEIE	TXEIE	TCIE	RXNEIE	IDLEIE	TE	RE	RWU	SBK
rw	Res.	rw	rw	rw	rw	rw	rw	rw	rw	rw	rw	rw	rw	rw	rw

图 3-43   USART_CR1

（5）控制寄存器 2（USART_CR2）如图 3-44 所示。

31	30	29	28	27	26	25	24	23	22	21	20	19	18	17	16
Reserved															

15	14	13	12	11	10	9	8	7	6	5	4	3	2	1	0
Res.	LINEN	STOP[1:0]		CLKEN	CPOL	CPHA	LBCL	Res.	LBDIE	LBDL	Res.	ADD[3:0]			
	rw	rw	rw	rw	rw	rw	rw		rw	rw		rw	rw	rw	rw

图 3-44   USART_CR2

（6）控制寄存器 3（USART_CR3）如图 3-45 所示。

31	30	29	28	27	26	25	24	23	22	21	20	19	18	17	16
Reserved															

15	14	13	12	11	10	9	8	7	6	5	4	3	2	1	0
Reserved				ONEBIT	CTSIE	CTSE	RTSE	DMAT	DMAR	SCEN	NACK	HDSEL	IRLP	IREN	EIE
				rw	rw	rw	rw	rw	rw	rw	rw	rw	rw	rw	rw

图 3-45   USART_CR3

说明：上述的寄存器只是 USART 常用的一部分寄存器，详细资料请参照 STM32F407
的参考手册。

2．DMA

在 USART 通信中，可通过中断方式处理数据，在中断服务程序中完成数据的接收与发
送，但采用中断方式时 MCU 使用率较高。在简单的系统中，使用中断方式确实是一种好方

法，但是在复杂的系统中，处理器需要处理 USART 通信、多个传感器数据的采集和处理，涉及多个中断优先级分配问题。为了保证数据发送与接收的可靠性，需要把 USART 的中断优先级设置得较高，但系统可能还有更高优先级的中断，这样就有可能造成 USART 通信的中断不能及时得到响应，造成数据丢失。为了及时可靠地接收 USART 通信的数据，使其不受其他任务的影响，在复杂系统中通常采用 DMA 和中断方式相结合的方式进行 USART 通信。

直接存储器访问（Direct Memory Access，DMA）常用于外设与存储器之间，以及存储器之间的高速数据传输，能够在无须操作 MCU 的情况下快速传输数据，可节省 MCU 资源。

DMA 控制器采用复杂的总线矩阵架构，将功能强大的双 AHB 主总线架构与独立的 FIFO 结合在一起，优化了系统带宽。STM32F4xx 有 2 个 DMA 控制器，总共有 16 个数据流（每个 DMA 控制器有 8 个数据流），每个 DMA 控制器都可以管理一个或多个外设的存储器访问请求。每个数据流有多达 8 个通道（或称请求），每个通道都有一个仲裁器，用于处理 DMA 请求间的优先级。DMA 控制器的结构如图 3-46 所示。

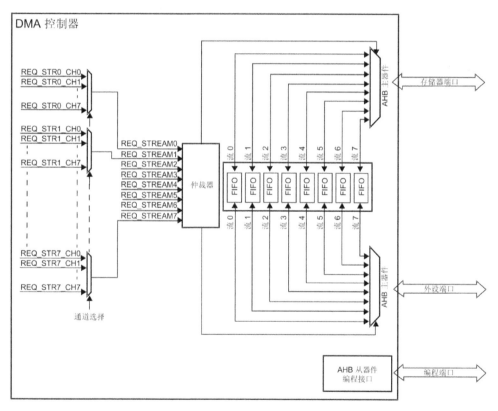

图 3-46　DMA 控制器

由于 DMA 控制器采用 AHB 主总线，因此控制 AHB 主总线矩阵来启动 AHB 任务，执行外设到存储器的传输、存储器到外设的传输、存储器到存储器的传输等任务。

3.6.2　开发步骤

（1）查看飞控系统电路原理图，了解 USART 通信使用的芯片引脚，以便配置与 USART 通信相关的 GPIO 引脚。这里以 USART1 为例进行说明，USART1 的电路原理图如图 3-47 所示。

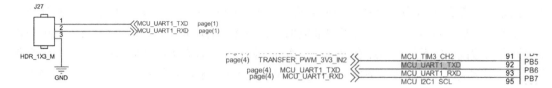

图 3-47　USART1 的电路原理图

（2）由于 USART 通信需要使用 GPIO 引脚，查看 STM32F407 芯片手册得知，GPIO 连接在 AHB1 时钟线上，因此需要打开 USART 通信对应的 GPIO 时钟。由于本节使用的是 USART1，所以需要打开 USART1 的 APB2 时钟。另外，由于 DMA 模块连接在 AHB1 时钟线上，因此还需要打开 AHB1 时钟。

（3）查看 STM32F407 芯片手册的 DMA2 请求映射（这里使用的是 DMA2，见表 3-9），USART1 的 RX 在 DMA2 的数据流 2 通道 4 上、TX 在 DMA2 的数据流 7 通道 4 上。

（4）在新建的工程中创建两个文件，分别命名为 bsp_usart_dma.c 和 bsp_usart_dma.h，如图 3-48 所示。

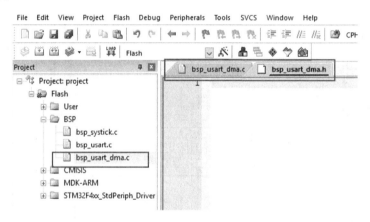

图 3-48　创建文件 bsp_usart_dma.c 和 bsp_usart_dma.h

（5）在 bsp_usart_dma.c 中引用 bsp_usart_dma.h。代码如下：

```
#include "bsp_usart_dma.h"
```

（6）在 bsp_usart_dma.c 中定义接收缓冲区结构体变量和 USART1_DMA2_Init() 函数。代码如下：

```
//定义接收缓冲区结构体变量
USART1_DMA_DATA usart1_data;
//定义 DMA 初始化配置函数
void USART1_DMA2_Init(void)
{

}
```

（7）在 USART1_DMA2_Init() 中实现 DMA 接收数据的配置，步骤如下：

① 使能 DMA2 的时钟。

② 定义 DMA_InitStruct_TX 结构体变量并初始化 DMA2_Stream7。

③ 配置 DMAUSART 发送完成中断。

④ 定义 DMA_InitStruct_RX 结构体变量并初始化 DMA2_Stream2，使能 DMA2_Stream2。
⑤ 使能 USART1 和 DMA2。
上述步骤的代码如下：

```
void USART1_DMA2_Init(void)
{
    RCC_AHB1PeriphClockCmd(RCC_AHB1Periph_DMA2 , ENABLE);
    //配置 DMA2_Stream7
    DMA_DeInit(DMA2_Stream7);                                     //复位

    DMA_InitTypeDef DMA_InitStruct_TX;

    DMA_InitStruct_TX.DMA_BufferSize = sizeof(usart1_data.tx_buf);    //发送缓存区大小
    DMA_InitStruct_TX.DMA_Channel = DMA_Channel_4;                    //设置通道
    DMA_InitStruct_TX.DMA_DIR = DMA_DIR_MemoryToPeripheral;           //内存到外设
    DMA_InitStruct_TX.DMA_FIFOMode = DMA_FIFOMode_Disable;
    DMA_InitStruct_TX.DMA_FIFOThreshold = DMA_FIFOThreshold_Full;
    //存储区基地址
    DMA_InitStruct_TX.DMA_Memory0BaseAddr = (uint32_t)&usart1_data.tx_buf[0];
    DMA_InitStruct_TX.DMA_MemoryBurst = DMA_MemoryBurst_Single;     //突发模式
    DMA_InitStruct_TX.DMA_MemoryDataSize = DMA_MemoryDataSize_Byte;
    DMA_InitStruct_TX.DMA_MemoryInc = DMA_MemoryInc_Enable;  //增加存储器地址寄存器
    DMA_InitStruct_TX.DMA_Mode = DMA_Mode_Normal;            //标准模式
    DMA_InitStruct_TX.DMA_PeripheralBaseAddr = (uint32_t)&USART1->DR; //外设地址
    DMA_InitStruct_TX.DMA_PeripheralBurst = DMA_PeripheralBurst_Single;
    DMA_InitStruct_TX.DMA_PeripheralDataSize = DMA_PeripheralDataSize_Byte;
    //关闭增加外设地址寄存器
    DMA_InitStruct_TX.DMA_PeripheralInc = DMA_PeripheralInc_Disable;
    DMA_InitStruct_TX.DMA_Priority =DMA_Priority_High;
    DMA_Init(DMA2_Stream7 , &DMA_InitStruct_TX);

    //使能 DMAUSART 中断
    NVIC_InitTypeDef NVIC_InitStruct;

    NVIC_InitStruct.NVIC_IRQChannel = DMA2_Stream7_IRQn;
    NVIC_InitStruct.NVIC_IRQChannelCmd = ENABLE;
    NVIC_InitStruct.NVIC_IRQChannelPreemptionPriority = 6;
    NVIC_InitStruct.NVIC_IRQChannelSubPriority = 0;
    NVIC_Init(&NVIC_InitStruct);

    DMA_ITConfig(DMA2_Stream7 , DMA_IT_TC , ENABLE);        //使能传输中断
    USART_DMACmd(USART1 , USART_DMAReq_Tx ,ENABLE);        //使能 USART_DAM

    //配置 DMA2_Stream2
    DMA_DeInit(DMA2_Stream2);

    DMA_InitTypeDef DMA_InitStruct_RX;

    DMA_InitStruct_RX.DMA_BufferSize = sizeof(usart1_data.rx_buf);    //传输缓冲区大小
    DMA_InitStruct_RX.DMA_Channel = DMA_Channel_4;                    //设置通道
    DMA_InitStruct_RX.DMA_DIR = DMA_DIR_PeripheralToMemory;           //外设到内存
```

```
            DMA_InitStruct_RX.DMA_FIFOMode = DMA_FIFOMode_Disable;
            DMA_InitStruct_RX.DMA_FIFOThreshold = DMA_FIFOThreshold_Full;
            //存储区基地址
            DMA_InitStruct_RX.DMA_Memory0BaseAddr = (uint32_t)&usart1_data.rx_buf[0];
            DMA_InitStruct_RX.DMA_MemoryBurst = DMA_MemoryBurst_Single;      //突发模式
            DMA_InitStruct_RX.DMA_MemoryDataSize = DMA_MemoryDataSize_Byte;
            DMA_InitStruct_RX.DMA_MemoryInc = DMA_MemoryInc_Enable;          //增加存储器地址寄存器
            DMA_InitStruct_RX.DMA_Mode = DMA_Mode_Circular;                 //循环模式
            DMA_InitStruct_RX.DMA_PeripheralBaseAddr = (uint32_t)&USART1->DR; //外设地址
            DMA_InitStruct_RX.DMA_PeripheralBurst = DMA_PeripheralBurst_Single;
            DMA_InitStruct_RX.DMA_PeripheralDataSize = DMA_PeripheralDataSize_Byte;
            //关闭增加外设地址寄存器
            DMA_InitStruct_RX.DMA_PeripheralInc = DMA_PeripheralInc_Disable;
            DMA_InitStruct_RX.DMA_Priority = DMA_Priority_High;
            DMA_Init(DMA2_Stream2 , &DMA_InitStruct_RX);                     //初始化

            USART_DMACmd(USART1 , USART_DMAReq_Rx , ENABLE);    //启用 USART 的 DMA 功能

            DMA_Cmd(DMA2_Stream2 , ENABLE);

            USART_Cmd(USART1, ENABLE);                          //使能 USART1
}
```

（8）在 bsp_usart_dma.c 中定义 DMA2_Stream7 传输完成中断服务函数。代码如下：

```
//DMA2_Stream7 传输完成中断服务函数
void DMA2_Stream7_IRQHandler(void)
{
    if(DMA_GetITStatus(DMA2_Stream7 , DMA_IT_TCIF7) != RESET)
    {
        DMA_ClearFlag(DMA2_Stream7, DMA_IT_TCIF7);
        DMA_Cmd(DMA2_Stream7, DISABLE);
    }
}
```

（9）在 bsp_usart_dma.c 中定义数据解析函数，将 rx_buf 缓冲区中的数据复制到 tx_buf，再通过 DMA2_Stream7 将输出的数据传输到 USART1 的发送数据寄存器中，最后在串口调试助手中显示出来。代码如下：

```
//数据解析
void DMA2_Parse_Message(void)
{
    static uint16_t last_pos = 0;                           //上一次接收数据位置
    uint16_t pos = sizeof(usart1_data.rx_buf) - DMA2_Stream2->NDTR; //当前接收到的数据位置
    if(pos == last_pos)
    {
        return;
    }
    if(pos > last_pos)
    {
        memcpy(usart1_data.tx_buf, usart1_data.rx_buf+last_pos, pos-last_pos);
        DMA_SetCurrDataCounter(DMA2_Stream7 , pos-last_pos);
    }
```

```
    else
    {
        memcpy(usart1_data.tx_buf, usart1_data.rx_buf+last_pos,
                sizeof(usart1_data.rx_buf)-last_pos);
        memcpy(usart1_data.tx_buf+(pos-last_pos), usart1_data.rx_buf, pos);
        DMA_SetCurrDataCounter(DMA2_Stream7 ,
                                sizeof(usart1_data.rx_buf)-last_pos+pos);
    }
    last_pos = pos;
    DMA_Cmd(DMA2_Stream7 , ENABLE);
}
```

（10）在 bsp_dma.h 中定义结构体、声明函数。代码如下：

```
#ifndef __BSP_USART_DMA_H__
#define __BSP_USART_DMA_H__

#include "stm32f4xx.h"
#include <string.h>

typedef struct
{
    uint8_t tx_buf[20];
    uint8_t rx_buf[20];
} USART1_DMA_DATA;

void USART1_DMA2_Init(void);
void DMA2_Parse_Message(void);
#endif
```

（11）在 main.c 中调用相关函数，步骤如下：

① 引用相关的头文件。

② 初始化 SysTick 定时器、USART 和 DMA。

③ 记录开始时间。

④ 调用数据解析函数。

上述步骤的代码如下：

```
#include "bsp_systick.h"
#include "bsp_usart.h"
#include "bsp_usart_dma.h"

int main(void)
{
    SysTick_Init(1);
    USART1_Init(115200);            //调用初始化 USART1 的函数，设置波特率
    USART1_DMA2_Init();             //调用初始化 DMA2 的函数
    while(1)
    {
        DMA2_Parse_Message();       //数据解析
        SysTick_DelayMS(50);
    }
}
```

（12）编译整个工程，并将编译生成的程序下载"光标"飞控系统中。

说明：具体细节请参考本书附带的代码。

3.6.3　运行结果

将编译生成的程序下载"光标"飞控系统后，打开串口调试助手，在"多字符串发送"栏中分别输入 1、2、3、4、5、6、7，将发送间隔设置为 30 ms，单击"自动发送"按钮后，在接收缓冲区中可以看到 DMA 接收到并发送出来的数据，由于 DMA 缓冲区的存在，可以保证数据全部被正确接收，从而实现无人机数据的收发，如图 3-49 所示。

图 3-49　运行结果

●●●●● **练习**

（1）简述通过 USART+DMA 实现数据收发的过程。

（2）通过编程，使用其他的 USART 和 DMA 模块实现数据的收发。

3.7 无人机 MAVLink 消息的收发

无人机 Mavlink 消息的收发

●●●●● **学习目标**

掌握 MAVLink 协议的原理，熟悉 MAVLink 协议，增加自定义的通信协议包，实现数据收发的校验，通过编程实现无人机 MAVLink 消息的收发。

3.7.1 开发原理

MAVLink 协议最早是由苏黎世联邦理工学院计算机视觉与几何实验组的 Lorenz Meier 于 2009 年发布的，遵循 LGPL 开源协议。MAVLink 协议是一种在串口通信基础上的更高层的开源通信协议，主要应用于微型飞行器（Micro Aerial Vehicle）的通信。MAVLink 协议是一种为小型无人机和地面站软件（或者其他无人机）通信制定一种数据发送和接收的规则，并加入了校验功能。

在使用 MAVLink 协议实现无人机和地面站软件进行通信前，需要先下载 MAVLink 开发工具包，并生成相应开发语言（如 Python）的源文件，然后将源文件移植到准备好的工程中。

使用 MAVLink 协议传输数据时的基本单位是消息帧，如图 3-50 所示。

STX	LEN	SEQ	SYS	COMP	MSG	PAYLOAD	CKA	CKB

图 3-50 MAVLink 协议的消息帧

MAVLink 协议的消息帧的长度为 8～263 B，除了 PAYLOAD，其他均为 1 B，当 PAYLOAD 为空时，消息帧的长度为 8 B。

STX 为起始标志位，在 MAVLink v1.0 中起始标志位为 "FE"，该标志位在 MAVLink 消息帧的接收端用于消息解码。

LEN 为有效载荷（PAYLOAD）的长度，取值为 0～255。在 MAVLink 消息帧的接收端，通过比较 LEN 和实际有效载荷的长度，可以验证有效载荷是否正确。

SEQ 为消息帧序号，每发送一次消息，SEQ 的值就会加 1，当 SEQ 的值为 255 时，将重新开始计数。SEQ 用于在 MAVLink 消息帧的接收端计算消息丢失比例（相当于信号强度）。

SYS 为发送本条消息的设备系统编号，用于在 MAVLink 消息帧的接收端判断消息是由哪个设备发送的。

COMP 为发送本条消息的设备组件编号，用于在 MAVLink 消息帧的接收端判断消息是由哪个设备组件发送的。

MSG 是有效载荷中消息编号，它和 SEQ 不同。MSG 很重要，在 MAVLink 消息帧的接收端，可以根据 MSG 选择对应的方式来处理有效载荷里的消息。

PAYLOAD 是有效载荷。

CKA 和 CKB 是校验码，CKA 是校验码的低 8 位，CKB 是校验码的高 8 位。校验码由 CRC16 算法得到，该算法对整个消息（从起始位开始到有效载荷结束，还要额外加上 MAVLINK_CRC_EXTRA）进行 CRC16 计算，得出一个 16 位的校验码。每个有效载荷中的消息包（由消息包编号来表明是哪种消息包）都对应一个 MAVLINK_CRC_EXTRA。MAVLINK_CRC_EXTRA 是由生成 MAVLink 代码的 xml 文件生成的，当无人机和地面站软件使用不同版本的 MAVLink 协议时，双方计算得到的校验码会不同，这样不同版本的 MAVLink 协议就无法正常工作。加入 MAVLINK_CRC_EXTRA 是为了避免了由于不同版本的 MAVLink 协议在通信时带来的问题。

MAVLink 消息帧中的两个重要字段是 MSG 和 PAYLOAD，前者是有效载荷中消息编号，后者是有效载荷。有效载荷中存放了很多消息，消息有许多种类型，在 MAVLink 官网中以#后加数字的方式表示消息的编号，如 "#0" 表示心跳包（HEARTBEAT），这种表示方式便于在网页中查找相应编号的消息定义。在 MAVLink 官网的"Messages(common)"页面中部可以看到 MAVLink Messages 的介绍，如图 3-51 所示。

图 3-51　MAVLink Messages 的介绍（官方网站截屏）

这里以编号为"#0"的消息为例进行介绍，该消息为心跳包，一般用来表明发出该消息的设备是活跃的，无人机和地面站软件都可以发出这个信号（一般以 1 Hz 的频率发送），地面站软件和无人机会根据是否及时收到了心跳包来判断是否和无人机或地面站软件失去了联系。心跳包如图 3-52 所示。

MAVLink Messages

HEARTBEAT (#0)

[Message] The heartbeat message shows that a system or component is present and responding. The type and autopilot fields (along with the message component id), allow the receiving system to treat further messages from this system appropriately (e.g. by laying out the user interface based on the autopilot). This microservice is documented at https://mavlink.io/en/services/heartbeat.html

Field Name	Type	Values	Description
type	uint8_t	MAV_TYPE	Vehicle or component type. For a flight controller component the vehicle type (quadrotor, helicopter, etc.). For other components the component type (e.g. camera, gimbal, etc.). This should be used in preference to component id for identifying the component type.
autopilot	uint8_t	MAV_AUTOPILOT	Autopilot type / class. Use MAV_AUTOPILOT_INVALID for components that are not flight controllers.
base_mode	uint8_t	MAV_MODE_FLAG	System mode bitmap.
custom_mode	uint32_t		A bitfield for use for autopilot-specific flags
system_status	uint8_t	MAV_STATE	System status flag.
mavlink_version	uint8_t_mavlink_version		MAVLink version, not writable by user, gets added by protocol because of magic data type: uint8_t_mavlink_version

图 3-52　心跳包（官方网站截屏）

从图 3-52 可以看出，心跳包由 6 个字段组成。第 1 个字段是 type，大小为 1 B，表示当前发送消息的是什么类型的无人机，如四旋翼无人机、固定翼无人机等。type 取值与无人机类型的对应关系如图 3-53 所示，该图给出了部分对应关系，详见 MAVLink 官网页面。

地面站软件可以根据心跳包中的 type 来判断无人机的类型，并做出相应的处理。

第 2 个字段是 autopilot，大小为 1 B，表示自驾仪（即通常所说的飞控系统）类型，如 APM、PPZ、Pixhawk 等飞控系统，详见 MAVLink 官网页面。

第 3 个字段是 base_mode（基本模式），大小为 1 B，表示飞控系统处在哪个基本模式下，该字段由具体的飞控系统定义。在 Pixhawk 中，基本模式包括自动模式、位置控制模式、手

动模式。普通用户通常使用用户模式，无须关注基本模式。开发者在使用 MAVLink 协议修
改无人机的模式时，需要注意基本模式的设置。

MAV_TYPE

[Enum] MAVLINK component type reported in HEARTBEAT message. Flight controllers must report the type of the vehicle on which they are mounted (e.g. MAV_TYPE_OCTOROTOR). All other components must report a value appropriate for their type (e.g. a camera must use MAV_TYPE_CAMERA).

Value	Field Name	Description
0	MAV_TYPE_GENERIC	Generic micro air vehicle
1	MAV_TYPE_FIXED_WING	Fixed wing aircraft.
2	MAV_TYPE_QUADROTOR	Quadrotor
3	MAV_TYPE_COAXIAL	Coaxial helicopter
4	MAV_TYPE_HELICOPTER	Normal helicopter with tail rotor.
5	MAV_TYPE_ANTENNA_TRACKER	Ground installation
6	MAV_TYPE_GCS	Operator control unit / ground control station
7	MAV_TYPE_AIRSHIP	Airship, controlled
8	MAV_TYPE_FREE_BALLOON	Free balloon, uncontrolled
9	MAV_TYPE_ROCKET	Rocket
10	MAV_TYPE_GROUND_ROVER	Ground rover
11	MAV_TYPE_SURFACE_BOAT	Surface vessel, boat, ship

图 3-53　type 取值与无人机类型的对应关系（官方网站截屏）

第 4 个字段是 custom_mode（用户模式），大小为 4 B，表示飞控系统处在哪个用户模式
下。这里简要介绍 Pixhawk 的用户模式，可分为主模式（Main Mode）和子模式（Sub Mode），
两种模式组合在一起形成了最终的用户模式。主模式包括手动模式、辅助模式和自动模式。
手动模式类似于 APM 中的姿态模式。辅助模式分为高度控制模式和位置控制模式，高度控
制模式类似于 APM 中的定高模式，油门的大小与无人机的高度控制相对应；位置控制模式
和高度控制模式类似，油门大小与无人机相对于地面速度控制相对应。自动模式分为任务模
式、留待模式和返航模式，任务模式是指执行设定好的航点任务，留待模式就是悬停模式，
返航模式是指直线返回并自动降落。在 APM 中，custom_mode 基本不用；在 Pixhawk 中，
custom_mode 的前两字节（地位）是保留字节，第 3 个字节表示主模式，第 4 个字节表示子
模式。

第 5 个字段是 system_status（系统状态），大小为 1 B，表示飞控系统的状态，详见
MAVLink 官网页面。例如，在 Pixhawk 中，standby 表示未解锁状态，active 表示已经解锁、
准备起飞状态。

第 6 个字段是 mavlink_version（MAVLink 协议版本），大小为 1 B，目前的最新版本号
是 3。

其余的消息采用的是与心跳包类似的结构，具体的定义可以查看 MAVLink 官网页面的
说明。注意：具体的消息定义请参考飞控系统的参考手册，MAVLink 官网仅仅提供了基本
的定义。

编号为"#76"的消息是 COMMAND_LONG，该消息用于发送长命令，相对比较特殊，
且容易混淆。COMMAND_LONG 的结构如图 3-54 所示。

MAVLink 协议命令有许多，在其官网搜索 MAV_CMD，即可查看 MAVLink 协议的命令。
例如，第 176 号命令为 MAV_CMD_DO_SET_MODE（见图 3-55），该命令用于改变无人机
的飞行模式。

COMMAND_LONG (#76)

[Message] Send a command with up to seven parameters to the MAV. COMMAND_INT is generally preferred when sending MAV_CMD commands that include positional information; it offers higher precision and allows the MAV_FRAME to be specified (which may otherwise be ambiguous, particularly for altitude). The command microservice is documented at https://mavlink.io/en/services/command.html

Field Name	Type	Values	Description
target_system	uint8_t		System which should execute the command
target_component	uint8_t		Component which should execute the command, 0 for all components
command	uint16_t	MAV_CMD	Command ID (of command to send).
confirmation	uint8_t		0: First transmission of this command. 1-255: Confirmation transmissions (e.g. for kill command)
param1	float		Parameter 1 (for the specific command).
param2	float		Parameter 2 (for the specific command).
param3	float		Parameter 3 (for the specific command).
param4	float		Parameter 4 (for the specific command).
param5	float		Parameter 5 (for the specific command).
param6	float		Parameter 6 (for the specific command).
param7	float		Parameter 7 (for the specific command).

图 3-54   COMMAND_LONG 的结构（官方网站截屏）

MAV_CMD_DO_SET_MODE (176)

[Command] Set system mode.

Param (:Label)	Description	Values
1: Mode	Mode	MAV_MODE
2: Custom Mode	Custom mode - this is system specific, please refer to the individual autopilot specifications for details.	
3: Custom Submode	Custom sub mode - this is system specific, please refer to the individual autopilot specifications for details.	
4	Empty	
5	Empty	
6	Empty	
7	Empty	

图 3-55   MAV_CMD_DO_SET_MODE 命令（官方网站截屏）

　　现在应该对介绍 MAVLink 官网的布局有所了解了吧。网页前面主要讲了各类数据的取值和含义，比如飞控类型（mav_autopilot）、无人机类型（mav_type）等，其中 mav_cmd 是比较特殊和重要的一种数据。网页的后半部分主要讲了 MAVLink 消息的种类和数据组成，这里会用到各种数据，具体数据定义的可以回到网页前半部分去查看。

　　MAVLink 协议是一个通用的通信协议，不同的飞控系统对 MAVLink 支持方式是不一样的，一般都只支持一部分 MAVLink 消息，还会扩展一些 MAVLink 协议没有定义的消息（Pixhawk 和 APM 飞控系统就是如此），具体以飞控代码为准。当飞控系统连接到地面站软件后，都会主动向地面站软件发送心跳包、无人机姿态、系统状态、遥控器信号等数据，各种数据的发送频率不同，如心跳包的发送频率是 1 Hz（每秒发送一次），无人机姿态数据会发送得频繁一些，例如，Pixhawk 飞控系统用无线数传模块连接地面站软件时，无人机姿态数据的发送频率为 7～8 Hz。地面站软件在刚刚连接到飞控系统时会发送命令，请求飞控系统发送所有的参数，飞控系统根据自己的情况决定是否接收地面站软件的请求，并根据不同的命令执行相应的操作（有些命令需要飞控系统向地面站软件回复确认信号），地面站软件根据用户的操作会发送相应的 MAVLink 消息给飞控系统，如设置航点、修改飞控参数等。

3.7.2　开发步骤

（1）生成 MAVLink 源码包。首先解压缩本书配套资料中的 MAVLink 开发工具包，然后运行 mavgenerate.py（前提是已经安装好 Python 环境）。生成 MAVLink 源码包的界面如图 3-56 所示。

（2）在生成 MAVLink 源码包的界面中，XML 对应的是生成的源码包，Out 对应的是生成的源码包目录，Language 对应的是生成的源码包语言。设置好 MAVLink 源码包的参数后，单击"Generate"按钮即可在指定的目录中生成源码包。生成的源码包内容如图 3-57 所示。

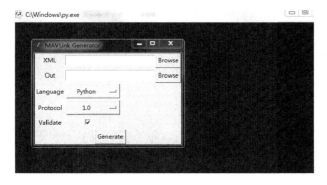
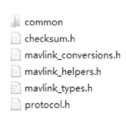

图 3-56　生成 MAVLink 源码包的界面　　　　　图 3-57　生成的源码包内容

（3）解压缩串口通信的压缩包（在 STM32 串口代码的相关软件及源码包文件夹下），将生成 MAVLINK 文件夹，如图 3-58 所示，并将该文件夹添加到工程中，如图 3-59 所示。

图 3-58　生成的 MAVLINK 文件夹

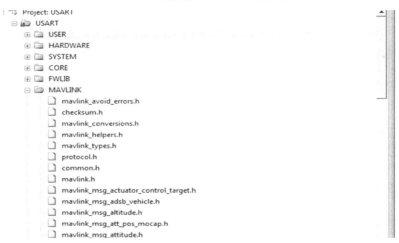

图 3-59　将 MAVLINK 文件夹添加到工程中

（4）引用相关头文件。代码如下：

```
#include "bsp_systick.h"
#include "bsp_usart.h"
#include "mavlink.h"
#include "bsp_adc.h"
```

（5）初始化相关资源、定义相关变量，获取参数后通过 MAVLink 协议将参数打包，并通过 USART1 发送。代码如下：

```
#define MAVLINK_SYSID    1
#define MAVLINK_COMPID    1

mavlink_message_t    msg;

int main(void)
{
    SysTick_Init(1);
    USART1_Init(115200);                    //调用 USART1 初始化函数，设置波特率
    USART1_DMA2_Init();
    ADC1_Init();
    while(1)
    {
        ADC1_GetValue();
        mavlink_msg_sys_status_pack(MAVLINK_SYSID,MAVLINK_COMPID,
                            &msg,1,1,1,100,(uint16_t)(adc_data.voltage*1000),
                            (uint16_t)(adc_data.current*1000),0,0,0,0,0,0,0);
        USART1_Send_With_DMA(&msg);
        SysTick_DelayMS(500);
    }
}
```

（6）USART1_Send_With_DMA()是用户自定义的函数，用于发送数据包。代码如下：

```
void USART1_Send_With_DMA(mavlink_message_t * msg)
{
    uint16_t len = mavlink_msg_to_send_buffer(usart1_data.tx_buf, msg);
    DMA_SetCurrDataCounter(DMA2_Stream7, len);
    DMA_Cmd(DMA2_Stream7, ENABLE);
}
```

（7）编译整个工程，将编译生成的程序下载到"光标"飞控系统中。

说明：具体细节请参考本书附带的代码。

3.7.3　运行结果

单击地面站软件中的"高级接收"按钮后，可以看到 ID 为 1 的消息，这是系统状态消息帧，包含了无人机的电池电压和电流信息，从而实现了无人机 MAVLink 消息的收发，运行结果如图 3-60 所示。

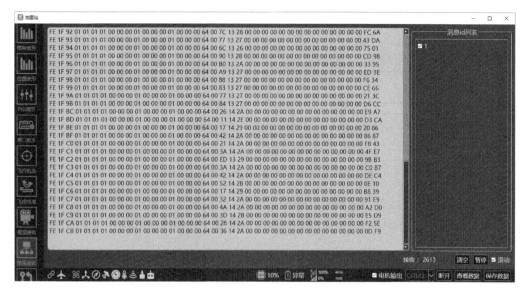

图 3-60　运行结果

●○●●● 练习

（1）简述 MAVLink 协议的消息帧结构。

（2）简述实现 MAVLink 消息收发的过程。

3.8 通过 I2C 总线读 EEPROM

I2C+DMA

I2C 读写

●○●●● 学习目标

　　了解 ARM Cortex-M 系列芯片的 I2C 总线，熟悉使用 GPIO 模拟 I2C 总线的方法，通过 I2C 总线读 EEPROM，从而实现无人机参数的读取。

3.8.1　开发原理

　　电擦除可编程只读存储器（Electrically-Erasable Programmable Read-Only Memory，EEPROM）是一种掉电后不会丢失数据的存储芯片，可通过专用设备擦除已有的数据。在"光标"飞控系统中，为了避免校准后传感器的传感器量程范围、零点值、遥控各通道的行程范围、PID 系数等数据在每次断电后丢失，因此使用 EEPROM 存储这些数据。

　　I2C 总线是一种由 PHILIPS 公司开发的二线式串行总线，用于连接微处理器及其外围设备，由数据线 SDA 和时钟 SCL 构成的串行总线，可发送和接收数据。在微处理器与被控 IC 之间、IC 与 IC 之间进行双向传输时，高速 I2C 总线一般可达 400 kbps 以上。I2C 通信设备之间常用的连接方式如图 3-61 所示。

　　当 I2C 总线的 SDA 和 SCL 同时处于高电平时，I2C 总线处于空闲状态，此时各个器件的输出处于截止状态，即释放总线，由两条信号线各自的上拉电阻把电平拉高。

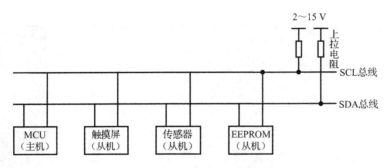

图 3-61 I2C 通信设备之间常用的连接方式

I2C 总线在传输数据过程中共有三种类型信号，分别为开始信号、停止信号和应答信号。

（1）开始信号：当 SCL 为高电平时，SDA 由高电平向低电平跳变，表示将要开始传输数据。

（2）停止信号：当 SCL 是高电平时，SDA 线由低电平向高电平跳变，表示通信的停止。开始信号和停止信号的时序如图 3-62 所示。

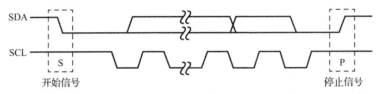

图 3-62 开始信号和停止信号的时序

（3）应答信号：发送器每发送 1 B 的数据，就在第 9 个时钟脉冲期间释放数据线，由接收器反馈一个信号。当反馈的信号为低电平时，表示应答信号（ACK 信号），表示接收器已经成功接收了该字节的数据；当反馈的信号为高电平时，表示非应答信号（NACK 信号），表示接收器没有成功接收该字节的数据。对 ACK 信号的要求是，接收器在第 9 个时钟脉冲之前的低电平期间将 SDA 拉低，并确保 SDA 在该时钟脉冲的高电平期间为稳定的低电平。如果接收器是主机，则在主机在接收最后 1 B 的数据后发送 NACK 信号，用于通知被控器件（被控 IC、从机）停止发送数据，并释放 SDA，以便主机发送一个停止信号。应答信号和非应答信号的时序如图 3-63 所示。

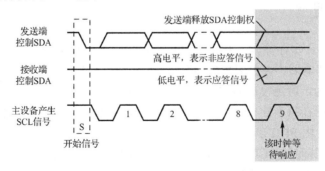

图 3-63 应答信号和非应答信号的时序

在使用 I2C 总线传输数据的过程中，在 SCL 为高电平期间，SDA 上的数据必须保持稳定，只有在 SCL 为低电平期间，SDA 才能变换高/低电平，即数据在 SCL 的上升沿到来之前就需准备好，并在 SCL 的下降沿到来之前必须保持稳定。

数据有效性的时序如图 3-64 所示。

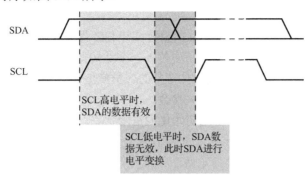

图 3-64　数据有效性的时序

3.8.2　开发步骤

（1）查看"光标"飞控系统电路原理图，了解 EEPROM 可以用哪两个引脚来模拟 I2C 总线，以便配置对应 GPIO 引脚。模拟 I2C 总线的 GPIO 引脚电路原理图如图 3-65 所示，虽然 PB10、PB11 可以设置为 I2C 总线的接口，但在这里将 PB10、PB11 当成 GPIO 来模拟 I2C 总线。

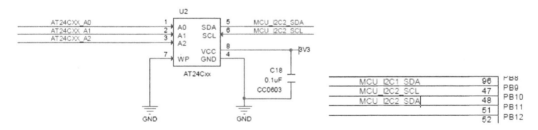

图 3-65　模拟 I2C 总线的 GPIO 引脚电路原理图

（2）查看 STM32F407 芯片手册可知，GPIO 连接在 AHB1 时钟线上，因此需要打开 AHB1 时钟。

（3）新建一个工程，在其中创建 4 个文件，分别命名为 bsp_software_iic.c、bsp_24c02.c、bsp_software_iic.h、bsp_24c02.h，将 bsp_software_iic.c 和 bsp_24c02.c 保存在 User\bsp_stm32f4xx\src 中，将 bsp_software_iic.h、bsp_24c02.h 保存在 User\bsp_stm32f4xx\inc 中，并将创建的 4 个文件添加到 BSP 目录中。

（4）在 bsp_software_iic.c 中引用 bsp_software_iic.h。代码如下：

```
#include "bsp_software_iic.h"   //以便使用 bsp_software_iic.h 中的宏定义、声明的函数
```

（5）在 bsp_software_iic.c 中定义 I2C_Software_Init()函数。代码如下：

```
//初始化 I2C 总线的函数
void I2C_Software_Init(void)
{

}
```

（6）I2C_Software_Init()函数中通过配置 I2C 总线对应 GPIO 端口，实现 I2C 总线时序的模拟。

① 调用 RCC_AHB1PeriphClockCmd()函数打开 I2C 总线对应的 GPIO 时钟。

② 由于在调用 GPIO_Init()函数时需要传入一个结构体地址，所以需要定义一个结构体变量 GPIO_InitStructure，并且给该结构体变量的成员赋值。

③ 调用 GPIO_Init()函数并传入相关参数。

④ 拉高 SCL、SDA，将 I2C 总线初始化为空闲状态。

上述步骤的代码如下：

```
//初始化 I2C 总线函数
void I2C_Software_Init(void)
{
    GPIO_InitTypeDef GPIO_InitStruct;                          //定义结构体 GPIO_InitStruct
    RCC_AHB1PeriphClockCmd(RCC_AHB1Periph_GPIOB,ENABLE);       //打开 GPIO 时钟

    GPIO_InitStruct.GPIO_Pin=I2C_SCL | I2C_SDA;
    GPIO_InitStruct.GPIO_Mode=GPIO_Mode_OUT;        //模式
    GPIO_InitStruct.GPIO_PuPd=GPIO_PuPd_UP;         //上/下拉
    GPIO_InitStruct.GPIO_Speed=GPIO_Speed_100MHz;   //速率
    GPIO_InitStruct.GPIO_OType=GPIO_OType_OD;       //输出方式
    GPIO_Init(GPIOB,&GPIO_InitStruct);              //写入配置
}
```

（7）在 bsp_software_iic.c 中定义 I2C_Software_Start()函数，在该函数中模拟 I2C 总线的开始信号时序（注意：该函数严格按照 I2C 总线的时序进行）。步骤如下：

① 拉高 SCL、SDA，使 I2C 总线进入空闲状态。

② 延时 1 μs 后读取 SDA 状态，如果 SDA 拉高成功则将其拉低，如果拉高失败则返回 false。

③ 读取 SDA 状态，如果 SDA 拉低成功则延时 1 μs 后返回 true，如果拉低失败返回 false，即在 SCL 为高期间，SDA 由高跳变为低，产生开始信号。

上述步骤的代码如下：

```
//模拟 I2C 总线的开始信号
bool I2C_Software_Start(void)
{
    SDA_H;
    SCL_H;
    Delay_us(1);
    if(!SDA_READ) return false;
    SDA_L;
    if(SDA_READ) return false;
    Delay_us(1);
    return true;
}
```

（8）在 bsp_software_iic.c 中定义 I2C_Software_Stop()函数，在该函数中模拟 I2C 总线的

停止信号时序。步骤如下：

① 拉低 SDA，拉高 SCL。

② 延时 1 μs 后读取 SDA 状态，如果 SDA 拉低失败则返回 false，如果 SDA 拉低成功则将其拉高。

③ 延时 1 μs 后检测 SDA，如果 SDA 拉高成功则延时 1 μs 后返回 true，如果 SDA 拉高失败则返回 false，即在 SCL 为高电平期间，SDA 由低电平跳变为高电平，产生停止信号。

上述步骤的代码如下：

```
//模拟 I2C 总线的停止信号
bool I2C_Software_Stop(void)
{
    SCL_H;
    SDA_L;
    Delay_us(1);
    if(SDA_READ) return false;
    SDA_H;
    Delay_us(1);
    if(!SDA_READ) return false;
    Delay_us(1);
    return true;
}
```

（9）在 bsp_software_iic.c 中定义 I2C_Software_Wait_ACK()函数，该函数用来等待应答信号到来。步骤如下：

① 拉低 SCL，延时 1 μs 后拉高 SDA；再拉高 SCL，使 I2C 总线进入空闲状态。

② 延时 1 μs 后读取 SDA 状态，在 SDA 为高电平时拉低 SCL，延时 1 μs 返回 false；在 SDA 为低电平拉低 SCL，延时 1 μs 返回 true。

上述步骤的代码如下：

```
//等待应答信号
bool I2C_Software_Wait_ACK(void)
{
    SCL_L;
    Delay_us(1);
    SDA_H;
    SCL_H;
    Delay_us(1);
    if(SDA_READ)
    {
        SCL_L;
        Delay_us(1);
        return false;
    }
    SCL_L;
    Delay_us(1);
    return true;
}
```

（10）在 bsp_software_iic.c 中定义 I2C_Software_ACK()函数，该函数用来模拟 ACK 信号。步骤如下：

① 拉低 SCL，延时 1 μs，拉低 SDA，拉高 SCL。

② 延时 1 μs 后，拉低 SCL，拉高 SDA，延时 1 μs，即在 SCL 为高电平期间，SDA 为稳定的低电平，产生有效应答信号。

上述步骤的代码如下：

```
//模拟 ACK 信号
void I2C_Software_ACK(void)
{
    SCL_L;
    Delay_us(1);
    SDA_L;
    SCL_H;
    Delay_us(1);
    SCL_L;
    SDA_H;
    Delay_us(1);
}
```

（11）在 bsp_software_iic.c 中定义 I2C_Software_NACK()函数，该函数用来模拟 NACK 信号。步骤如下：

① 拉低 SCL，延时 1 μs，拉高 SDA，拉高 SCL。

② 延时 1 μs，拉低 SCL，延时 1 μs，即 SCL 在高电平期间，SDA 也为高电平，产生不应答信号。

上述步骤的代码如下：

```
//模拟 NACK 信号
void I2C_Software_NACK(void)
{
    SCL_L;
    Delay_us(1);
    SDA_H;
    SCL_H;
    Delay_us(1);
    SCL_L;
    Delay_us(1);
}
```

（12）在 bsp_software_iic.c 中定义 I2C_Software_SendByte()函数，该函数用来发送 1 B 的数据。定义一个变量 i，赋初值为 8。因为 1 B 的数据共 8 位，所以需要循环 8 次来发送每一位数据。在循环中拉低 SCL，延时 1 μs，判断要发送的数据最高位，如果最高位为高则拉高 SDA；如果最高位为低则拉低 SDA，拉高 SCL，数据左移一位，延时 1 μs。这样每一位数据都可以一个完整的时钟脉冲。代码如下：

```
//发送 1 B 的数据
void I2C_Software_SendByte(uint8_t data)
```

```
{
    uint8_t i = 8;
    while(i--)
    {
        SCL_L;
        Delay_us(1);
        if(data & 0x80)
            SDA_H;
        else
            SDA_L;
        SCL_H;
        data <<= 1;
        Delay_us(1);
    }
}
```

（13）在 bsp_software_iic.c 中定义 I2C_Software_ReceiveByte()函数，该函数用来接收 1 B 的数据。定义变量 i 和 ReceiveByte，为 i 赋初值 8。同发送 1 B 的数据一样，接收 1 B 的数据也需要用循环 8 次。在循环中，存储接收到的数据后 ReceiveByte 左移一位，拉低 SCL，延时 1 μs，拉高 SCL，延时 1 μs，读取 SDA 状态，将读取到高电平将变量与 0x01 按位进行与运算，最后返回接收到的 1 B 的数据。代码如下：

```
//接收 1 B 的数据
uint8_t I2C_Software_ReceiveByte(void)
{
    uint8_t i = 8;
    uint8_t ReceiveByte = 0;
    while(i--)
    {
        ReceiveByte <<= 1;
        SCL_L;
        Delay_us(1);
        SCL_H;
        Delay_us(1);
        if(SDA_READ)
        ReceiveByte |= 0x01;
    }
        return ReceiveByte;
}
```

（14）在 bsp_software_iic.c 中定义 Delay_us()函数，该函数用来延时。代码如下：

```
//自定义延时函数
void Delay_us(uint16_t us)
{
    for(uint16_t i=0;i<us;i++)
    {
        __nop();
    }
}
```

（15）在 bsp_software_iic.h 中对 bsp_software_iic.c 中定义的函数进行声明，并包含 stm32f4xx.h 和 stdbool.h。代码如下：

```
#ifndef __BSP_SOFTWARE_I2C_H_
#define __BSP_SOFTWARE_I2C_H_

#include "stm32f4xx.h"
#include <stdbool.h>

#define I2C_SCL GPIO_Pin_10
#define I2C_SDA GPIO_Pin_11
#define I2C_GPIO_Group GPIOB

#define SCL_H    I2C_GPIO_Group->ODR |= I2C_SCL
#define SCL_L    I2C_GPIO_Group->ODR &= ~I2C_SCL
#define SDA_H    I2C_GPIO_Group->ODR |= I2C_SDA
#define SDA_L    I2C_GPIO_Group->ODR &= ~I2C_SDA
#define SDA_READ    I2C_GPIO_Group->IDR & I2C_SDA

void Delay_us(uint16_t us);
void I2C_Software_Init(void);
bool I2C_Software_Start(void);
bool I2C_Software_Stop(void);
bool I2C_Software_Wait_ACK(void);
void I2C_Software_ACK(void);
void I2C_Software_NACK(void);
void I2C_Software_SendByte(uint8_t data);
uint8_t I2C_Software_ReceiveByte(void);
bool I2C_Software_CheckDevice(uint8_t SlaveAddress);

#endif
```

（16）在 bsp_24c02.c 中定义 AT24C02_Init()函数，AT24C02 芯片是 Atmel 公司生产的 EEPROM，该函数用来初始化 AT24C02 芯片。代码如下：

```
//初始化 EEPROM
void AT24C02_Init(void)
{
    I2C_Software_Init();
}
```

（17）在 bsp_24c02.c 中定义 AT24C02_Read_Byte()函数，在该函数用来读取 AT24C02 芯片中的数据。代码如下：

```
//读取数据
uint8_t AT24C02_Read_Byte(u16 ReadAddr)
{
    uint8_t temp=0;
    I2C_Software_Start();
    I2C_Software_SendByte(AT24C02_Addr+((ReadAddr/256)<<1));
    while(!I2C_Software_Wait_ACK());
    I2C_Software_SendByte(ReadAddr%256);
```

```
        while(!I2C_Software_Wait_ACK());
        I2C_Software_Start();
        I2C_Software_SendByte(AT24C02_Addr+1);
        while(!I2C_Software_Wait_ACK());
        temp = I2C_Software_ReceiveByte();
        I2C_Software_NACK();
        I2C_Software_Stop();
        return temp;
}
```

（18）在 bsp_24c02.c 中定义 AT24C02_Write_Byte()函数，该函数用来向 AT24C02 芯片写入数据。代码如下：

```
//写入数据
void AT24C02_Write_Byte(u16 WriteAddr,u8 DataToWrite)
{
        I2C_Software_Start();
        I2C_Software_SendByte(AT24C02_Addr+((WriteAddr/256)<<1));
        while(!I2C_Software_Wait_ACK());
        I2C_Software_SendByte(WriteAddr%256);
        while(!I2C_Software_Wait_ACK());
        I2C_Software_SendByte(DataToWrite);
        while(!I2C_Software_Wait_ACK());
        I2C_Software_Stop();
        Systick_DelayMS(10);
}
```

（19）在 bsp_24c02.h 中添加防止重复定义代码，包含 bsp_software_iic.h、bsp_systick.h。在初始化 AT24C02 芯片时，需要使用 bsp_software_iic.h、bsp_systick.h 中声明的函数。在 bsp_24c02.h 中声明初始化 EEPROM 函数、读取数据函数、写入数据函数，可方便其他文件使用这些函数。代码如下：

```
#ifndef __BSP_24C02_H_
#define __BSP_24C02_H_

#include "bsp_software_iic.h"
#include "bsp_systick.h"


#define AT24C02_Addr 0xa0                    //AT24C02 芯片的地址

void AT24C02_Init(void);

uint8_t AT24C02_Read_Byte(uint16_t ReadAddr);
void AT24C02_Write_Byte(uint16_t WriteAddr,uint8_t DataToWrite);

#endif
```

（20）在 mian.c 中包含 bsp_24c02.h，在 main 函数中调用 AT24C02_Write_Byte()函数向 AT24C02 芯片写入数据，再调用 AT24C02_Read_Byte()函数从 AT24C02 芯片读取数据，通过 USART 输出读取到的数据。代码如下：

```
#include "bsp_24c02.h"
```

```
#include "bsp_usart.h"

uint8_t SendData = 9;
uint8_t ReciveData;

int main(void)
{
    Usart_Init();
    SysTick_Init(1);
    AT24C02_Init();
    AT24C02_Write_Byte(0,SendData);                    //向 AT24C02 芯片写入数据
    while(1)
    {
        ReciveData = AT24C02_Read_Byte(0);             //从 AT24C02 芯片读取数据
        printf("The data received is %d \n",ReciveData);
        Systick_DelayMS(300);
    }
}
```

说明：具体细节请参考本书附带的代码。

3.8.3   运行结果

将编译生成的程序下载到"光标"飞控系统后，通过 USART 输出从 AT24C02 芯片读取到的数据。这里以数字 9 作为无人机的数据，运行结果如图 3-66 所示。

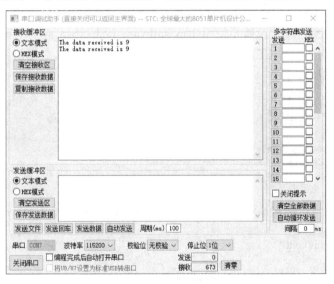

图 3-66   运行结果

●●●●●● 练习

（1）简述模拟 I2C 总线 ACK 信号时序的过程。
（2）简述模拟 I2C 总线传输数据的过程。

第4章
无人机飞控系统的应用开发

本章主要介绍无人机无线数传模块、加速计与陀螺仪、磁力计、气压计、光流模块等的开发，以及遥控输入和电机等的控制。本章先逐一介绍开发原理，再通过具体的实例来帮助读者掌握无人机飞控系统传感器的开发与电机控制的原理与过程。

4.1 无人机无线数传模块的开发

无人机无线数传模块的开发

●●●●● 学习目标

通过无线数传模块的应用，学习无线数传模块的特性和功能，了解无线数传模块的信道配置、功率配置、接口配置，实现无人机的数据无线传输。

4.1.1 开发原理

无线数据传输广泛应用于车辆监控、遥控遥测、小型无线网络、无线抄表、门禁系统、小区传呼、工业数据采集系统、无线标签、身份识别、非接触 RF 智能卡、小型无线数据终端、安全防火系统、生物信号采集、水文气象监控、机器人控制等场景中。

无线数传模块是指无线数传电台的模块化产品，其主要特点如下：

（1）微发射功率。不同的传输间隔具有不同的发射功率，发射功率为 10～100 mW 不等，具有节能的优点。

（2）工作频率为 429～438 MHz，无须申请。

（3）抗干扰能力强、误码率低。无线数传模块采用基于 GFSK 的调制方式，以及高效的通信协议，在信道误码率为 10^{-2} 时，实际的误码率为 10^{-5}～10^{-6}。

（4）传输距离大。在空旷环境中，传输距离为 300 m～10 km。例如，发射功率为 500 mW、工作频率为 433 MHz 的无线数传模块，在空旷环境中的传输距离可达到 2.5 km。

（5）多信道、多速率。无线数传模块可提供 16 个信道，用户可根据需要将信道扩展到 32 个，从而满足多种通信组合方式的需求。无线数传模块的波特率为 1200～38400 bps，无线传输速率与波特率成正比，可以满足用户对多种波特率的需要。

（6）透明的数据传输，所发即所收。无线数传模块不会对传输的数据包进行修改和解析，飞控系统和地面站之间的通信不需要为无线数传模块修改任何代码。

（7）提供 RS-232、RS-485 和 TTL 三种接口方式。

（8）具有智能数据控制功能，用户无须编制程序，可最大限度地保证大多数串口操作代码的复用性。对于监控系统而言，使用无线数传模块和有线传输是完全相同的，只需要增加无线数传模块并将其连接到上位机和下位机，操作也很简单。

（9）可靠性高、体积小、重量轻。无线数传模块采用高性能微处理器，外围电路少，可靠性高，故障率低。无线数传模块的尺寸与火柴盒大小类似，不会对原有系统的改造造成困难。

（10）具有看门狗实时监控功能。在断电、电涌、外部干扰、系统调试等情况下，无线数传模块不会出现题目，只要上电之后即可工作，安全可靠，工作稳定。

无线数传模块有 2 个状态 LED，一个红色和一个绿色。不同 LED 状态的含义如下：绿色 LED 闪烁表示搜索到其他模块，绿色 LED 常亮表示建立与另一个模块的连接，红色 LED 闪烁表示传输数据，红色 LED 常亮表示处于固件更新模式。

4.1.2　开发步骤

本书使用的无线数传模块是 3DR Radio Telemetry，其上有两个 LED，绿色 LED 闪烁表示搜索到其他模块，绿色 LED 常亮表示与其他模块建立了连接；红色 LED 闪烁表示正在传输数据，红色 LED 常亮表示处于固件更新模式。具体的开发步骤如下：

（1）配置无线数传模块，详见 2.2 节。

（2）测试无线数传模块。"光标"飞控系统上的无线数传模块接口为 USART3，对应的引脚电路原理图如图 4-1 所示。

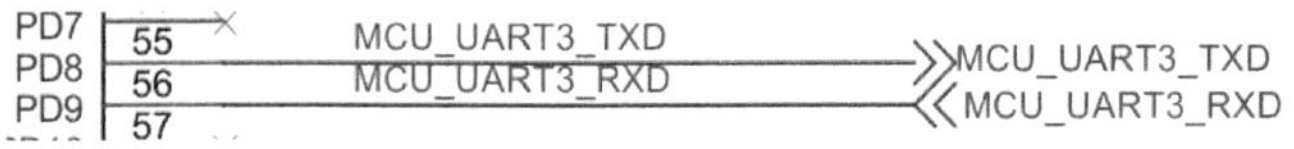

```
PD7   55  ——×——  MCU_UART3_TXD      >>MCU_UART3_TXD
PD8   56          MCU_UART3_RXD      <<MCU_UART3_RXD
PD9   57
```

图 4-1　USART3 引脚的电路原理图

（3）初始化 USART3。前文在介绍无线数据的收发时，已经完成了 USART 的开发，在此基础上创建 bsp_mavlink.c，用于解析地面站软件发送给"光标"飞控系统的 MAVLink 协议消息，这里使用的是 DMA1_Stream3 的通道 4 和 DMA1_Stream1 的通道 4。代码如下：

```
#include "bsp_mavlink.h"
#include "stm32f4xx.h"
#include "FreeRTOS.h"
#include "task.h"
#include "stdbool.h"
#include "task_mavlink.h"

xSemaphoreHandle xMavlinkSendBinarySemaphore;

static uint8_t tx_buf[sizeof(mavlink_message_t)];
static uint8_t rx_buf[sizeof(mavlink_message_t)];

mavlink_message_t rx_message;
mavlink_status_t rx_status;
```

```c
uint16_t parse_index;

MAVLINK_STATUS mavlink_status = {.signal_percent = 10000 }; //MAVLink 协议通信状态

void MAVLINK_DMA_Init(void)
{
    vSemaphoreCreateBinary(xMavlinkSendBinarySemaphore);

    /* Enable DMA1 clock */
    RCC_AHB1PeriphClockCmd(RCC_AHB1Periph_DMA1, ENABLE);

    /* DMA1 Stream3 Configuration */
    DMA_DeInit(DMA1_Stream3);
    while(DMA_GetCmdStatus(DMA1_Stream3) != DISABLE ){}          //配置 DMA
    DMA_InitTypeDef DMA_InitStruct_TX;
    DMA_InitStruct_TX.DMA_Channel = DMA_Channel_4;                //通道 4
    DMA_InitStruct_TX.DMA_PeripheralBaseAddr = (uint32_t)&USART3->DR;
    DMA_InitStruct_TX.DMA_Memory0BaseAddr = (uint32_t)&tx_buf[0];
    DMA_InitStruct_TX.DMA_DIR = DMA_DIR_MemoryToPeripheral; //内存到外设模式
    DMA_InitStruct_TX.DMA_BufferSize = sizeof(mavlink_message_t);
    DMA_InitStruct_TX.DMA_PeripheralInc = DMA_PeripheralInc_Disable;
    DMA_InitStruct_TX.DMA_MemoryInc = DMA_MemoryInc_Enable;
    DMA_InitStruct_TX.DMA_PeripheralDataSize = DMA_PeripheralDataSize_Byte;
    DMA_InitStruct_TX.DMA_MemoryDataSize = DMA_MemoryDataSize_Byte;
    DMA_InitStruct_TX.DMA_Mode = DMA_Mode_Normal;
    DMA_InitStruct_TX.DMA_Priority = DMA_Priority_High;
    DMA_InitStruct_TX.DMA_FIFOMode = DMA_FIFOMode_Disable;
    DMA_InitStruct_TX.DMA_FIFOThreshold = DMA_FIFOThreshold_Full;
    DMA_InitStruct_TX.DMA_MemoryBurst = DMA_MemoryBurst_Single;
    DMA_InitStruct_TX.DMA_PeripheralBurst = DMA_PeripheralBurst_Single;
    DMA_Init(DMA1_Stream3, &DMA_InitStruct_TX);

    /* Enable the DMA global Interrupt */
    NVIC_InitTypeDef NVIC_InitStructure;
    NVIC_InitStructure.NVIC_IRQChannel = DMA1_Stream3_IRQn;
    NVIC_InitStructure.NVIC_IRQChannelPreemptionPriority = 6;
    NVIC_InitStructure.NVIC_IRQChannelSubPriority = 0;
    NVIC_InitStructure.NVIC_IRQChannelCmd = ENABLE;
    NVIC_Init(&NVIC_InitStructure);

    DMA_ITConfig(DMA1_Stream3, DMA_IT_TC, ENABLE);
    USART_DMACmd(USART3, USART_DMAReq_Tx , ENABLE);

    /* DMA1 Stream1 Configuration */
    DMA_DeInit(DMA1_Stream1);
    DMA_InitTypeDef DMA_InitStruct_RX;
    DMA_InitStruct_RX.DMA_Channel = DMA_Channel_4;                //通道 4
    DMA_InitStruct_RX.DMA_PeripheralBaseAddr = (uint32_t)&USART3->DR;
```

```
    DMA_InitStruct_RX.DMA_Memory0BaseAddr = (uint32_t)&rx_buf[0];
    DMA_InitStruct_RX.DMA_DIR = DMA_DIR_PeripheralToMemory; //外设到内存模式
    DMA_InitStruct_RX.DMA_BufferSize = sizeof(mavlink_message_t);
    DMA_InitStruct_RX.DMA_PeripheralInc = DMA_PeripheralInc_Disable;
    DMA_InitStruct_RX.DMA_MemoryInc = DMA_MemoryInc_Enable;
    DMA_InitStruct_RX.DMA_PeripheralDataSize = DMA_PeripheralDataSize_Byte;
    DMA_InitStruct_RX.DMA_MemoryDataSize = DMA_MemoryDataSize_Byte;
    DMA_InitStruct_RX.DMA_Mode = DMA_Mode_Circular;
    DMA_InitStruct_RX.DMA_Priority = DMA_Priority_High;
    DMA_InitStruct_RX.DMA_FIFOMode = DMA_FIFOMode_Disable;
    DMA_InitStruct_RX.DMA_FIFOThreshold = DMA_FIFOThreshold_Full;
    DMA_InitStruct_RX.DMA_MemoryBurst = DMA_MemoryBurst_Single;
    DMA_InitStruct_RX.DMA_PeripheralBurst = DMA_PeripheralBurst_Single;
    DMA_Init(DMA1_Stream1, &DMA_InitStruct_RX);

    USART_DMACmd(USART3, USART_DMAReq_Rx , ENABLE);
    DMA_Cmd(DMA1_Stream1, ENABLE);

    USART_Cmd(USART3, ENABLE); //使能 USART3
}

//使用 DMA 发送数据
void mavlink_send_with_dma(mavlink_message_t * msg)
{
    uint16_t len = mavlink_msg_to_send_buffer(tx_buf, msg);
    DMA_SetCurrDataCounter(DMA1_Stream3, len);
    DMA_Cmd(DMA1_Stream3, ENABLE);
}

//DMA 发送完成中断
void DMA1_Stream3_IRQHandler()
{
    static portBASE_TYPE xHigherPriorityTaskWoken = pdFALSE;
    if(DMA_GetFlagStatus(DMA1_Stream3, DMA_FLAG_TCIF3))
    {
        DMA_ClearFlag(DMA1_Stream3, DMA_FLAG_TCIF3);
        DMA_Cmd(DMA1_Stream3, DISABLE);
        xSemaphoreGiveFromISR(xMavlinkSendBinarySemaphore,
                        &xHigherPriorityTaskWoken );
    }
    //虽然只打开了 DMA_IT_TC 中断，但运行中同时会产生 DMA_FLAG_HTIF3 与 DMA_FLAG_
FEIF3 中断
    DMA_ClearFlag(DMA1_Stream3, DMA_FLAG_HTIF3 | DMA_FLAG_TCIF3 |
            DMA_FLAG_TEIF3 | DMA_FLAG_FEIF3 | DMA_FLAG_DMEIF3);
}

//解析 MAVLink 协议消息
void mavlink_parse_message(void)
```

```
{
    while(parse_index != sizeof(mavlink_message_t) - DMA1_Stream1->NDTR)
    {
        uint8_t result = mavlink_parse_char(MAVLINK_COMM_0, rx_buf[parse_index],
                                            &rx_message, &rx_status);
        switch(result)
        {
            case MAVLINK_FRAMING_INCOMPLETE:
                break;
            case MAVLINK_FRAMING_OK:
                mavlink_status.lost += (uint8_t)(rx_message.seq –
                                        mavlink_status.last_seq) - 1;
                mavlink_status.last_receive_time = xTaskGetTickCount() *
                                        portTICK_RATE_MS;
                mavlink_status.last_seq = rx_message.seq;
                mavlink_status.source = MAVLINK_SOURCE_UART;
                mavlink_status.receive++;
                if(mavlink_status.last_receive_time –
                    mavlink_status.last_signal_time >= 1000) //每秒更新一次信号强度
                {
                    mavlink_status.last_signal_time =
                                    mavlink_status.last_receive_time;
                    mavlink_status.signal_percent = (uint32_t)(
                                    mavlink_status.receive * 10000) /
                                    (mavlink_status.receive + mavlink_status.lost);
                    mavlink_status.receive = mavlink_status.lost = 0;
                }
                break;
            case MAVLINK_FRAMING_BAD_CRC:
                break;
        }
        if(++parse_index == sizeof(mavlink_message_t))
        {
            parse_index = 0;
        }
    }
}
```

（4）添加 bsp_adc.c，用来对"光标"飞控系统的电源进行实时测量，前文已经叙述，这里不再赘述。在 task_mavlink.c 中的实现 Task_MavLink()函数，用来进行数据打包和数据发送。代码如下：

```
#include "task_mavlink.h"

static bool sending = true;

void Task_MavLink( void *pvParameters )
{
```

```
static mavlink_message_t msg;
uint32_t t_now;
while(1)
{
    vTaskDelay(1 / portTICK_RATE_MS );
    if(sending)
    xSemaphoreTake(xMavlinkSendBinarySemaphore, 2000);
    sending = false;
    t_now = xTaskGetTickCount() * portTICK_RATE_MS;

    if(t_now - mavlink_status.last_receive_time < 2000)
    {
        static uint32_t t_last_msg_0,t_last_msg_1;
        sending = true;
        if(t_now - t_last_msg_0 >= MAVLINK_MESSAGE_0) //心跳包
        {
            t_last_msg_0 = t_now;
            mavlink_msg_heartbeat_pack(MAVLINK_SYSID, MAVLINK_COMPID, &msg,
                            MAV_TYPE_QUADROTOR,
                            MAV_AUTOPILOT_GENERIC,1,1,1);
        }
        else if(MAV_RESPONSE_TYPE_SYS_STATUS && t_now –
                t_last_msg_1 >= MAVLINK_MESSAGE_1)
        {
            t_last_msg_1 = t_now;
            //传输电池的电压、电流，以及芯片内部温度等信息
            mavlink_msg_sys_status_pack(MAVLINK_SYSID, MAVLINK_COMPID, &msg,
                            1,1,1,100,(uint16_t)(battery.voltage*1000),
                            (int16_t)(battery.current*100), 0,
                            mavlink_status.signal_percent, 0, 0, 0, 0, 0);
        }
        else
        {
            sending = false;
        }
        if(sending)
        {
            mavlink_send_with_dma(&msg);
        }
    }
}
}
```

（5）在 task_50ms.c 中实现 Task_50ms()函数，在该函数中调用解析 MAVLink 消息的函数，对地面站软件发送的数据进行解析。代码如下：

```
#include "task_50ms.h"
#include "bsp_mavlink.h"
```

```
void Task_50ms(void *pvParameters)
{
    TickType_t pxPreviousWakeTime = xTaskGetTickCount();
    while(1)
    {
        vTaskDelayUntil(&pxPreviousWakeTime, 50 / portTICK_RATE_MS );
        mavlink_parse_message();                //解析 MAVLink 消息
    }
}
```

（6）在 task_1000ms.c 中实现 Task_1000ms()函数，在该函数中调用电池信息更新函数。代码如下：

```
void Task_1000ms(void *pvParameters)
{
    TickType_t pxPreviousWakeTime = xTaskGetTickCount();
    while(1)
    {
        vTaskDelayUntil(&pxPreviousWakeTime, 1000 / portTICK_RATE_MS );
        Battery_Collect();                //电池信息
    }
}
```

（7）在 task_init.c 中实现 Task_Init()函数，在该函数调用 USART 初始化函数、DMA 初始化函数、ADC 初始化函数和任务创建函数。代码如下：

```
void Task_Init(void *pvParameters)
{
    UART3_Init(57600);
    MAVLINK_DMA_Init();
    Battery_ADC_Init();
    AppTaskCreate();
    while(1)
    {
        vTaskDelay(100 / portTICK_RATE_MS);
    }
}
```

（8）将两个无线数传模块分别连接在"光标"飞控系统上和装有地面站软件的计算机上。
说明：具体细节请参考本书附带的代码。

4.1.3　运行结果

将编译后生成的程序下载到"光标"飞控系统后，打开地面站软件，选择端口，单击"高级接收"按钮，此时"光标"飞控系统开始和地面站软件开始通信，可实现无人机的无线数传。"光标"飞控系统开始和地面站软件开始通信的界面如图 4-2 所示。

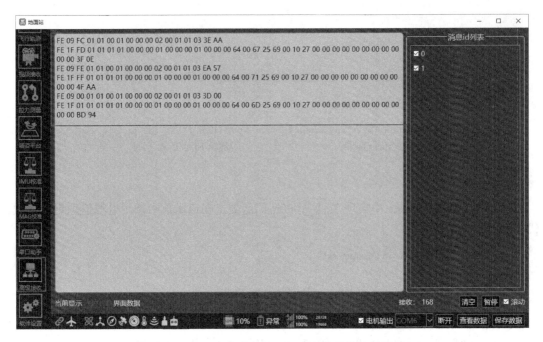

图 4-2　"光标"飞控系统和地面站软件的通信界面

在地面站软件界面的飞行状态栏中,可以看到无人机电池电压和剩余电量,如图 4-3 所示。

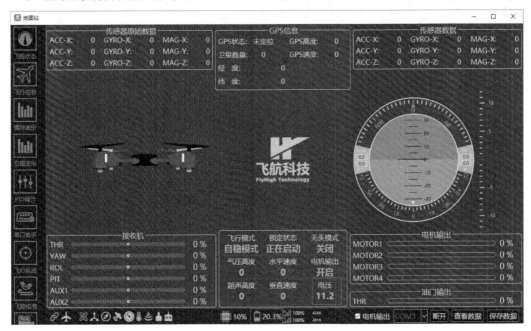

图 4-3　无人机电池电压和剩余电量

●●●●● 练习

（1）简述无人机无线数传模块的开发过程。

（2）尝试连接无线数传模块和地面站软件。

4.2 加速计与陀螺仪的开发

加速计与陀螺仪的开发

●●●●● **学习目标**

学习 MPU 6050 的原理、MPU 6050 初始化、MPU 6050 的数据采集和滤波、MPU 6050 的校准、校准数据保存和获取、MPU 6050 六轴校准数据的采集和 MPU 6050 六轴校准参数的计算，掌握 MPU 6050 在实际项目中的使用，能够测量无人机的加速度与角速度。

4.2.1 开发原理

对无人机的控制，主要是指对无人机当前的水平位置、高度位置和角度值进行控制。水平位置和高度位置是由水平速度与垂直速度分别通过积分得到的；水平速度与垂直速度是通过对由加速计测量得到的加速度进行积分而得到的；角度需要综合加速度与角速度来获得，其中的角速度是通过陀螺仪测量得到的。

MPU 6050 是一款六轴运动处理传感器，集成了三轴 MEMS 陀螺仪、三轴 MEMS 加速计，以及一个可扩展的数字运动处理器（Digital Motion Processor，DMP）。MPU 6050 可通过 I2C 总线接口连接第三方的数字传感器，如磁力计。扩展后的 MPU 6050 可以通过 I2C 总线或 SPI 总线接口输出一个九轴信号（SPI 总线接口仅在 MPU 6000 可用）。MPU 6050 可以通过 I2C 总线接口连接非惯性的数字传感器，如压力传感器。MPU 6050 针对陀螺仪和加速计分别使用了 3 个 16 位的 ADC，可将测量得到的模拟量转化为可输出的数字量。为了精确跟踪快速运动和慢速运动，MPU 6050 的测量范围是用户可控的，陀螺仪的测量范围为 $\pm250\,°/s$、$\pm500\,°/s$、$\pm1000\,°/s$ 和 $\pm2000\,°/s$，加速计的测量范围为 $\pm2g$、$\pm4g$、$\pm8g$、$\pm16g$。利用 MPU 6050 内部的 DMP，可对传感器的数据进行滤波和融合处理，直接通过 I2C 总线接口向主控器输出姿态解算后的姿态数据，降低主控器的运算量。MPU 6050 的姿态解算的频率最高可达 200 Hz，非常适合对姿态控制实时要求较高的领域，常用于手机、智能手环、四旋翼无人机和计步器等的姿态检测。MPU 6000 和 MPU 6050 如图 4-4 所示。

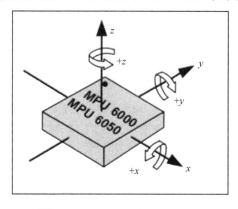

图 4-4　MPU 6000 和 MPU 6050

MPU 6050 的结构框图如图 4-5 所示。

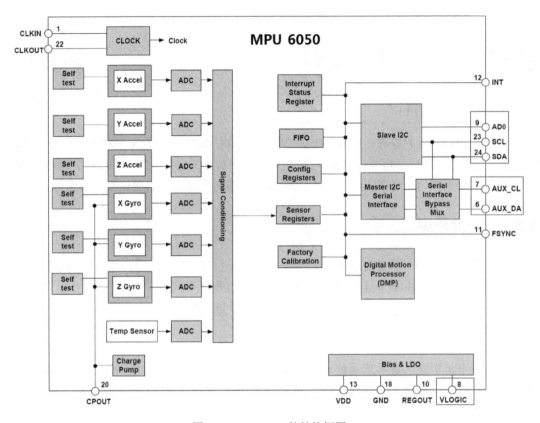

图 4-5 MPU 6050 的结构框图

MPU 6050 包括 2 个 I2C 总线接口，可用于连接外部从设备。其中，SCL 和 SDA 是连接主设备或主控器（如 MCU）的 I2C 总线接口（主 I2C 总线接口）引脚，主设备通过这个 I2C 总线接口来控制 MPU 6050；另外一个 I2C 总线接口（从 I2C 总线接口）的引脚是 AUX_CL 和 AUX_DA，这个 I2C 总线接口可用于连接从设备，如磁力计，这样就可以组成一个九轴传感器。VLOGIC 引脚的电压是 GPIO 端口电压，该引脚的电压最低可以为 1.8 V，一般直接连接 V_{DD} 引脚即可。AD0 是主 I2C 总线接口的地址控制引脚，该引脚控制 I2C 总线接口地址的最低位。如果接 GND 引脚，则 MPU 6050 的 I2C 总线节点地址是 0x68；如果接 V_{DD} 引脚，则 MPU 6050 的 I2C 总线节点地址是 0x69。注意：这里的地址不包含数据传输最低位（最低位用来表示读写）。

接下来介绍一下 MPU 6050 的寄存器：

（1）电源管理寄存器 1 如表 4-1 所示，其地址为 0x6B。

表 4-1 电源管理寄存器 1

寄存器的十六进制地址	寄存器的十进制地址	Bit7	Bit6	Bit5	Bit4	Bit3	Bit2	Bit1	Bit0
6B	107	DECIVE_RESET	SLEEP	CYCLE	—	TEMP_DIS	CLKSEL[2:0]		

DEVICE_RESET 位：用来控制复位，当该位置 1 时，将复位 MPU 6050，复位结束后，MPU 6050 将自动清零该位（硬件清零）。

SLEEP 位：用于控制 MPU 6050 的工作模式，MPU 6050 复位后该位为 1，即进入了休眠模式（低功耗模式），因此需要软件清零该位，以便进入正常工作模式。

TEMP_DIS 位：用于设置是否使能温度传感器，该位为 0 时，表示使能温度传感器。

CLKSEL[2:0]：用于选择系统时钟源。CLKSEL[2:0] 与系统时钟源的选择关系如表 4-2 所示。

表 4-2　CLKSEL[2:0] 与系统时钟源的选择关系

CLKSEL[2:0]	系统时钟源	CLKSEL[2:0]	系统时钟源
0	内部 8 MHz 的 RC 晶体振荡器	4	PLL，使用外部 32.768 kHz 的晶体振荡器作为参考
1	PLL，使用 x 轴陀螺仪作为参考	5	PLL，使用外部 19.2 MHz 的晶体振荡器作为参考
2	PLL，使用 y 轴陀螺仪作为参考	6	保留
3	PLL，使用 z 轴陀螺仪作为参考	7	关闭时钟，保持时序，产生电路复位状态

在默认情况下，使用的是内部 8 MHz 的 RC 晶体振荡器的，精度不高，一般选择以 x、y、z 轴陀螺仪为参考的 PLL 作为系统时钟源。

（2）陀螺仪采样频率分频寄存器如表 4-3 所示，其地址为 0x19。

表 4-3　陀螺仪采样频率分频寄存器

寄存器的十六进制地址	寄存器的十进制地址	Bit7	Bit6	Bit5	Bit4	Bit3	Bit2	Bit1	Bit0
19	25	SMPLRT[7:0]							

陀螺仪采样频率分频寄存器用于设置 MPU 6050 的陀螺仪采样频率，计算公式为：

$$采样频率 = \frac{陀螺仪输出频率}{1 + SMPLRT\_DIV}$$

陀螺仪的输出频率是 1 kHz 或 8 kHz，与数字低通滤波器（DLPF）的设置有关，当 DLPF_CFG=0～7 时陀螺仪的输出频率是 8 kHz；在其他情况下，陀螺仪的输出频率是 1 kHz。

（3）配置寄存器如表 4-4 所示，其地址为 0x1A。

表 4-4　配置寄存器

寄存器的十六进制地址	寄存器的十进制地址	Bit7	Bit6	Bit5	Bit4	Bit3	Bit2	Bit1	Bit0
1A	26	—	—	EXT_SYNC_SET[2:0]			DLPF_CFG[2:0]		

DLPF_CFG[2:0]：数字低通滤波器（Digital Low Pass Filter，DLPF）的设置位，加速计和陀螺仪都是根据这三位的配置进行过滤的。加速计的输出频率是固定的 1 kHz，角速度传感器的输出频率则根据 DLPF_CFG 的配置有所不同。

（4）陀螺仪配置寄存器如表 4-5 所示，其地址为 0x1B。

表 4-5　陀螺仪配置寄存器

寄存器的十六进制地址	寄存器的十进制地址	Bit7	Bit6	Bit5	Bit4	Bit3	Bit2	Bit1	Bit0
1B	27	XG_ST	YG_ST	ZG_ST	FS_SEL[1:0]		—	—	—

FS_SEL[1:0]用于设置陀螺仪的满量程范围，FS_SEL 为 0 时满量程范围为±250 °/s，FS_SEL 为 1 时满量程范围为±500 °/s，FS_SEL 为 2 时满量程范围为±1000 °/s，FS_SEL 为 3 时满量程范围为±2000 °/s。

（5）加速计配置寄存器如表 4-6 所示，其地址为 0x1C。

表 4-6   加速计配置寄存器

寄存器的十六进制地址	寄存器的十进制地址	Bit7	Bit6	Bit5	Bit4	Bit3	Bit2	Bit1	Bit0
1C	28	XA_ST	YA_ST	ZA_ST	AFS_SEL[1:0]		—	—	—

AFS_SEL[1:0]用于设置加速计的满量程范围，AFS_SEL 为 0 时满量程范围为±2g，AFS_SEL 为 1 时满量程范围为±4g，AFS_SEL 为 2 时满量程范围为±8g，AFS_SEL 为 3 时满量程范围为±16g。

（6）加速计数据输出寄存器如表 4-7 所示，其地址为 0X3B～0X40。

表 4-7   加速计数据输出寄存器

寄存器的十六进制地址	寄存器的十进制地址	Bit7	Bit6	Bit5	Bit4	Bit3	Bit2	Bit1	Bit0
3B	59	ACCEL_XOUT[15:8]							
3C	60	ACCEL_XOUT[7:0]							
3D	61	ACCEL_YOUT[15:8]							
3E	62	ACCEL_YOUT[7:0]							
3D	63	ACCEL_ZOUT[15:8]							
40	64	ACCEL_ZOUT[7:0]							

加速计数据输出寄存器是由 6 个寄存器组成的，输出三轴加速计值，高字节在前，低字节在后。

（7）陀螺仪数据输出寄存器如表 4-8 所示，其地址为 0X43～0X48。

表 4-8   陀螺仪数据输出寄存器

寄存器的十六进制地址	寄存器的十进制地址	Bit7	Bit6	Bit5	Bit4	Bit3	Bit2	Bit1	Bit0
43	67	GYRO_XOUT[15:8]							
44	68	GYRO_XOUT[7:0]							
45	69	GYRO_YOUT[15:8]							
46	70	GYRO_YOUT[7:0]							
47	71	GYRO_ZOUT[15:8]							
48	72	GYRO_ZOUT[7:0]							

陀螺仪数据输出寄存器也是由 6 个寄存器组成的，输出三轴陀螺仪测量数据，高字节在前，低字节在后。

在获取加速计和陀螺仪的测量数据后，还需要对测量的数据进行滤波。本节对 MPU 6050

采集到的原始数据进行了滑动滤波处理。通过寄存器读取到的数据是加速度和角速度的原始数据，根据加速度和角速度的原始数据可以计算得到欧拉角，即航向角、横滚角和俯仰角，有了这三个角就可以得到当前的无人机姿态。要想得到航向角、横滚角和俯仰角，就需要利用原始数据进行姿态融合解算。手动进行姿态融合解算比较复杂，不易掌握。InvenSense 公司提供了一个嵌入式运动驱动库，结合 MPU 6050 自带的数字运动处理器（DMP），可以将原始数据直接转换成四元数，通过四元数就可以很方便地得到航向角、横滚角和俯仰角。

使用 MPU 6050 内置的 DMP，不仅大大简化代码的设计，而且不用 MCU 进行姿态解算，大大降低了 MCU 的负担，从而有更多的时间去处理其他事务，提高了系统的实时性。

MPU 6050 的单轴校准可以和地面站软件同时使用，只需将"光标"飞控系统水平放置，通过地面站软件进行校准即可。通过单轴校准获取到加速计与陀螺仪的误差值后，可以得到单轴校准后的数据。

MPU 6050 的六轴校准数据是通过同时使用地面站软件与校准平台来获得的，通过地面站软件对校准平台进行控制，可得到上、左、右、下、前、后六个轴的 MPU 6050 数据，经过矩阵运算后可得到校准后的数据，使用最小二乘法对校准后的数据进行计算。最小二乘法（又称为最小平方法）是一种数学优化算法，它通过最小化误差的平方和来寻找数据的最佳函数匹配。利用最小二乘法可以简便地求得未知数据，并使这些求得的数据与实际数据之间误差的平方和最小。

4.2.2　开发步骤

（1）根据加速计和陀螺仪的电路原理图（见图 4-6），MPU 6050 连接在 I2C1 总线接口，并得到 I2C1 总线接口时钟线与数据线对应的 GPIO 引脚。

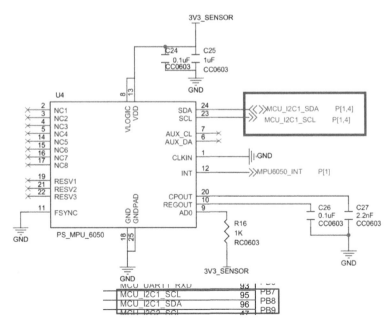

图 4-6　加速计和陀螺仪的电路原理图

（2）在 I2C 总线通信的基础上编写 MPU 6050 的驱动程序，在 bsp_i2c.c 中编写读/写寄存器的程序。代码如下：

```
//写寄存器
bool I2C_Write_REG(I2C * i2c, uint8_t SlaveAddress, uint8_t REG_Address,
                    uint8_t REG_data)
{
    taskENTER_CRITICAL();
    if(!I2C_Start(i2c)) { taskEXIT_CRITICAL(); return false; }
    I2C_SendByte(i2c, SlaveAddress);          //发送设备地址和写信号
    if(!I2C_WaitAck(i2c)){I2C_Stop(i2c); taskEXIT_CRITICAL(); return false;}
    I2C_SendByte(i2c, REG_Address );          //设置起始地址
    I2C_WaitAck(i2c);
    I2C_SendByte(i2c, REG_data);
    I2C_WaitAck(i2c);
    I2C_Stop(i2c);
    vTaskDelay(2);
    taskEXIT_CRITICAL();
    return true;
}

//读寄存器
uint8_t I2C_Read_REG(I2C * i2c, uint8_t SlaveAddress, uint8_t REG_Address)
{
    taskENTER_CRITICAL();
    uint8_t REG_data;
    if(!I2C_Start(i2c)) {taskEXIT_CRITICAL(); return false;}
    I2C_SendByte(i2c, SlaveAddress);
    if(!I2C_WaitAck(i2c)){I2C_Stop(i2c); taskEXIT_CRITICAL(); return false;}
    I2C_SendByte(i2c, REG_Address);
    I2C_WaitAck(i2c);
    I2C_Start(i2c);
    I2C_SendByte(i2c, SlaveAddress+1);
    I2C_WaitAck(i2c);
    REG_data = I2C_RadeByte(i2c);
    I2C_NoAck(i2c);
    I2C_Stop(i2c);
    taskEXIT_CRITICAL();
    return REG_data;
}
```

（3）定义读/写单字节数据，以及读多字节数据的函数。新建文件 bsp_mpu6050.c 和 bsp_mpu6050.h，并将其添加到工程目录 BSP 中，在 bsp_mpu6050.c 中实现读/写单字节数据，以及读多字节数据的函数。代码如下：

```
/* 向 MPU 6050 写入单字节数据
 * REG_Address：要写入的寄存器地址
 * REG_data：要写入的数据
```

```
*/
bool MPU6050_Write_Byte(uint8_t REG_Address, uint8_t REG_data)
{
    return I2C_Write_REG(I2C_MPU6050, MPU6050_ADDR, REG_Address, REG_data);
}


/* 从 MPU 6050 读取单字节数据
 * REG_Address：要读取的寄存器地址
 */
uint8_t MPU6050_Read_Byte(uint8_t REG_Address)
{
    return I2C_Read_REG(I2C_MPU6050, MPU6050_ADDR, REG_Address);
}


/* 从 MPU 6050 读取多字节的数据
 * REG_Address：要读取的寄存器地址
 * buf：存储读取到的数据的缓存
 * len：要读取的数据长度
 */
bool MPU6050_Read_NByte(uint8_t REG_Address, uint8_t* buf, uint8_t len)
{
    if(!I2C_Start(I2C_MPU6050))return false;
    I2C_SendByte(I2C_MPU6050, MPU6050_ADDR);          //发送设备地址和写信号
    if(!I2C_WaitAck(I2C_MPU6050)){I2C_Stop(I2C_MPU6050); return false;}
    I2C_SendByte(I2C_MPU6050, REG_Address);
    I2C_WaitAck(I2C_MPU6050);
    I2C_Start(I2C_MPU6050);
    I2C_SendByte(I2C_MPU6050, MPU6050_ADDR | 1);       //读操作
    I2C_WaitAck(I2C_MPU6050);
    for(uint8_t i=0; i<len; i++)
    {
        buf[i] = I2C_RadeByte(I2C_MPU6050);
        if(i<len-1)
        {
            I2C_Ack(I2C_MPU6050);
        }
    }
    I2C_NoAck(I2C_MPU6050);
    I2C_Stop(I2C_MPU6050);
    return true;
}
```

（4）初始化 MPU 6050 并配置相应的参数。在文件 bsp_mpu6050.c 中创建函数 MPU6050_Init()，在该函数中首先计算 MPU 6050 的灵敏度，然后分别配置 MPU 6050 的复位、参考时钟、采样频率、低通滤波频率、陀螺仪和加速计的满量程范围，最后判断硬件功能是否正常。代码如下：

```
/***************************实现函数*****************************************
*函数原型：void MPU6050_initialize(void)
*功    能：初始化 MPU 6050，进入正常工作模式
****************************************************************************/
void MPU6050_Init()
{
    I2C_MPU6050 = I2C_1;

    vTaskDelay(10/portTICK_RATE_MS);

    uint8_t revision;
    uint8_t buffer[6] = {0};

    MPU6050_Read_NByte(MPU6050_RA_XA_OFFS_H, buffer, 6);
    revision = ((buffer[5] & 0x01) << 2) | ((buffer[3] & 0x01) << 1) |
               (buffer[1] & 0x01);
    if (revision) {
        if (revision == 1) {
            mpu6050.resolution = MPU6050_ACCEL_LSB * 0.5f;
        } else if (revision == 2) {
            mpu6050.resolution = MPU6050_ACCEL_LSB;
        } else if ((revision == 3) || (revision == 7)) {
            mpu6050.resolution = MPU6050_ACCEL_LSB;
        } else {
            mpu6050.health = false;            //MPU 6050 异常
        }
    } else {
        uint8_t productId = MPU6050_Read_Byte(MPU6050_RA_PRODUCT_ID);
        revision = productId & 0x0F;
        if (!revision) {
            mpu6050.health = false;            //MPU 6050 异常
        } else if (revision == 4) {
            mpu6050.resolution = MPU6050_ACCEL_LSB * 0.5f;
        } else {
            mpu6050.resolution = MPU6050_ACCEL_LSB;
        }
    }
    /*初始化*/
    static uint8_t data, count=0;

    do
    {
        vTaskDelay(5/portTICK_RATE_MS);
        MPU6050_Write_Byte(MPU6050_RA_PWR_MGMT_1, 0x80); //复位设备
        vTaskDelay(5/portTICK_RATE_MS);
        data = MPU6050_Read_Byte(MPU6050_RA_PWR_MGMT_1);
    } while(data != MPU6050_PWR1_SLEEP && count++ < 200);        //复位后处于休眠模式
```

```
vTaskDelay(100/portTICK_RATE_MS);

do
{
    vTaskDelay(5/portTICK_RATE_MS);
    //关闭休眠模式，使用 Z 轴陀螺仪作为参考时钟
    MPU6050_Write_Byte(MPU6050_RA_PWR_MGMT_1, MPU6050_CLOCK_PLL_ZGYRO);
    vTaskDelay(5/portTICK_RATE_MS);
    data = MPU6050_Read_Byte(MPU6050_RA_PWR_MGMT_1);
} while(data != MPU6050_CLOCK_PLL_ZGYRO && count++ < 200);

vTaskDelay(5/portTICK_RATE_MS);

do
{
    vTaskDelay(5/portTICK_RATE_MS);
    //采样频率=陀螺仪输出频率/(1+SMPLRT_DIV)。当 DLPF 未使能时(DLPF_CFG=0 or 7),
    //陀螺仪的输出频率为 8kHz; 当 DLPF 使能时，陀螺仪的输出频率为 1 kHz
    MPU6050_Write_Byte(MPU6050_RA_SMPLRT_DIV, 1000/(1000) - 1); //此处 DLPF
                    //处于使能状态，陀螺仪的输出频率为 1kHz，不进行分频，直接使用 1kHz
    vTaskDelay(5/portTICK_RATE_MS);
    data = MPU6050_Read_Byte(MPU6050_RA_SMPLRT_DIV);
} while(data != 1000/(1000) - 1 && count++ < 200);

vTaskDelay(15/portTICK_RATE_MS);

do
{
    vTaskDelay(5/portTICK_RATE_MS);
    //设置低通滤波频率，当滤波频率超过 90Hz 时无明显滤波效果
    MPU6050_Write_Byte(MPU6050_RA_CONFIG, MPU6050_DLPF_BW_42);
    vTaskDelay(5/portTICK_RATE_MS);
    data = MPU6050_Read_Byte(MPU6050_RA_CONFIG);
} while(data != MPU6050_DLPF_BW_42 && count++ < 200);

vTaskDelay(5/portTICK_RATE_MS);

do
{
    vTaskDelay(5/portTICK_RATE_MS);
    //陀螺仪的满量程范围为±2000°/s
    MPU6050_Write_Byte(MPU6050_RA_GYRO_CONFIG, MPU6050_GYRO_FS);
    vTaskDelay(5/portTICK_RATE_MS);
    data = MPU6050_Read_Byte(MPU6050_RA_GYRO_CONFIG);
} while(data != MPU6050_GYRO_FS && count++ < 200);

vTaskDelay(5/portTICK_RATE_MS);
```

```
    do
    {
        vTaskDelay(5/portTICK_RATE_MS);
        //加速计的满量程范围为±8个重力加速度
        MPU6050_Write_Byte(MPU6050_RA_ACCEL_CONFIG, MPU6050_ACCEL_AFS);
        vTaskDelay(5/portTICK_RATE_MS);
        data = MPU6050_Read_Byte(MPU6050_RA_ACCEL_CONFIG);
    } while(data != MPU6050_ACCEL_AFS && count++ < 200);

    if(count >= 200) //硬件已损坏
    {
        mpu6050.present = false;
        mpu6050.health = false;
    }
    else
    {
        vTaskDelay(100/portTICK_RATE_MS);

        MPU6050_Read_Param();
    }

    mpu6050.calibrating = false;
}
```

（5）在初始化过程中不难发现，当 MPU 6050 可以正常使用时会调用 MPU6050_Read_Param()函数，根据不同条件来读取存储在 EEPROM 中的六轴校准数据或者单轴校准数据。代码如下：

```
void MPU6050_Read_Param(void)
{
    //读取六轴校准数据
    mpu6050.health = true;
    mpu6050.health &= Param_TakeAccMatrix(mpu6050_six.ACC_X);
    mpu6050.health &= Param_TakeGyroMatrix(mpu6050_six.GYRO_X);
    if(mpu6050.health)
    {
        mpu6050.calibration_mode = 0;        //六轴校准模式
    }
    else        //如果不存在六轴校准参数，则尝试读取单轴校准数据
    {
        mpu6050.health = true;
        mpu6050.health &= Param_TakeAccelOffset(&mpu6050.acc_offset);
        mpu6050.health &= Param_TakeGyroOffset(&mpu6050.gyro_offset);
        mpu6050.acc_scale.x = 1.0;
        mpu6050.acc_scale.y = 1.0;
        mpu6050.acc_scale.z = 1.0;
        mpu6050.gyro_scale.x = 1.0;
        mpu6050.gyro_scale.y = 1.0;
```

```
        mpu6050.gyro_scale.z = 1.0;
        mpu6050.calibration_mode = 1;
    }
}
```

（6）编写初始化以及读/写 EEPROM 的函数。创建 bsp_param.c 和 bsp_param.h 并将其添加到工程目录 BSP 中。在 bsp_param.h 中编写 MPU 6050 数据的地址，并编写读/写数据的函数。代码如下：

```
static inline uint8_t fsc(uint8_t* data, uint8_t len)
{
    uint8_t crc = 0xFE;
    for(uint8_t i=0; i<len; i++)
    {
        crc ^= data[i];
    }
    return crc;
}


#define ACC_OFFSET_ADDR      0              //0～11
#define GYRO_OFFSET_ADDR    32              //32～43

#define ACC_MATRIX_ADDR     (640)          //640～687
#define GYRO_MATRIX_ADDR    (640+64)       //704～751

#include "bsp_eeprom.h"

#define isZero(x)    (ABSF(x)<FLT_EPSILON)

static inline void Param_SaveAccelOffset(Vector3f* acc_offset)
{
  EEPROM_Write(ACC_OFFSET_ADDR, (uint8_t*)acc_offset, sizeof(Vector3f));
    EEPROM_Write_Byte(ACC_OFFSET_ADDR + sizeof(Vector3f),
                        fsc((uint8_t *)acc_offset, sizeof(Vector3f)));
}

static inline bool Param_TakeAccelOffset(Vector3f* acc_offset)
{
    bool result = true;
  EEPROM_Read(ACC_OFFSET_ADDR, (uint8_t*)acc_offset, sizeof(Vector3f));
    if(EEPROM_Read_Byte(ACC_OFFSET_ADDR+sizeof(Vector3f)) !=
                        fsc((uint8_t *)acc_offset, sizeof(Vector3f)))
    {
        acc_offset->x = 0;
        acc_offset->y = 0;
        acc_offset->z = 0;
        result = false;
    }
```

```c
    return result;
}

static inline void Param_SaveGyroOffset(Vector3f* gyro_offset)
{
    EEPROM_Write(GYRO_OFFSET_ADDR, (uint8_t*)gyro_offset, sizeof(Vector3f));
    EEPROM_Write_Byte(GYRO_OFFSET_ADDR + sizeof(Vector3f),
                        fsc((uint8_t *)gyro_offset, sizeof(Vector3f)));
}

static inline bool Param_TakeGyroOffset(Vector3f* gyro_offset)
{
    bool result = true;
    EEPROM_Read(GYRO_OFFSET_ADDR, (uint8_t*)gyro_offset, sizeof(Vector3f));
    if(EEPROM_Read_Byte(GYRO_OFFSET_ADDR+sizeof(Vector3f)) !=
                        fsc((uint8_t *)gyro_offset, sizeof(Vector3f)))
    {
        gyro_offset->x = 0;
        gyro_offset->y = 0;
        gyro_offset->z = 0;
        result = false;
    }
    return result;
}

static inline void Param_SaveAccMatrix(float ACC_X[4][3])
{
    EEPROM_Write(ACC_MATRIX_ADDR, (uint8_t*)ACC_X, 3*4*4);
    EEPROM_Write_Byte(ACC_MATRIX_ADDR + 3*4*4, fsc((uint8_t *)ACC_X, 3*4*4));
}

static inline bool Param_TakeAccMatrix(float ACC_X[4][3])
{
    bool result = true;
    uint8_t sum = 0;
    EEPROM_Read(ACC_MATRIX_ADDR, (uint8_t*)ACC_X, 3*4*4);
    for(uint8_t i=0; i<3*4*4 ;i++)
    {
        sum += ((uint8_t*)ACC_X)[i];
    }
    if(sum==0 || EEPROM_Read_Byte(ACC_MATRIX_ADDR+3*4*4) !=
                        fsc((uint8_t *)ACC_X, 3*4*4))
    {
        for(int i=0; i<4; i++)
        {
            for(int j=0; j<3; j++)
            {
                ACC_X[i][j] = (i==j)?1:0;
```

```
            }
        }
        result = false;
    }
    return result;
}

static inline void Param_SaveGyroMatrix(float GYRO_X[4][3])
{
    EEPROM_Write(GYRO_MATRIX_ADDR, (uint8_t*)GYRO_X, 3*4*4);
    EEPROM_Write_Byte(GYRO_MATRIX_ADDR + 3*4*4, fsc((uint8_t *)GYRO_X, 3*4*4));
}

static inline bool Param_TakeGyroMatrix(float GYRO_X[4][3])
{
    bool result = true;
    EEPROM_Read(GYRO_MATRIX_ADDR, (uint8_t*)GYRO_X, 3*4*4);
    if(EEPROM_Read_Byte(GYRO_MATRIX_ADDR+3*4*4) != fsc((uint8_t *)GYRO_X, 3*4*4))
    {
        for(int i=0; i<4; i++)
        {
            for(int j=0; j<3; j++)
            {
                GYRO_X[i][j] = (i==j)?1:0;
            }
        }
        result = false;
    }
    return result;
}
```

（7）读取 MPU 6050 的原始数据。代码如下：

```
/* 读取 MPU 6050 的原始数据  */
bool MPU6050_Read(Vector3i* acc, Vector3i* gyro)
{
    MPU6050_Read_NByte(MPU6050_RA_ACCEL_XOUT_H, mpu6050_buffer, 14);
    if(mpu6050_buffer[0] | mpu6050_buffer[1] | mpu6050_buffer[2] |
            mpu6050_buffer[3] | mpu6050_buffer[4] | mpu6050_buffer[5])
    {
        acc->x  =   (int16_t)(mpu6050_buffer[0]   << 8 | mpu6050_buffer[1]);
        acc->y  =   (int16_t)(mpu6050_buffer[2]   << 8 | mpu6050_buffer[3]);
        acc->z  =   (int16_t)(mpu6050_buffer[4]   << 8 | mpu6050_buffer[5]);
        gyro->x =   (int16_t)(mpu6050_buffer[8]   << 8 | mpu6050_buffer[9]);
        gyro->y =       (int16_t)(mpu6050_buffer[10] << 8 | mpu6050_buffer[11]);
        gyro->z =   (int16_t)(mpu6050_buffer[12] << 8 | mpu6050_buffer[13]);

        if(acc->z ==0)return false;
        return true;
```

```
    }
    else
    {
        return false;
    }
}
```

（8）在初始化 MPU 6050 的过程中需要读取六轴或者单轴的校准数据，因此需要编写单轴校准函数和六轴校准函数（单轴校准需要聚合运算算法），分别得到单轴校准的加速度和陀螺仪的差值。代码如下：

```
/***********************实现函数********************************************
*函数原型：void MPU6050_calibration()
*功    能：校准加速计和陀螺仪
************************************************************************/
void MPU6050_Calibration(void)
{
    if(!mpu6050.calibrating)
    {
        mpu6050.calibrating = true;
        mpu6050.health = false;

        bool acc_converged = false;              //加速度聚合状态
        bool gyro_converged = false;             //角速度聚合状态
        Vector3f acc_best_avg = {0};             //50 次测量中最优加速度
        Vector3f gyro_best_avg = {0};            //50 次测量中最优角速度
        Vector3f new_acc_offset = {0};           //加速度最终需要修正的偏移量
        Vector3f new_gyro_offset = {0};          //角速度最终需要修正的偏移量

        Vector3f acc_last_average = {0};         //上 50 次测量的加速度平均值
        Vector3f gyro_last_average = {0};        //上 50 次测量的角速度平均值
        Vector3l acc_raw_sum = {0};              //加速度原始值累计和
        Vector3l gyro_raw_sum = {0};             //角速度原始值累计和
        Vector3i acc_start = {0};                //每 50 次数据读取前加速度状态
        Vector3i gyro_start = {0};               //每 50 次数据读取前角速度状态
        Vector3f acc_avg = {0};                  //50 次累计加速度均值
        Vector3f gyro_avg = {0};                 //50 次累计角速度均值

        uint8_t mpu6050_sum_cnt=0;               //50 次的累加计数器
        float acc_best_diff = 0;                 //加速度最优方差
        float gyro_best_diff = 0;                //角速度最优方差
        float acc_diff_norm = 0;                 //加速度方差
        float gyro_diff_norm = 0;                //角速度方差

        //xQueueSendToBack(logQueue, "MPU6050   calibrating...\r\n", LOG_WAIT);
        vTaskDelay(5/portTICK_RATE_MS);

        for(int count =0; count<MPU6050_CALIB_CYCLES; count++)
```

```
{
    /*累计 50 次坐标和  */
    acc_raw_sum.x = acc_raw_sum.y = acc_raw_sum.z = gyro_raw_sum.x =
                        gyro_raw_sum.x = gyro_raw_sum.y = gyro_raw_sum.z = 0;
    /*记录起始坐标  */
    do {
        //xQueueSendToBack(logQueue, "*", LOG_WAIT);
        vTaskDelay(5/portTICK_RATE_MS);
    } while(!MPU6050_Read(&acc_start,&gyro_start));
    mpu6050_sum_cnt = 0;
    for(uint8_t i=0; i<50; i++)
    {
        if(MPU6050_Read(&mpu6050.acc_raw, &mpu6050.gyro_raw))
        {
            acc_raw_sum.x += mpu6050.acc_raw.x;
            acc_raw_sum.y += mpu6050.acc_raw.y;
            acc_raw_sum.z += mpu6050.acc_raw.z;
            gyro_raw_sum.x += mpu6050.gyro_raw.x;
            gyro_raw_sum.y += mpu6050.gyro_raw.y;
            gyro_raw_sum.z += mpu6050.gyro_raw.z;
            mpu6050_sum_cnt++;
        }
        vTaskDelay(5/portTICK_RATE_MS);
    }

    if(sqrtf3(mpu6050.acc_raw.x-acc_start.x, mpu6050.acc_raw.y-acc_start.y,
        mpu6050.acc_raw.z-acc_start.z) > (240 / MPU6500_MAX_ACCEL_G))
        continue; //采样 50 次后，允许的加速度方差最大值（实际测量值）

    acc_avg.x = acc_raw_sum.x / (float)mpu6050_sum_cnt;
    acc_avg.y = acc_raw_sum.y / (float)mpu6050_sum_cnt;
    acc_avg.z = acc_raw_sum.z / (float)mpu6050_sum_cnt;
    gyro_avg.x = gyro_raw_sum.x / (float)mpu6050_sum_cnt;
    gyro_avg.y = gyro_raw_sum.y / (float)mpu6050_sum_cnt;
    gyro_avg.z = gyro_raw_sum.z / (float)mpu6050_sum_cnt;

    acc_diff_norm = sqrtf3((acc_last_average.x - acc_avg.x),
                    (acc_last_average.y - acc_avg.y),
                    ( acc_last_average.z - acc_avg.z));
    gyro_diff_norm = sqrtf3((gyro_last_average.x - gyro_avg.x),
                        (gyro_last_average.y - gyro_avg.y),
                        (gyro_last_average.z - gyro_avg.z));
    if (count == 0)
    {
        acc_best_diff = acc_diff_norm;
        acc_best_avg.x = acc_avg.x;
        acc_best_avg.y = acc_avg.y;
        acc_best_avg.z = acc_avg.z;
```

```
                acc_last_average.x = acc_avg.x;
                acc_last_average.y = acc_avg.y;
                acc_last_average.z = acc_avg.z;
                gyro_best_diff = gyro_diff_norm;
                gyro_best_avg.x = gyro_avg.x;
                gyro_best_avg.y = gyro_avg.y;
                gyro_best_avg.z = gyro_avg.z;
                gyro_last_average.x = gyro_avg.x;
                gyro_last_average.y = gyro_avg.y;
                gyro_last_average.z = gyro_avg.z;
        }
        else
        {
            if (acc_diff_norm < 1)    //加速度方差
            {
                acc_last_average.x = (acc_avg.x * 0.5f) + (acc_last_average.x * 0.5f);
                acc_last_average.y = (acc_avg.y * 0.5f) + (acc_last_average.y * 0.5f);
                acc_last_average.z = (acc_avg.z * 0.5f) + (acc_last_average.z * 0.5f);
                if(!acc_converged || (sqrtf3(acc_last_average.x,
                    acc_last_average.y,acc_last_average.z) <
                    sqrtf3(new_acc_offset.x,new_acc_offset.y,
                    new_acc_offset.z)))
                {
                    acc_converged = true;
                    new_acc_offset.x = acc_last_average.x;
                    new_acc_offset.y = acc_last_average.y;
                    new_acc_offset.z = acc_last_average.z;
                }
            }
            else if (acc_diff_norm < acc_best_diff)
            {
                acc_best_diff = acc_diff_norm;
                acc_best_avg.x = (acc_avg.x * 0.5f) + (acc_last_average.x * 0.5f);
                acc_best_avg.y = (acc_avg.y * 0.5f) + (acc_last_average.y * 0.5f);
                acc_best_avg.z = (acc_avg.z * 0.5f) + (acc_last_average.z * 0.5f);
            }
            acc_last_average.x = acc_avg.x;
            acc_last_average.y = acc_avg.y;
            acc_last_average.z = acc_avg.z;

            if (gyro_diff_norm < 0.1f)    //角速度方差
            {
                gyro_last_average.x = (gyro_avg.x * 0.5f) + (gyro_last_average.x * 0.5f);
                gyro_last_average.y = (gyro_avg.y * 0.5f) + (gyro_last_average.y * 0.5f);
                gyro_last_average.z = (gyro_avg.z * 0.5f) + (gyro_last_average.z * 0.5f);
                if(!gyro_converged || (sqrtf3(gyro_last_average.x,
                    gyro_last_average.y,gyro_last_average.z) <
                    sqrtf3(new_gyro_offset.x,new_gyro_offset.y,
```

```
                                    new_gyro_offset.z)))
                            {
                                gyro_converged = true;
                                new_gyro_offset.x = gyro_last_average.x;
                                new_gyro_offset.y = gyro_last_average.y;
                                new_gyro_offset.z = gyro_last_average.z;
                            }
                    }
                    else if (gyro_diff_norm < gyro_best_diff)
                    {
                        gyro_best_diff = gyro_diff_norm;
                        gyro_best_avg.x = (gyro_avg.x * 0.5f) + (gyro_last_average.x * 0.5f);
                        gyro_best_avg.y = (gyro_avg.y * 0.5f) + (gyro_last_average.y * 0.5f);
                        gyro_best_avg.z = (gyro_avg.z * 0.5f) + (gyro_last_average.z * 0.5f);
                    }
                    gyro_last_average.x = gyro_avg.x;
                    gyro_last_average.y = gyro_avg.y;
                    gyro_last_average.z = gyro_avg.z;
            }
    }

    if (!acc_converged) {
        //xQueueSendToBack(logQueue, "acc did not converge\r\n", LOG_WAIT);
        mpu6050.acc_offset.x = acc_best_avg.x;
        mpu6050.acc_offset.y = acc_best_avg.y;
        mpu6050.acc_offset.z = acc_best_avg.z - mpu6050.resolution;
    } else {
        //xQueueSendToBack(logQueue, "acc calibrate success\r\n", LOG_WAIT);
        mpu6050.acc_offset.x = new_acc_offset.x;
        mpu6050.acc_offset.y = new_acc_offset.y;
        mpu6050.acc_offset.z = new_acc_offset.z - mpu6050.resolution;
    }
    if (!gyro_converged) {
        //xQueueSendToBack(logQueue, "gyro did not converge\r\n", LOG_WAIT);
        mpu6050.gyro_offset.x = gyro_best_avg.x;
        mpu6050.gyro_offset.y = gyro_best_avg.y;
        mpu6050.gyro_offset.z = gyro_best_avg.z;
    } else {
        //xQueueSendToBack(logQueue, "gyro calibrate success\r\n", LOG_WAIT);
        mpu6050.gyro_offset.x = new_gyro_offset.x;
        mpu6050.gyro_offset.y = new_gyro_offset.y;
        mpu6050.gyro_offset.z = new_gyro_offset.z;
    }
    Param_SaveAccelOffset(&mpu6050.acc_offset);
    Param_SaveGyroOffset(&mpu6050.gyro_offset);
    mpu6050.calibrating = false;
    mpu6050.calibration_mode = 1;
    mpu6050.health = true;
```

```
        }
        LED1_ON;
}
```

（9）创建 IMU_Calibration.c 和 IMU_Calibration.h，用于计算 MPU 6050 的六轴校准数据（计算 MUP6050 的六轴校准数据涉及最小二乘法），最终得到加速计校准矩阵和陀螺仪校准矩阵。代码如下：

```
//地面站软件的校准顺序方向
enum DIRECTION {UP, LEFT, RIGHT, DOWN, FRONT, BACK};
//转换为算法对应的方向
const static uint8_t matrix_index[6] = {1, 5, 4, 0, 3, 2};    //Zb down       Zb up
                                          //Yb down      Yb up      Xb down      Xb up


/********************************************************************************
 * matrix_index[DOWN] = 0;          //Zb down
 * matrix_index[UP] = 1;            //Zb up
 * matrix_index[BACK] = 2;          //Yb down
 * matrix_index[FRONT] = 3;         //Yb up
 * matrix_index[RIGHT] = 4;         //Xb down
 * matrix_index[LEFT] = 5;          //Xb up
 ********************************************************************************/


Vector3i acc_start = {0};             //每 50 次数据读取前的加速度状态
Vector3i gyro_start = {0};            //每 50 次数据读取前的角速度状态

MPU6050_SIX mpu6050_six;

void MPU6050_Calibration_With_Six_Side()
{
    uint8_t acc_variance_cnt;         //平方差小于指定值的累计次数
    uint8_t acc_variance;             //前后 2 次采集加速计原始值的方差
    Vector3i acc_last;                //上次读取到的加速计原始值

    float W[6][4] = {{0,0,-1,1},{0,0,1,1},{0,-1,0,1},{0,1,0,1},{-1,0,0,1},{1,0,0,1}};
    float Y[6][3] = {{0,0,-1},{0,0,1},{0,-1,0},{0,1,0},{-1,0,0},{1,0,0}};
    float WT[4][6] = {0};
    float WTW[4][4] = {0};
    float WTW_1[4][4] = {0};
    float WTW_1_WT[4][6] = {0};
    float GYRO_W[6][4] = {0};

    arm_matrix_instance_f32W_m = { .numRows = 6, .numCols = 4, .pData = &W[0][0]};
    arm_matrix_instance_f32Y_m = { .numRows = 6, .numCols = 3, .pData = &Y[0][0]};
    arm_matrix_instance_f32WT_m = { .numRows = 4, .numCols = 6, .pData = &WT[0][0]};
    arm_matrix_instance_f32WTW_m = { .numRows = 4, .numCols = 4, .pData = &WTW[0][0]};
    arm_matrix_instance_f32 WTW_1_m = { .numRows = 4, .numCols = 4,
                                        .pData = &WTW_1[0][0]};
```

```
arm_matrix_instance_f32 WTW_1_WT_m = { .numRows = 4, .numCols = 6,
                                        .pData = &WTW_1_WT[0][0]};
arm_matrix_instance_f32ACC_X_m        = { .numRows = 4, .numCols = 3,
                                        .pData = &mpu6050_six.ACC_X[0][0]};


if(!mpu6050.calibrating)
{
    mpu6050.calibrating = true;
    mpu6050.health = false;

    memset(&mpu6050_six, 0, sizeof(mpu6050_six));    //清除上次的校准数据
    vTaskDelay(5/portTICK_RATE_MS);
    while(mpu6050.calibrating)
    {
        //如果低 6 位全部为 1，则表示完成了六轴校准数据，跳出校准循环
        if(mpu6050_six.calibration_complete == 0x3F)
            break;
        mpu6050_six.calibration = 0;                 //旋转中
        //如果连续检测到 20 次原始值均方差小于 30，则认为"光标"飞控系统不再旋转
        while(mpu6050.calibrating && MPU6050_Read(&mpu6050_six.acc_raw,
            &mpu6050_six.gyro_raw))
        {
            //计算前后 2 次采集加速计原始值的方差
            acc_variance = sqrtf3(mpu6050_six.acc_raw.x-acc_last.x,
                            mpu6050_six.acc_raw.y-acc_last.y,
                            mpu6050_six.acc_raw.z-acc_last.z);
            acc_last = mpu6050_six.acc_raw;

            //当加速计方差小于 30，且累计次数大于 30 时，重新计数
            acc_variance_cnt = acc_variance >= 30 ? 0 : acc_variance_cnt + 1;
            //当方差计数大于或等于 20 次时开始计算当前方向
            if(acc_variance_cnt >= 20)
            {
                acc_variance_cnt = 0;
                //确认飞控系统方向
                int16_t max = MAX(ABS(MAX(ABS(mpu6050_six.acc_raw.x),
                                ABS(mpu6050_six.acc_raw.y))),
                                ABS(mpu6050_six.acc_raw.z));
                if(max == ABS(mpu6050_six.acc_raw.x))
                {
                    if(mpu6050_six.acc_raw.x > 0)
                    {mpu6050_six.calibration_direction = LEFT;}      //左
                    else
                    {mpu6050_six.calibration_direction = RIGHT; }    //右
                }
                else if(max == ABS(mpu6050_six.acc_raw.y))
                {
                    if(mpu6050_six.acc_raw.y > 0)
```

```
                {mpu6050_six.calibration_direction = FRONT;}      //前
            else
                {mpu6050_six.calibration_direction = BACK;}       //后
        }
        else if(max == ABS(mpu6050_six.acc_raw.z))
        {
            if(mpu6050_six.acc_raw.z > 0)
            {mpu6050_six.calibration_direction = UP;}            //上
            else
            {mpu6050_six.calibration_direction = DOWN;}          //下
        }

        //当前方向没有校准过，跳出循环进行校准
        if((mpu6050_six.calibration_complete & (1 <<
            mpu6050_six.calibration_direction)) == 0)
        {
            break;
        }
    }
    vTaskDelay(20/portTICK_RATE_MS);
}

//计算当前面的原始值平均数
bool acc_converged = false;                    //加速度聚合状态
bool gyro_converged = false;                   //角速度聚合状态
Vector3f acc_best_avg = {0};                    //50 次测量中的最优加速度
Vector3f gyro_best_avg = {0};                   //50 次测量中的最优角速度
Vector3f new_acc_offset = {0};                  //加速度最终需要修正的偏移量
Vector3f new_gyro_offset = {0};                 //角速度最终需要修正的偏移量

Vector3f acc_last_average = {0};                //上 50 次测量中的加速度平均值
Vector3f gyro_last_average = {0};               //上 50 次测量中的角速度平均值
Vector3l acc_raw_sum = {0};                     //加速度原始值累计和
Vector3l gyro_raw_sum = {0};                    //角速度原始值累计和

Vector3f acc_avg = {0};                         //50 次累计加速度均值
Vector3f gyro_avg = {0};                        //50 次累计角速度均值

uint8_t mpu6050_sum_cnt = 0;                    //加速计、陀螺仪的累加计数器
float acc_best_diff = 0;                        //加速度的最优方差
float gyro_best_diff = 0;                       //角速度的最优方差
float acc_diff_norm = 0;                        //加速度方差
float gyro_diff_norm = 0;                       //角速度方差

mpu6050_six.calibration_direction_cnt++;
mpu6050_six.calibration = 1;                    //校准中
for(uint8_t count =0; mpu6050.calibrating &&
    count<MPU6050_CALIB_CYCLES; count++)
```

```
{
    //累计 50 次的原始值和清零
    acc_raw_sum.x = acc_raw_sum.y = acc_raw_sum.z = gyro_raw_sum.x =
                    gyro_raw_sum.x = gyro_raw_sum.y = gyro_raw_sum.z = 0;
    //记录起始坐标
    do {
        vTaskDelay(5/portTICK_RATE_MS);
    } while(!MPU6050_Read(&acc_start, &gyro_start));

    //累计 50 次的原始值求和
    mpu6050_sum_cnt = 0;
    for(uint8_t i=0; i<50; i++)
    {
        if(MPU6050_Read(&mpu6050_six.acc_raw, &mpu6050_six.gyro_raw))
        {
            acc_raw_sum.x += mpu6050_six.acc_raw.x;
            acc_raw_sum.y += mpu6050_six.acc_raw.y;
            acc_raw_sum.z += mpu6050_six.acc_raw.z;
            gyro_raw_sum.x += mpu6050_six.gyro_raw.x;
            gyro_raw_sum.y += mpu6050_six.gyro_raw.y;
            gyro_raw_sum.z += mpu6050_six.gyro_raw.z;
            mpu6050_sum_cnt ++;
        }
        vTaskDelay(5/portTICK_RATE_MS);
    }

    //计算方差，判断该组数据是否有效
    if(sqrtf3(mpu6050_six.acc_raw.x-acc_start.x,
            mpu6050_six.acc_raw.y-acc_start.y,
            mpu6050_six.acc_raw.z-acc_start.z) > 30) continue;
            //采样 50 次后允许的加速度方差最大值（实际测量值）

    //求 50 次采集原始值的平均值
    acc_avg.x = acc_raw_sum.x / (float)mpu6050_sum_cnt;
    acc_avg.y = acc_raw_sum.y / (float)mpu6050_sum_cnt;
    acc_avg.z = acc_raw_sum.z / (float)mpu6050_sum_cnt;
    gyro_avg.x = gyro_raw_sum.x / (float)mpu6050_sum_cnt;
    gyro_avg.y = gyro_raw_sum.y / (float)mpu6050_sum_cnt;
    gyro_avg.z = gyro_raw_sum.z / (float)mpu6050_sum_cnt;

    //本次采集的平均值与上次采集的平均值求方差
    acc_diff_norm = sqrtf3((acc_last_average.x - acc_avg.x),
                        (acc_last_average.y - acc_avg.y),
                        (acc_last_average.z - acc_avg.z));
    gyro_diff_norm = sqrtf3((gyro_last_average.x - gyro_avg.x),
                        (gyro_last_average.y - gyro_avg.y),
                        (gyro_last_average.z - gyro_avg.z));
    if (count == 0)
```

```
        {
                acc_best_diff = acc_diff_norm;
                acc_best_avg.x = acc_avg.x;
                acc_best_avg.y = acc_avg.y;
                acc_best_avg.z = acc_avg.z;
                gyro_best_diff = gyro_diff_norm;
                gyro_best_avg.x = gyro_avg.x;
                gyro_best_avg.y = gyro_avg.y;
                gyro_best_avg.z = gyro_avg.z;
        }
        else
        {
                if (acc_diff_norm < 1)    //加速度方差小于 1 时为理想方差
                {
                        acc_last_average.x = (acc_avg.x * 0.5f) + (acc_last_average.x * 0.5f);
                        acc_last_average.y = (acc_avg.y * 0.5f) + (acc_last_average.y * 0.5f);
                        acc_last_average.z = (acc_avg.z * 0.5f) + (acc_last_average.z * 0.5f);
                        if(!acc_converged || (sqrtf3(acc_last_average.x,
                            acc_last_average.y,acc_last_average.z) <
                            sqrtf3(new_acc_offset.x,
                            new_acc_offset.y,new_acc_offset.z)))
                        {
                                acc_converged = true;
                                new_acc_offset.x = acc_last_average.x;
                                new_acc_offset.y = acc_last_average.y;
                                new_acc_offset.z = acc_last_average.z;
                        }
                }
                else if (acc_diff_norm < acc_best_diff) //方差过大，记为最优状态
                {
                        acc_best_diff = acc_diff_norm;
                        acc_best_avg.x = (acc_avg.x * 0.5f) + (acc_last_average.x * 0.5f);
                        acc_best_avg.y = (acc_avg.y * 0.5f) + (acc_last_average.y * 0.5f);
                        acc_best_avg.z = (acc_avg.z * 0.5f) + (acc_last_average.z * 0.5f);
                }
                acc_last_average.x = acc_avg.x;
                acc_last_average.y = acc_avg.y;
                acc_last_average.z = acc_avg.z;

                if (gyro_diff_norm < 0.1f)    //加速度方差
                {
                        gyro_last_average.x = (gyro_avg.x * 0.5f) + (gyro_last_average.x * 0.5f);
                        gyro_last_average.y = (gyro_avg.y * 0.5f) + (gyro_last_average.y * 0.5f);
                        gyro_last_average.z = (gyro_avg.z * 0.5f) + (gyro_last_average.z * 0.5f);
                        if(!gyro_converged || (sqrtf3(gyro_last_average.x,
                            gyro_last_average.y,gyro_last_average.z) <
                            sqrtf3(new_gyro_offset.x,new_gyro_offset.y,
                            new_gyro_offset.z)))
```

```
                {
                    gyro_converged = true;
                    new_gyro_offset.x = gyro_last_average.x;
                    new_gyro_offset.y = gyro_last_average.y;
                    new_gyro_offset.z = gyro_last_average.z;
                }
            }
            else if (gyro_diff_norm < gyro_best_diff)
            {
                gyro_best_diff = gyro_diff_norm;
                gyro_best_avg.x = (gyro_avg.x * 0.5f) + (gyro_last_average.x * 0.5f);
                gyro_best_avg.y = (gyro_avg.y * 0.5f) + (gyro_last_average.y * 0.5f);
                gyro_best_avg.z = (gyro_avg.z * 0.5f) + (gyro_last_average.z * 0.5f);
            }
            gyro_last_average.x = gyro_avg.x;
            gyro_last_average.y = gyro_avg.y;
            gyro_last_average.z = gyro_avg.z;
        }
    }

if (!acc_converged) {
    W[matrix_index[mpu6050_six.calibration_direction]][0] =
                acc_best_avg.x / mpu6050.resolution;
    W[matrix_index[mpu6050_six.calibration_direction]][1] =
                acc_best_avg.y / mpu6050.resolution;
    W[matrix_index[mpu6050_six.calibration_direction]][2] =
                acc_best_avg.z / mpu6050.resolution;
    W[matrix_index[mpu6050_six.calibration_direction]][3] = 1;
} else {
    W[matrix_index[mpu6050_six.calibration_direction]][0] =
                new_acc_offset.x / mpu6050.resolution;
    W[matrix_index[mpu6050_six.calibration_direction]][1] =
                new_acc_offset.y / mpu6050.resolution;
    W[matrix_index[mpu6050_six.calibration_direction]][2] =
                new_acc_offset.z / mpu6050.resolution;
    W[matrix_index[mpu6050_six.calibration_direction]][3] = 1;
}

if (!gyro_converged) {
    GYRO_W[matrix_index[mpu6050_six.calibration_direction]][0] =
            gyro_best_avg.x / MPU6050_GYRO_LSB * DEG2RAD;
    GYRO_W[matrix_index[mpu6050_six.calibration_direction]][1] =
            gyro_best_avg.y / MPU6050_GYRO_LSB * DEG2RAD;
    GYRO_W[matrix_index[mpu6050_six.calibration_direction]][2] =
            gyro_best_avg.z / MPU6050_GYRO_LSB * DEG2RAD;
    GYRO_W[matrix_index[mpu6050_six.calibration_direction]][3] = 1;
} else {
    GYRO_W[matrix_index[mpu6050_six.calibration_direction]][0] =
```

```
                                new_gyro_offset.x / MPU6050_GYRO_LSB * DEG2RAD;
                        GYRO_W[matrix_index[mpu6050_six.calibration_direction]][1] =
                                new_gyro_offset.y / MPU6050_GYRO_LSB * DEG2RAD;
                        GYRO_W[matrix_index[mpu6050_six.calibration_direction]][2] =
                                new_gyro_offset.z / MPU6050_GYRO_LSB * DEG2RAD;
                        GYRO_W[matrix_index[mpu6050_six.calibration_direction]][3] = 1;
                }

                mpu6050_six.calibration_complete |= (1 <<
                        mpu6050_six.calibration_direction); //该轴校准完成后，状态置位
        }

        if(mpu6050_six.calibration_complete == 0x3F)
        {
            //计算加速计的系数矩阵
            arm_mat_trans_f32(&W_m, &WT_m);
            arm_mat_mult_f32(&WT_m, &W_m, &WTW_m);
            arm_mat_inverse_f32(&WTW_m, &WTW_1_m);
            arm_mat_mult_f32(&WTW_1_m, &WT_m, &WTW_1_WT_m);
            arm_mat_mult_f32(&WTW_1_WT_m, &Y_m, &ACC_X_m);
            Param_SaveAccMatrix(mpu6050_six.ACC_X);
            memcpy(mavlink.mavlink_acc_calibration_matrix.x,
                    mpu6050_six.ACC_X, sizeof(mpu6050_six.ACC_X));
            mavlink.ack[ACC_CALIBRATION_MATRIX] = true;

            //计算陀螺仪的系数矩阵
            GYRO_Matrix(mpu6050_six.GYRO_X, GYRO_W);
            Param_SaveGyroMatrix(mpu6050_six.GYRO_X);
            memcpy(mavlink.mavlink_gyro_calibration_matrix.x,
                    mpu6050_six.GYRO_X, sizeof(mpu6050_six.GYRO_X));
            mavlink.ack[GYRO_CALIBRATION_MATRIX] = true;

            mpu6050.calibration_mode = 0;
            mpu6050.health = true;
        }
        else
        {
            mpu6050_six.calibration_complete = 0;
            mpu6050.health &= Param_TakeAccMatrix(mpu6050_six.ACC_X);
            mpu6050.health &= Param_TakeGyroMatrix(mpu6050_six.GYRO_X);
        }

        mpu6050.calibrating = false;
    }
}
```

（10）更新 MPU 6050 的单轴校准数据和六轴校准数据。完成单轴校准和六轴校准后，保存得到的误差值，通过读取原始值与误差值并进行滑动滤波可得到需要的真实数据。代码

如下：

```
void MPU6050_Update(float dt)
{
    static Vector3i mpu6050_acc_fifo[FILTER_NUM], mpu6050_gyro_fifo[FILTER_NUM];
    static uint8_t index;

    if(!mpu6050.calibrating)
    {
        if(MPU6050_Read(&mpu6050.acc_raw, &mpu6050.gyro_raw))
        {
            //滑动滤波
            mpu6050_acc_fifo[index].x = mpu6050.acc_raw.x - mpu6050.acc_offset.x;
            mpu6050_acc_fifo[index].y = mpu6050.acc_raw.y - mpu6050.acc_offset.y;
            mpu6050_acc_fifo[index].z = mpu6050.acc_raw.z - mpu6050.acc_offset.z;
            mpu6050_gyro_fifo[index].x = mpu6050.gyro_raw.x - mpu6050.gyro_offset.x;
            mpu6050_gyro_fifo[index].y = mpu6050.gyro_raw.y - mpu6050.gyro_offset.y;
            mpu6050_gyro_fifo[index].z = mpu6050.gyro_raw.z - mpu6050.gyro_offset.z;

            if(++index == FILTER_NUM)
                index = 0;
            Vector3l acc_sum = {0}, gyro_sum = {0};
            for(uint8_t i=0; i<FILTER_NUM; i++)
            {
                acc_sum.x += mpu6050_acc_fifo[i].x;
                acc_sum.y += mpu6050_acc_fifo[i].y;
                acc_sum.z += mpu6050_acc_fifo[i].z;
                gyro_sum.x += mpu6050_gyro_fifo[i].x;
                gyro_sum.y += mpu6050_gyro_fifo[i].y;
                gyro_sum.z += mpu6050_gyro_fifo[i].z;
            }

            mpu6050.acc.x += TWO_PI * dt * (acc_sum.x / (float)FILTER_NUM /
                        mpu6050.resolution - mpu6050.acc.x) * 50; //低通延时 20ms
            mpu6050.acc.y += TWO_PI * dt * (acc_sum.y / (float)FILTER_NUM /
                        mpu6050.resolution - mpu6050.acc.y) * 50;
            mpu6050.acc.z += TWO_PI * dt * (acc_sum.z / (float)FILTER_NUM /
                        mpu6050.resolution - mpu6050.acc.z) * 50;

            mpu6050.gyro.x = gyro_sum.x / (float)FILTER_NUM / MPU6050_GYRO_LSB *
                        DEG2RAD;
            mpu6050.gyro.y = gyro_sum.y / (float)FILTER_NUM / MPU6050_GYRO_LSB *
                        DEG2RAD;
            mpu6050.gyro.z = gyro_sum.z / (float)FILTER_NUM / MPU6050_GYRO_LSB *
                        DEG2RAD;
        }
    }
}
```

```c
void MPU6050_Update_With_Six_Side(float dt)
{
    static Vector3i mpu6050_acc_fifo[FILTER_NUM], mpu6050_gyro_fifo[FILTER_NUM];
    static Vector3l acc_sum = {0}, gyro_sum = {0};
    static uint8_t index;

    if(!mpu6050.calibrating)
    {
        if(MPU6050_Read(&mpu6050.acc_raw, &mpu6050.gyro_raw))
        {
            //滑动滤波
            acc_sum.x  -= mpu6050_acc_fifo[index].x;
            acc_sum.y  -= mpu6050_acc_fifo[index].y;
            acc_sum.z  -= mpu6050_acc_fifo[index].z;
            gyro_sum.x -= mpu6050_gyro_fifo[index].x;
            gyro_sum.y -= mpu6050_gyro_fifo[index].y;
            gyro_sum.z -= mpu6050_gyro_fifo[index].z;

            mpu6050_acc_fifo[index].x = mpu6050.acc_raw.x;
            mpu6050_acc_fifo[index].y = mpu6050.acc_raw.y;
            mpu6050_acc_fifo[index].z = mpu6050.acc_raw.z;
            mpu6050_gyro_fifo[index].x = mpu6050.gyro_raw.x;
            mpu6050_gyro_fifo[index].y = mpu6050.gyro_raw.y;
            mpu6050_gyro_fifo[index].z = mpu6050.gyro_raw.z;

            acc_sum.x  += mpu6050_acc_fifo[index].x;
            acc_sum.y  += mpu6050_acc_fifo[index].y;
            acc_sum.z  += mpu6050_acc_fifo[index].z;
            gyro_sum.x += mpu6050_gyro_fifo[index].x;
            gyro_sum.y += mpu6050_gyro_fifo[index].y;
            gyro_sum.z += mpu6050_gyro_fifo[index].z;

            if(++index == FILTER_NUM)
                index = 0;

            float acc_x = acc_sum.x / (float)FILTER_NUM / mpu6050.resolution;
            float acc_y = acc_sum.y / (float)FILTER_NUM / mpu6050.resolution;
            float acc_z = acc_sum.z / (float)FILTER_NUM / mpu6050.resolution;

            mpu6050.acc.x = acc_x * mpu6050_six.ACC_X[0][0] + acc_y *
                    mpu6050_six.ACC_X[1][0] + acc_z * mpu6050_six.ACC_X[2][0] +
                    mpu6050_six.ACC_X[3][0];
            mpu6050.acc.y = acc_x * mpu6050_six.ACC_X[0][1] + acc_y *
                    mpu6050_six.ACC_X[1][1] + acc_z * mpu6050_six.ACC_X[2][1] +
                    mpu6050_six.ACC_X[3][1];
            mpu6050.acc.z = acc_x * mpu6050_six.ACC_X[0][2] + acc_y *
                    mpu6050_six.ACC_X[1][2] + acc_z * mpu6050_six.ACC_X[2][2] +
```

```
                            mpu6050_six.ACC_X[3][2];

            floatgyro_x = gyro_sum.x / (float)FILTER_NUM /
                            MPU6050_GYRO_LSB * DEG2RAD;
            floatgyro_y = gyro_sum.y / (float)FILTER_NUM /
                            MPU6050_GYRO_LSB * DEG2RAD;
            floatgyro_z = gyro_sum.z / (float)FILTER_NUM /
                            MPU6050_GYRO_LSB * DEG2RAD;

            mpu6050.gyro.x = gyro_x * mpu6050_six.GYRO_X[0][0] + gyro_y *
                    mpu6050_six.GYRO_X[1][0] + gyro_z * mpu6050_six.GYRO_X[2][0] +
                    mpu6050_six.GYRO_X[3][0];
            mpu6050.gyro.y = gyro_x * mpu6050_six.GYRO_X[0][1] + gyro_y *
                    mpu6050_six.GYRO_X[1][1] + gyro_z * mpu6050_six.GYRO_X[2][1] +
                    mpu6050_six.GYRO_X[3][1];
            mpu6050.gyro.z = gyro_x * mpu6050_six.GYRO_X[0][2] + gyro_y *
                    mpu6050_six.GYRO_X[1][2] + gyro_z * mpu6050_six.GYRO_X[2][2] +
                    mpu6050_six.GYRO_X[3][2];
        }
    }
}
```

（11）在 bsp_mavlink.c 中添加处理地面站指令的函数，以及在 MAVLink 消息处理函数中添加获取消息类型选项以及无人机当前状态结构体。代码如下：

```
MAV mav = {
    .custom_mode = 0,
    .system_status = MAV_STATE_UNINIT,
    .base_mode =    1 << MAV_CUSTOM_CMD_PWM_ENABLE,
    .althold = 1,
    .headless = 1
};
//处理地面站指令
static void mavlink_handler_command_long_pack_76(mavlink_message_t * msg)
{
    //取消加速计校准
    if(ABSF(((mavlink_command_long_t *)msg->payload64)->param5 - 4) <   FLT_EPSILON)
    {
        MPU6050_Read_Param();
        mpu6050_six.calibration_complete = 0;
        mpu6050.calibrating = false;
    }
    else
    {
        xQueueSendToBack(xMavlinkReceiveQueue, msg, MAVLINK_WAIT);
    }
}

//MAVLink 消息处理
```

```
void mavlink_handler_message(uint8_t msgId, mavlink_message_t* rx_message)
{
    switch(msgId)
    {
        case MAVLINK_MSG_ID_COMMAND_LONG:
            mavlink_handler_command_long_pack_76(rx_message);
        break;
        case MAVLINK_MSG_ID_RESPONSE_SWITCH: //获取消息类型
            response_switch = *(mavlink_response_switch_t *) rx_message->payload64;
        break;
    }
}
```

（12）在 task_mavlink.c 中添加 MPU 6050 的原始值、真实值以及传感器状态的消息帧。
代码如下：

```
void Task_MavLink( void *pvParameters )
{
    static mavlink_message_t msg;
    static bool sending = true;

    uint32_t t_now;
    TickType_t pxPreviousWakeTime = xTaskGetTickCount();

    while(1)
    {
        vTaskDelay(1 / portTICK_RATE_MS );
        if(sending)
            xSemaphoreTake(xMavlinkSendBinarySemaphore, 2000 );
        sending = false;

        t_now = xTaskGetTickCount() * portTICK_RATE_MS;

        if(t_now - mavlink_status.last_receive_time < 2000)
        {
            static uint32_t t_last_msg_26, t_last_msg_26_long, t_last_msg_27,
                    t_last_msg_27_long, t_last_msg_192, t_last_msg_1, t_last_msg_0;
            sending = true;

            if(mavlink.ack[ACC_CALIBRATION_MATRIX]) //加速计的校准矩阵
            {
                mavlink_msg_acc_calibration_matrix_pack(MAVLINK_SYSID,
                        MAVLINK_COMPID, &msg,
                        mavlink.mavlink_acc_calibration_matrix.x);
                mavlink.ack[ACC_CALIBRATION_MATRIX] = false;
            }
            else if(mavlink.ack[GYRO_CALIBRATION_MATRIX]) //陀螺仪的校准矩阵
            {
```

```
        mavlink_msg_gyro_calibration_matrix_pack(MAVLINK_SYSID,
                MAVLINK_COMPID, &msg,
                mavlink.mavlink_gyro_calibration_matrix.x);
        mavlink.ack[GYRO_CALIBRATION_MATRIX] = false;
}
else if(response_switch.status & MAV_RESPONSE_TYPE_SCALED_IMU &&
                t_now - t_last_msg_26 >= MAVLINK_MESSAGE_26)
{
    t_last_msg_26 = t_now;
    mavlink_msg_scaled_imu_pack(MAVLINK_SYSID, MAVLINK_COMPID, &msg,
                t_now, mpu6050.acc.x*G2MG, mpu6050.acc.y*G2MG,
                mpu6050.acc.z*G2MG, mpu6050.gyro.x*RAD2MILLIRAD,
                mpu6050.gyro.y*RAD2MILLIRAD,
                mpu6050.gyro.z*RAD2MILLIRAD,0, 0, 0);
}
else if(response_switch.status & MAV_RESPONSE_TYPE_SCALED_IMU_LONG &&
                t_now - t_last_msg_26_long >= MAVLINK_MESSAGE_26_LONG)
{
    t_last_msg_26_long = t_now;
    mavlink_msg_scaled_imu_pack(MAVLINK_SYSID, MAVLINK_COMPID, &msg,
                t_now, mpu6050.acc.x*G2MG, mpu6050.acc.y*G2MG,
                mpu6050.acc.z*G2MG, mpu6050.gyro.x*RAD2MILLIRAD,
                mpu6050.gyro.y*RAD2MILLIRAD,
                mpu6050.gyro.z*RAD2MILLIRAD, 0, 0, 0);
}
else if(response_switch.status &
        MAV_RESPONSE_TYPE_ATTITUDE_CALIBRATION_REC &&
        t_now - t_last_msg_192 >= MAVLINK_MESSAGE_192)
        //在加速计校准时发送加速计和陀螺仪的校准数据
{
    t_last_msg_192 = t_now;
    mavlink_msg_attitude_calibration_rec_pack(MAVLINK_SYSID,
            MAVLINK_COMPID, &msg, mpu6050_six.calibration_complete,
            mpu6050_six.calibration_direction,
            mpu6050_six.calibration_direction_cnt,
            mpu6050_six.calibration,
            (float)mpu6050_six.acc_raw.x/(float)mpu6050.resolution,
            (float)mpu6050_six.acc_raw.y/(float)mpu6050.resolution,
            (float)mpu6050_six.acc_raw.z/(float)mpu6050.resolution,
            mpu6050_six.gyro_raw.x/MPU6050_GYRO_LSB*DEG2RAD,
            mpu6050_six.gyro_raw.y/MPU6050_GYRO_LSB*DEG2RAD,
            mpu6050_six.gyro_raw.z/MPU6050_GYRO_LSB*DEG2RAD);
}
else if(response_switch.status & MAV_RESPONSE_TYPE_RAW_IMU && t_now -
                t_last_msg_27 >= MAVLINK_MESSAGE_27)
{
    t_last_msg_27 = t_now;
    mavlink_msg_raw_imu_pack(MAVLINK_SYSID, MAVLINK_COMPID, &msg,
```

```
                    t_now, mpu6050.acc_raw.x, mpu6050.acc_raw.y,
                    mpu6050.acc_raw.z, mpu6050.gyro_raw.x,
                    mpu6050.gyro_raw.y, mpu6050.gyro_raw.z,0, 0, 0);
    }
    else if(response_switch.status & MAV_RESPONSE_TYPE_RAW_IMU_LONG &&
                    t_now - t_last_msg_27_long >= MAVLINK_MESSAGE_27_LONG)
    {
        t_last_msg_27_long = t_now;
        mavlink_msg_raw_imu_pack(MAVLINK_SYSID, MAVLINK_COMPID, &msg,
                    t_now, mpu6050.acc_raw.x, mpu6050.acc_raw.y,
                    mpu6050.acc_raw.z, mpu6050.gyro_raw.x,
                    mpu6050.gyro_raw.y, mpu6050.gyro_raw.z, 0, 0, 0);
    }
    else if(response_switch.status & MAV_RESPONSE_TYPE_SYS_STATUS &&
                    t_now - t_last_msg_1 >= MAVLINK_MESSAGE_1)
    {
        t_last_msg_1 = t_now;
        mavlink_msg_sys_status_pack(MAVLINK_SYSID, MAVLINK_COMPID, &msg,
                    (mpu6050.present ? MAV_SYS_STATUS_SENSOR_3D_GYRO : 0) |
                    (mpu6050.present ? MAV_SYS_STATUS_SENSOR_3D_ACCEL : 0),
                    (mpu6050.enabled ? MAV_SYS_STATUS_SENSOR_3D_GYRO : 0) |
                    (mpu6050.enabled ? MAV_SYS_STATUS_SENSOR_3D_ACCEL : 0),
                    (mpu6050.health  ? MAV_SYS_STATUS_SENSOR_3D_GYRO : 0) |
                    (mpu6050.health  ? MAV_SYS_STATUS_SENSOR_3D_ACCEL : 0),
                    0, (uint16_t)(battery.voltage*1000),
                    (int16_t)(battery.current*100), 0,
                    mavlink_status.signal_percent, 0, 0, 0, 0, 0);
    }
    else if(response_switch.status & MAV_RESPONSE_TYPE_HEARTBEAT &&
                    t_now - t_last_msg_0 >= MAVLINK_MESSAGE_0)
    {
        t_last_msg_0 = t_now;
        mavlink_msg_heartbeat_pack(MAVLINK_SYSID, MAVLINK_COMPID, &msg,
                MAV_TYPE_QUADROTOR, MAV_AUTOPILOT_GENERIC, mav.base_mode,
                mav.custom_mode, mav.system_status);
    }
    else
    {
        sending = false;
    }
    if(sending)
    {
        if(mavlink_status.source == MAVLINK_SOURCE_UART)
        {
            mavlink_send_with_dma(&msg);
        }
    }
}
```

```
        else
        {
            mavlink_status.source = MAVLINK_SOURCE_UNKNOWN;
        }
    }
}
```

（13）在 task_init.c 中调用 I2C 总线、EEPROM、MPU 6050 的初始化函数对无人机进行初始化，在 while 循环中添加读取地面站消息的函数，以及用来调用单轴校准数据和六轴校准数据函数。代码如下：

```
void Task_Init(void *pvParameters)
{
    mav.system_status = MAV_STATE_BOOT;              //系统状态切换
    NVIC_PriorityGroupConfig(NVIC_PriorityGroup_4);
    LED_Init();
    Battery_ADC_Init();                              //采集电池的电压、电流信息
    UART3_Init(57600);                               //初始化无线数传模块
    I2C_GPIO_Config();                               //初始化 I2C 总线
    EEPROM_Init();                                   //初始化 EEPROM（必须先初始化 I2C 总线）
    MPU6050_Init();                                  //初始化 MPU 6050
    MAVLINK_DMA_Init();                              //初始化 DMA
    AppTaskCreate();

    mav.system_status = MAV_STATE_STANDBY;           //无人机处于待命状态，随时可以起飞
    mavlink_message_t msg;
    while(1)
    {
        xQueueReceive(xMavlinkReceiveQueue, &msg, portMAX_DELAY);
        mavlink_command_long_t * command_long =
                        (mavlink_command_long_t *)msg.payload64;

        if(mav.system_status != MAV_STATE_STANDBY) //无人机不处于待命状态，拒绝校准指令
        {
            mavlink.mavlink_command_ack.command = command_long->command;
            //临时拒绝
            mavlink.mavlink_command_ack.result = MAV_RESULT_TEMPORARILY_REJECTED;
            mavlink.ack[COMMAND_ACK] = true;
        }
        else
        {
            mavlink.mavlink_command_ack.command = command_long->command;
            //命令被接收
            mavlink.mavlink_command_ack.result = MAV_RESULT_ACCEPTED;
            mavlink.ack[COMMAND_ACK] = true;

            switch(command_long->command)
            {
                //起飞前校准
                case MAV_CMD_PREFLIGHT_CALIBRATION:
```

```
            {
                mav.system_status = MAV_STATE_CALIBRATING; //系统处于校准状态
                if(ABSF(command_long->param1- 1) < FLT_EPSILON)
                {
                    MPU6050_Calibration();
                }
                else if(ABSF(command_long->param5 - 1) < FLT_EPSILON)
                {
                    MPU6050_Calibration_With_Six_Side();
                }
                else if(ABSF(command_long->param5 - 2) < FLT_EPSILON)
                {
                    memcpy(mavlink.mavlink_acc_calibration_matrix.x,
                        mpu6050_six.ACC_X, sizeof(mpu6050_six.ACC_X));
                    mavlink.ack[ACC_CALIBRATION_MATRIX] = true;
                }
                else if(ABSF(command_long->param5 - 3) < FLT_EPSILON)
                {
                    memcpy(mavlink.mavlink_gyro_calibration_matrix.x,
                        mpu6050_six.GYRO_X, sizeof(mpu6050_six.GYRO_X));
                    mavlink.ack[GYRO_CALIBRATION_MATRIX] = true;
                }
                mav.system_status = MAV_STATE_STANDBY;     //随时可以起飞
                break;
            }
            case MAV_CMD_USER_2:
            {
                if(ABSF(command_long->param1- 1) < FLT_EPSILON)
                {
                    memset(mpu6050_six.ACC_X, 0, sizeof(mpu6050_six.ACC_X));
                    Param_SaveAccMatrix(mpu6050_six.ACC_X);
                    MPU6050_Read_Param();
                }
                else if(ABSF(command_long->param2- 1) < FLT_EPSILON)
                {
                    memset(mpu6050_six.GYRO_X, 0, sizeof(mpu6050_six.GYRO_X));
                    Param_SaveGyroMatrix(mpu6050_six.GYRO_X);
                    MPU6050_Read_Param();
                }
                break;
            }
        }
    }
  }
}
```

（14）在 task_2ms.c 中调用更新单轴校准数据和六轴校准数据的函数。代码如下：

```
void Task_2ms(void *pvParameters)
{
    float dt;
```

```
TickType_t pxPreviousWakeTime = xTaskGetTickCount();
TickType_t last_time = pxPreviousWakeTime;
while(1)
{
    vTaskDelayUntil(&pxPreviousWakeTime, 2 / portTICK_RATE_MS );
    dt = (pxPreviousWakeTime - last_time) * portTICK_RATE_MS * MS2S;
    last_time = pxPreviousWakeTime;

    if(mpu6050.calibration_mode)
        { MPU6050_Update(dt); }     //更新单轴校准数据
    else
        { MPU6050_Update_With_Six_Side(dt); } //     //更新六轴校准数据
}
}
```

说明：具体细节请参考本书附带的代码。

4.2.3　运行结果

将编译生成的程序下载到"光标"飞控系统中，在地面站软件中选择 COM 口后，可以看到加速计和陀螺仪的数据在实时更新，如图 4-7 所示。加速度可用来计算速度和位置，同时可与角速度共同计算角度，从而实现对无人机的控制。

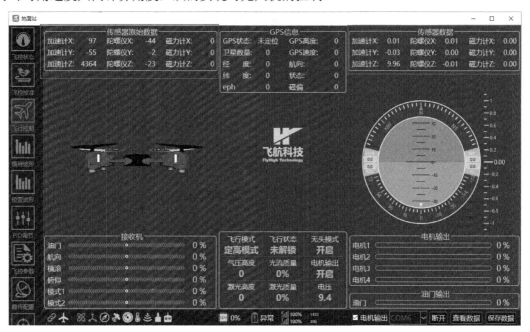

图 4-7　加速计和陀螺仪的数据

●●●●● 练习

（1）简述 MPU 6050 运行原理。
（2）简述 MPU 6050 实现过程。

4.3 磁力计的开发

●●●●● **学习目标**

学习 QMC5883L 传感器的工作原理和初始化方法,通过数据输出寄存器获取 QMC5883L
传感器的数据,掌握 QMC5883L 传感器在实际项目中的使用,实现磁感应强度的测量。

4.3.1 开发原理

通过磁力计获取的磁感应强度,可以计算出无人机的航向角。QMC5883L 传感器是一款
多芯片三轴磁力计,可满足无人机、机器人、移动和个人手持设备中的导航和游戏等高精度
应用的需求。

QMC5883L 传感器(见图 4-8)具有低噪声、高精度、低功耗、失调消除和温度补偿等
优点,可实现 1°～2° 的航向精度。

图 4-8　QMC5883L 传感器

QMC5883L 传感器的内部结构如图 4-9 所示,图中,SCL 和 SDA 用于连接 MCU 的 I2C
总线接口,MCU 是通过 I2C 总线接口来控制 QMC5883L 传感器的。向 QMC5883L 传感器
写数据的地址是 0x1a,从 QMC5883L 传感器读数据的地址是 0x1b。

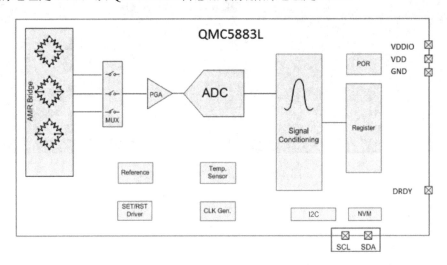

图 4-9　QMC5883L 传感器的内部结构

接下来介绍 QMC5883L 传感器的寄存器。

（1）SET/RESET 周期寄存器如表 4-9 所示，其地址为 0x0B。

表 4-9　SET/RESET 周期寄存器

寄存器的十六进制地址	寄存器的十进制地址	Bit7	Bit6	Bit5	Bit4	Bit3	Bit2	Bit1	Bit0
0B	11	FBR[7:0]							

（2）控制寄存器 1 如表 4-10 所示，其地址为 0x09。

表 4-10　控制寄存器 1

寄存器的十六进制地址	寄存器的十进制地址	Bit7	Bit6	Bit5	Bit4	Bit3	Bit2	Bit1	Bit0
09	09	OSR[1:0]		RNG[1:0]		ODR[1:0]		MODE[1:0]	

其中，MODE[1:0]用于模式控制，00 表示待命模式，01 表示连续模式，10 和 11 为保留设置；ODR[1:0]用于设置输出数据的频率，00 表示 10 Hz，01 表示 50 Hz，10 表示 100 Hz，11 表示 200 Hz；RNG[1:0]用于设置满量程范围，00 表示±2g，01 表示±8g，10 和 11 为保留设置；OSR[1:0]用于设置过采样频率，00 表示 512 Hz，01 表示 256 Hz，10 表示 128 Hz，11 表示 64 Hz。本书采用连续模式，输出数据的频率是 200 Hz，满量程范围为±2g，过采样频率为 512 Hz。

在这里设置模式是连续模式，输出数据率为 200 Hz，满刻度为±2g，过采样频率为 512 Hz。

（3）数据输出寄存器如表 4-11 所示，其地址为 0x00～0x05。

表 4-11　数据输出寄存器

寄存器的十六进制地址	寄存器的十进制地址	Bit7	Bit6	Bit5	Bit4	Bit3	Bit2	Bit1	Bit0
00	0	XOUT[7:0]							
01	1	XOUT[15:8]							
02	2	YOUT[7:0]							
03	3	YOUT[15:8]							
04	4	ZOUT[7:0]							
05	5	ZOUT[15:8]							

数据输出寄存器以连续测量的方式存储磁力计每个轴的测量数据。在连续测量模式下，根据控制寄存器 1 中设置的数据输出速率定期更新数据输出寄存器。通过 I2C 总线读取数据输出寄存器中的内容。磁力计的每个轴的测量数据都 16 bit 的，输出的数据范围为-32768～32767。

由于 QMC5883L 传感器的校准计算量特别大，因此需要连接地面站软件和 QMC5883L 传感器，将 QMC5883L 传感器采集到的原始数据通用 MAVLink 协议传输到地面站软件，通过地面站软件计算比例系数、偏移量，并将计算结果存储在"光标"飞控系统的 EEPROM 中。

4.3.2　开发步骤

（1）查看 QMC5883L 传感器的电路原理图（见图 4-10）可知，QMC5883L 传感器连接在 I2C2 总线接口上，GPIO 端口对应的引脚是 PB10 和 PB11。

（2）在 I2C 总线通信的基础上编写 QMC5883L 传感器的驱动程序，请参考 MPU 6050 的驱动程序（详见 4.2.2 节），这不再赘述。

（3）定义读/写单字节数据，以及读多字节数据的函数。新建文件 bsp_qmc5883l.c 和 bsp_qmc5883l，并将其添加到工程目录 BSP 中，在 bsp_qmc5883l.c 中实现读/写单字节数据，以及读多字节数据的函数。代码如下：

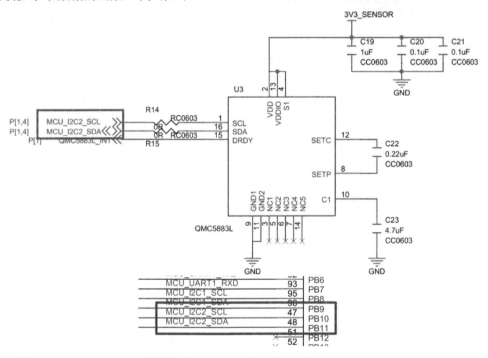

图 4-10　飞控系统电路原理图

```
/* 向 QMC5883L 传感器写入单字节数据
 * REG_Address：要写入的寄存器地址
 * REG_data：要写入的数据
 */
bool QMC5883L_Write_Byte(uint8_t REG_Address, uint8_t REG_data)
{
    return I2C_Write_REG(I2C_QMC5883L, QMC5583l_ADDR, REG_Address, REG_data);
}

/* 从 QMC5883L 传感器读取单字节的数据
 * REG_Address：要读取的寄存器地址
 */
uint8_t QMC5883L_Read_Byte(uint8_t REG_Address)
{
```

```
        return I2C_Read_REG(I2C_QMC5883L, QMC5583l_ADDR, REG_Address);
}


/* 从 QMC5883L 传感器读取多字节的数据
 * REG_Address：要读取的寄存器地址
 * buf：保存读取到的多字节数据的缓存
 * len：要读取的数据长度
 */
bool QMC5883L_Read_NByte(uint8_t REG_Address, uint8_t * buf, uint8_t len)
{
  if(!I2C_Start(I2C_QMC5883L))return false;
    I2C_SendByte(I2C_QMC5883L, QMC5583l_ADDR);     //发送设备地址和写信号
    if(!I2C_WaitAck(I2C_QMC5883L)){I2C_Stop(I2C_QMC5883L); return false;}
    I2C_SendByte(I2C_QMC5883L, REG_Address);
    I2C_WaitAck(I2C_QMC5883L);
    I2C_Start(I2C_QMC5883L);
    I2C_SendByte(I2C_QMC5883L, QMC5583l_ADDR | 1); //读操作
    I2C_WaitAck(I2C_QMC5883L);
    for(uint16_t i=0; i<len; i++)
    {
        buf[i] = I2C_RadeByte(I2C_QMC5883L);
        I2C_Ack(I2C_QMC5883L);
    }
    I2C_NoAck(I2C_QMC5883L);
    I2C_Stop(I2C_QMC5883L);
    return true;
}
```

（4）初始化 QMC5883L 传感器并配置相应的参数。在 bsp_qmc5883l.c 中创建 QMC5883L_Init()函数，在该函数中分别配置 SET/RESET 周期寄存器和控制寄存器 1，并判断 QMC5883L 传感器是否处于连续模式，在连续模式下采集数据。代码如下：

```
//初始化 QMC5883L 传感器，数据输出频率为 200 Hz，调用周期应大于 5 ms
void QMC5883L_Init(void)
{
    static uint8_t data, count=0;
    qmc5883l.enabled = true;
    I2C_QMC5883L = I2C_2;
    do
    {
        vTaskDelay(5/portTICK_RATE_MS);
        QMC5883L_Write_Byte(QMC58X3_R_RESET, 0x01);     //复位
        vTaskDelay(5/portTICK_RATE_MS);
        data = QMC5883L_Read_Byte(QMC58X3_R_RESET);
    } while(data != 0x01 && count++ < 200);
    vTaskDelay(100/portTICK_RATE_MS);
    do
    {
```

```
        vTaskDelay(5/portTICK_RATE_MS);
        QMC5883L_Write_Byte(QMC58X3_R_MODE1, 0x0d);        //配置控制寄存器 1
        vTaskDelay(5/portTICK_RATE_MS);
        data = QMC5883L_Read_Byte(QMC58X3_R_MODE1);
    } while(data != 0x0d && count++ < 200);

    if(count >= 200)                                        //硬件已损坏
    {
        qmc5883l.present = false;
        qmc5883l.health = false;
    }
    else
    {
        vTaskDelay(500/portTICK_RATE_MS);                   //等待初始化完成

        //discard 100 samples to let the sensor settle
        for(uint8_t i=0; i<100; i++)
        {
            if(QMC5883L_Read_Byte(QMC58X3_R_READY) & 0x1)
            {
                QMC5883L_Read(&qmc5883l.mag_raw);
            }
            vTaskDelay(10 / portTICK_RATE_MS);
        }

        qmc5883l.health &= Param_TakeMagMatrix(qmc5883l.MAG_X);
    }
    qmc5883l.calibrating = false;
}
```

（5）在 bsp_qmc5883l.c 中添加 QMC5883L_Read()函数，用来读取 QMC5883L 传感器的原始数据。代码如下：

```
/* 读取 QMC5883L 传感器的原始数据 */
bool QMC5883L_Read(Vector3i* mag)
{
    QMC5883L_Read_NByte(QMC58X3_R_XL, qmc5883l_buffer, 6);
    mag->x = qmc5883l_buffer[1] << 8 | qmc5883l_buffer[0];
    mag->y = qmc5883l_buffer[3] << 8 | qmc5883l_buffer[2];
    mag->z = qmc5883l_buffer[5] << 8 | qmc5883l_buffer[4];

    return (!(mag->x==0 && mag->y==0 && mag->z==0) &&
            (mag->x<QMC5583l_MAX && mag->y<QMC5583l_MAX &&
            mag->z<QMC5583l_MAX) && ( mag->x>QMC5583l_MIN &&
            mag->y>QMC5583l_MIN && mag->z>QMC5583l_MIN));
}
```

（6）在 bsp_qmc5883l.c 添加 QMC5883L_Calibration()函数，通过改变 qmc5883l.calibrating 的值来实现校准。代码如下：

```
void QMC5883L_Calibration()
{
    qmc5883l.calibrating = true;
}
```

（7）在 bsp_qmc5883l.c 创建 QMC5883L 传感器的数据更新函数和校准参数获取函数，首先将采集到的原始数据发送到地面站软件，然后在地面站软件中进行计算，最后将计算结果发送到"光标"飞控系统，并存储在 EEPROM 中。代码如下：

```
//更新 QMC5883L 传感器的数据
void QMC5883L_Update(void)
{
    if(QMC5883L_Read_Byte(QMC58X3_R_READY) & 0x1)        //数据已准备好
    {
        if(QMC5883L_Read(&qmc5883l.mag_raw))
        {
            if(!qmc5883l.calibrating)
            {
                float MOSx = qmc5883l.mag_raw.x / 12000.f - qmc5883l.MAG_X[3][0];
                float MOSy = qmc5883l.mag_raw.y / 12000.f - qmc5883l.MAG_X[3][1];
                float MOSz = qmc5883l.mag_raw.z / 12000.f - qmc5883l.MAG_X[3][2];
                qmc5883l.mag.x = MOSx * qmc5883l.MAG_X[0][0] + MOSy *
                                 qmc5883l.MAG_X[0][1] + MOSz *
                                 qmc5883l.MAG_X[0][2];
                qmc5883l.mag.y = MOSx * qmc5883l.MAG_X[1][0] + MOSy *
                                 qmc5883l.MAG_X[1][1] + MOSz *
                                 qmc5883l.MAG_X[1][2];
                qmc5883l.mag.z = MOSx * qmc5883l.MAG_X[2][0] + MOSy *
                                 qmc5883l.MAG_X[2][1] + MOSz *
                                 qmc5883l.MAG_X[2][2];
            }
        }
    }
}

//更新 QMC5883L 传感器的校准参数
void QMC5883L_Update_Param(float param[4][3])
{
    memcpy(qmc5883l.MAG_X, param, 3*4*4);
    Param_SaveMagMatrix(qmc5883l.MAG_X);
    qmc5883l.health = true;
}
```

（8）在 bsp_mavlink.c 中添加 MAVLink 协议消息处理函数以及地面站指令处理函数。代码如下：

```
//地面站指令的处理
static void mavlink_handler_command_long_pack_76(mavlink_message_t * msg)
```

```
{
    //取消加速计校准
    if(ABSF(((mavlink_command_long_t *)msg->payload64)->param5 - 4) <   FLT_EPSILON)
    {
        MPU6050_Read_Param();
        mpu6050_six.calibration_complete = 0;
        mpu6050.calibrating = false;
    }
    else if(ABSF(((mavlink_command_long_t *)msg->payload64)->param2 - 3) <
                    FLT_EPSILON)              //取消或完成 QMC5883L 传感器校准
    {
        qmc5883l.calibrating = false;
    }
    else
    {
        xQueueSendToBack(xMavlinkReceiveQueue, msg, MAVLINK_WAIT);
    }
}

//MAVLink 协议消息的处理
void mavlink_handler_message(uint8_t msgId, mavlink_message_t* rx_message)
{
    switch(msgId)
    {
        case MAVLINK_MSG_ID_COMMAND_LONG:              //指令
            mavlink_handler_command_long_pack_76(rx_message);
            break;
        case MAVLINK_MSG_ID_RESPONSE_SWITCH:              //获取消息类型
            response_switch = *(mavlink_response_switch_t *) rx_message->payload64;
            break;
        case MAVLINK_MSG_ID_MAG_CALIBRATION_MATRIX: //设置 QMC5883L 传感器的校准
                                                     //矩阵
            QMC5883L_Update_Param((float(*)[3])((mavlink_mag_calibration_matrix_t
                            *)rx_message->payload64)->x);
            break;
    }
}
```

（9）在 task_mavlink.c 发送 QMC5883L 传感器的原始数据、校准后数据和传感器状态。
代码如下：

```
void Task_MavLink( void *pvParameters )
{
    static mavlink_message_t msg;
    static bool sending = true;

    uint32_t t_now;
    TickType_t pxPreviousWakeTime = xTaskGetTickCount();
```

```
while(1)
{
    vTaskDelay(1 / portTICK_RATE_MS );
    if(sending)
        xSemaphoreTake(xMavlinkSendBinarySemaphore, 2000 );

    sending = false;

    t_now = xTaskGetTickCount() * portTICK_RATE_MS;

    if(t_now - mavlink_status.last_receive_time < 2000)
    {
        static uint32_t t_last_msg_26, t_last_msg_26_long, t_last_msg_27,
                t_last_msg_27_long, t_last_msg_192, t_last_msg_1, t_last_msg_0;

        sending = true;
        if(mavlink.ack[ACC_CALIBRATION_MATRIX]) //加速计的校准矩阵
        {
            mavlink_msg_acc_calibration_matrix_pack(MAVLINK_SYSID,
                            MAVLINK_COMPID, &msg,
                            mavlink.mavlink_acc_calibration_matrix.x);
            mavlink.ack[ACC_CALIBRATION_MATRIX] = false;
        }
        else if(mavlink.ack[GYRO_CALIBRATION_MATRIX]) //陀螺仪的校准矩阵
        {
            mavlink_msg_gyro_calibration_matrix_pack(MAVLINK_SYSID,
                            MAVLINK_COMPID, &msg,
                            mavlink.mavlink_gyro_calibration_matrix.x);
            mavlink.ack[GYRO_CALIBRATION_MATRIX] = false;
        }
        else if(mavlink.ack[MAG_CALIBRATION_MATRIX])   //QMC5883L 传感器的校准矩阵
        {
            mavlink_msg_mag_calibration_matrix_pack(MAVLINK_SYSID,
                            MAVLINK_COMPID, &msg,
                            mavlink.mavlink_mag_calibration_matrix.x);
            mavlink.ack[MAG_CALIBRATION_MATRIX] = false;
        }
        else if(response_switch.status & MAV_RESPONSE_TYPE_SCALED_IMU &&
                            t_now - t_last_msg_26 >= MAVLINK_MESSAGE_26)
        {
            t_last_msg_26 = t_now;
            mavlink_msg_scaled_imu_pack(MAVLINK_SYSID, MAVLINK_COMPID,
                                &msg, t_now, mpu6050.acc.x*G2MG,
                                mpu6050.acc.y*G2MG, mpu6050.acc.z*G2MG,
                                mpu6050.gyro.x*RAD2MILLIRAD,
                                mpu6050.gyro.y*RAD2MILLIRAD,
                                mpu6050.gyro.z*RAD2MILLIRAD,
```

```
                                      qmc5883l.mag.x*GS2MGS,
                                      qmc5883l.mag.y*GS2MGS,
                                      qmc5883l.mag.z*GS2MGS);
    }
    else if(response_switch.status & MAV_RESPONSE_TYPE_SCALED_IMU_LONG &&
            t_now - t_last_msg_26_long >= MAVLINK_MESSAGE_26_LONG)
    {
        t_last_msg_26_long = t_now;
        mavlink_msg_scaled_imu_pack(MAVLINK_SYSID, MAVLINK_COMPID,
                                &msg, t_now, mpu6050.acc.x*G2MG,
                                mpu6050.acc.y*G2MG, mpu6050.acc.z*G2MG,
                                mpu6050.gyro.x*RAD2MILLIRAD,
                                mpu6050.gyro.y*RAD2MILLIRAD,
                                mpu6050.gyro.z*RAD2MILLIRAD,
                                qmc5883l.mag.x*GS2MGS,
                                qmc5883l.mag.y*GS2MGS,
                                qmc5883l.mag.z*GS2MGS);
    }
    else if(response_switch.status &
            MAV_RESPONSE_TYPE_ATTITUDE_CALIBRATION_REC && t_now -
            t_last_msg_192 >= MAVLINK_MESSAGE_192)
    {
        t_last_msg_192 = t_now;
        mavlink_msg_attitude_calibration_rec_pack(MAVLINK_SYSID,
                MAVLINK_COMPID, &msg,
                mpu6050_six.calibration_complete,
                mpu6050_six.calibration_direction,
                mpu6050_six.calibration_direction_cnt,
                mpu6050_six.calibration,
                (float)mpu6050_six.acc_raw.x/(float)mpu6050.resolution,
                (float)mpu6050_six.acc_raw.y/(float)mpu6050.resolution,
                (float)mpu6050_six.acc_raw.z/(float)mpu6050.resolution,
                mpu6050_six.gyro_raw.x/MPU6050_GYRO_LSB*DEG2RAD,
                mpu6050_six.gyro_raw.y/MPU6050_GYRO_LSB*DEG2RAD,
                mpu6050_six.gyro_raw.z/MPU6050_GYRO_LSB*DEG2RAD);
    }
    else if(response_switch.status & MAV_RESPONSE_TYPE_RAW_IMU && t_now -
            t_last_msg_27 >= MAVLINK_MESSAGE_27)
    {
        t_last_msg_27 = t_now;
        mavlink_msg_raw_imu_pack(MAVLINK_SYSID, MAVLINK_COMPID, &msg,
                    t_now, mpu6050.acc_raw.x, mpu6050.acc_raw.y,
                    mpu6050.acc_raw.z, mpu6050.gyro_raw.x,
                    mpu6050.gyro_raw.y, mpu6050.gyro_raw.z,
                    qmc5883l.mag_raw.x*GS2MGS/QMC5583l_GAIN,
                    qmc5883l.mag_raw.y*GS2MGS/QMC5583l_GAIN,
                    qmc5883l.mag_raw.z*GS2MGS/QMC5583l_GAIN);
    }
```

```
        else if(response_switch.status & MAV_RESPONSE_TYPE_RAW_IMU_LONG &&
              t_now - t_last_msg_27_long >= MAVLINK_MESSAGE_27_LONG)
        {
            t_last_msg_27_long = t_now;
            mavlink_msg_raw_imu_pack(MAVLINK_SYSID, MAVLINK_COMPID,
                              &msg, t_now, mpu6050.acc_raw.x,
                              mpu6050.acc_raw.y, mpu6050.acc_raw.z,
                              mpu6050.gyro_raw.x, mpu6050.gyro_raw.y,
                              mpu6050.gyro_raw.z,
                              qmc5883l.mag_raw.x*GS2MGS/QMC5883l_GAIN,
                              qmc5883l.mag_raw.y*GS2MGS/QMC5883l_GAIN,
                              qmc5883l.mag_raw.z*GS2MGS/QMC5883l_GAIN);
        }
        else if(response_switch.status & MAV_RESPONSE_TYPE_SYS_STATUS &&
              t_now - t_last_msg_1 >= MAVLINK_MESSAGE_1)
        {
            t_last_msg_1 = t_now;
            mavlink_msg_sys_status_pack(MAVLINK_SYSID, MAVLINK_COMPID, &msg,
                    (qmc5883l.present ? MAV_SYS_STATUS_SENSOR_3D_MAG : 0) |
                    (mpu6050.present ? MAV_SYS_STATUS_SENSOR_3D_GYRO : 0) |
                    (mpu6050.present ? MAV_SYS_STATUS_SENSOR_3D_ACCEL : 0),
                    (qmc5883l.enabled ? MAV_SYS_STATUS_SENSOR_3D_MAG : 0) |
                    (mpu6050.enabled ? MAV_SYS_STATUS_SENSOR_3D_GYRO : 0) |
                    (mpu6050.enabled ? MAV_SYS_STATUS_SENSOR_3D_ACCEL : 0),
                    (qmc5883l.health  ? MAV_SYS_STATUS_SENSOR_3D_MAG : 0) |
                    (mpu6050.health   ? MAV_SYS_STATUS_SENSOR_3D_GYRO : 0) |
                    (mpu6050.health   ? MAV_SYS_STATUS_SENSOR_3D_ACCEL : 0),
                     0, (uint16_t)(battery.voltage*1000),
                    (int16_t)(battery.current*100), 0,
                    mavlink_status.signal_percent, 0, 0, 0, 0, 0);
                    //battery.voltage*10 为电压
        }
        else if(response_switch.status & MAV_RESPONSE_TYPE_HEARTBEAT && t_now –
              t_last_msg_0 >= MAVLINK_MESSAGE_0) //心跳包  1000ms
        {
            t_last_msg_0 = t_now;
            mavlink_msg_heartbeat_pack(MAVLINK_SYSID, MAVLINK_COMPID, &msg,
                      MAV_TYPE_QUADROTOR, MAV_AUTOPILOT_GENERIC,
                      mav.base_mode, mav.custom_mode, mav.system_status);
        }
        else
        {
            sending = false;
        }
        if(sending)
        {
            if(mavlink_status.source == MAVLINK_SOURCE_UART)
            {
```

```
                    mavlink_send_with_dma(&msg);
                }
            }
        }
        else
        {
            mavlink_status.source = MAVLINK_SOURCE_UNKNOWN;
        }
    }
}
```

（10）在 task_init.c 的 Task_Init()函数中调用初始化 QMC5883L 传感器的函数，在 while 循环中的接收地面站消息部分添加校准 QMC5883L 传感器的函数。代码如下：

```
void Task_Init(void *pvParameters)
{
    mav.system_status = MAV_STATE_BOOT;        //系统状态切换
    NVIC_PriorityGroupConfig(NVIC_PriorityGroup_4);
    LED_Init();                                //初始化 LED
    Battery_ADC_Init();                        //采集电池的电压、电流
    UART3_Init(57600);                         //初始化无线数传模块
    I2C_GPIO_Config();                         //初始化 I2C 总线模块
    EEPROM_Init();                             //初始化 EEPROM
    MPU6050_Init();                            //初始化 MPU 6050 的校准参数
    QMC5883L_Init();                           //初始化 QMC5883L 传感器的校准参数
    MAVLINK_DMA_Init();                        //初始化 DMA
    AppTaskCreate();
    mav.system_status = MAV_STATE_STANDBY;             //处于待命状态，随时可以起飞
    mavlink_message_t msg;
    while(1)
    {
        xQueueReceive(xMavlinkReceiveQueue, &msg, portMAX_DELAY);
        mavlink_command_long_t * command_long = (mavlink_command_long_t*) msg.payload64;

        if(mav.system_status != MAV_STATE_STANDBY)   //不处于待命状态，拒绝校准指令
        {
            mavlink.mavlink_command_ack.command = command_long->command;
            //临时拒绝
            mavlink.mavlink_command_ack.result = MAV_RESULT_TEMPORARILY_REJECTED;
            mavlink.ack[COMMAND_ACK] = true;
        }
        else
        {
            mavlink.mavlink_command_ack.command = command_long->command;
            mavlink.mavlink_command_ack.result = MAV_RESULT_ACCEPTED;    //命令被接收
            mavlink.ack[COMMAND_ACK] = true;
            switch(command_long->command)
            {
                //起飞前校准
```

```
                case MAV_CMD_PREFLIGHT_CALIBRATION:
                {
                    mav.system_status = MAV_STATE_CALIBRATING; //系统状态切换
                    if(ABSF(command_long->param1- 1) < FLT_EPSILON)
                    {
                        MPU6050_Calibration();
                    }
                    else if(ABSF(command_long->param2 - 1) < FLT_EPSILON)
                    {
                        QMC5883L_Calibration();
                    }
                    mav.system_status = MAV_STATE_STANDBY;   //处于待命状态，随时可以起飞
                    break;
                }
                case MAV_CMD_USER_2:
                {
                    if(ABSF(command_long->param1- 1)  < FLT_EPSILON)
                    {
                        memset(mpu6050_six.ACC_X, 0, sizeof(mpu6050_six.ACC_X));
                        Param_SaveAccMatrix(mpu6050_six.ACC_X);
                        MPU6050_Read_Param();
                    }
                    else if(ABSF(command_long->param2- 1)   < FLT_EPSILON)
                    {
                        memset(mpu6050_six.GYRO_X, 0, sizeof(mpu6050_six.GYRO_X));
                        Param_SaveGyroMatrix(mpu6050_six.GYRO_X);
                        MPU6050_Read_Param();
                    }
                    else if(ABSF(command_long->param2 - 2) < FLT_EPSILON)
                    {
                        memcpy(mavlink.mavlink_mag_calibration_matrix.x,
                                qmc5883l.MAG_X, sizeof(qmc5883l.MAG_X));
                        mavlink.ack[MAG_CALIBRATION_MATRIX] = true;
                    }
                    break;
                }
            }
        }
    }
}
```

（11）在 task_10ms()函数中调用 QMC5883L 传感器的数据更新函数。代码如下：

```
void Task_10ms(void *pvParameters)
{
    TickType_t pxPreviousWakeTime = xTaskGetTickCount();
    while(1)
    {
        vTaskDelayUntil(&pxPreviousWakeTime, 10 / portTICK_RATE_MS );
```

```
            QMC5883L_Update();          //更新 QMC5883L 传感器的数据
    }
}
```

说明：具体细节请参考本书附带的代码。

4.3.3　运行结果

将编译生成的程序下载到"光标"飞控系统中，打开地面站软件并选择 COM 端口，可以看到 QMC5883L 传感器数据在实时更新，如图 4-11 所示。通过 QMC5883L 传感器测量磁感应强度，可以计算出无人机的航向角度。

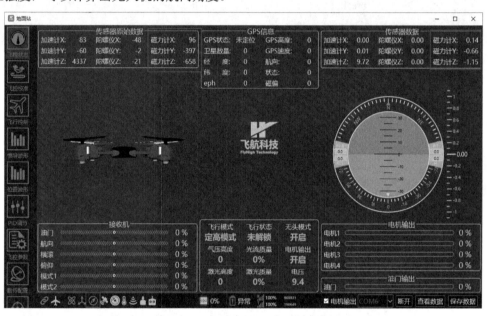

图 4-11　QMC5883L 传感器的数据

●●●●● 练习

（1）简述 QMC5833L 传感器的工作原理。

（2）简述 QMC5883L 传感器测量磁感应强度的过程。

4.4 气压计的开发

气压计的开发

●●●●● 学习目标

学习 MS5611 气压传感器（气压计）的工作原理和初始化方法，使用 SPI 总线接口读取 MS5611 气压传感器的数据、计算比例系数和偏移量并进行存储，掌握 MS5611 气压传感器在实际项目中的应用，实现无人机高度的测量。

4.4.1　开发原理

使用气压计可准确估计无人机的上升与下降速度，用于实现对无人机的高度控制。

MS5611 气压传感器是由瑞士 MEAS 公司推出的一款具有 SPI 和 I2C 总线接口的高分辨率气压传感器，分辨率可达到 10 cm。该传感器包括一个高线性度的压力传感器和一个超低功耗的 24 位 Σ 型模/数转换器（工厂校准系数）。MS5611 气压传感器提供了一个精确的 24 位数字压力值和温度值，以及不同的操作模式，可以提高转换速度并优化功耗，可以连接大多数 MCU。MS5611 气压传感器的尺寸较小，可以集成在移动设备中。这款传感器采用 MEMS 技术，具有高稳定性和非常小的压力信号延时。

MS5611 气压传感器的最大工作范围如表 4-12 所示。

表 4-12　MS5611 气压传感器的最大工作范围

参　　数	符　　号	条　　件	最 小 值	典 型 值	最 大 值
电源电压	U_{DD}	—	−0.3 V	—	4 V
最大压强值	P_{max}	—	—	—	6 bar（1 bar=100 kPa）
最大焊接温度	T_{max}	最长连续焊接 40 s	—	—	250℃

MS5611 气压传感器的电气特性如表 4-13 所示。

表 4-13　MS5611 气压传感器的电气特性

参　　数	符　　号	条　　件	最 小 值	典 型 值	最 大 值
工作电压	V_{DD}	—	1.8 V	3 V	3.6 V
工作温度	T	—	−40℃	25℃	85℃
工作电流	I_{DD}	过采样频率为 4096 Hz	—	12.5 μA	
		过采样频率为 2048 Hz	—	6.3 μA	
		过采样频率为 1024 Hz	—	3.2 μA	
		过采样频率为 512 Hz	—	1.7 μA	
		过采样频率为 256 Hz	—	0.9 μA	
工作电压对地电容	—	—	—	100 nF	—

MS5611 气压传感器中的 ADC 参数如表 4-14 所示。

表 4-14　MS5611 气压传感器中的 ADC 参数

参　　数	符　　号	条　　件	最 小 值	典 型 值	最 大 值
输出字长/bit	—	—	—	24	—
转换时间/ms	t_c	过采样频率为 4096 Hz	7.40	8.22	9.04
		过采样频率为 2048 Hz	3.72	4.13	4.54
		过采样频率为 1024 Hz	1.88	2.08	2.28
		过采样频率为 512 Hz	0.95	1.06	1.17
		过采样频率为 256 Hz	0.48	0.54	0.60

4.4.2　开发步骤

（1）查看 MS5611 气压传感器的电路原理图（见图 4-12）可知，该传感器使用 SPI 总线与 MCU 连接，对应的引脚为 PE8、PA5、PA6 与 PA7。

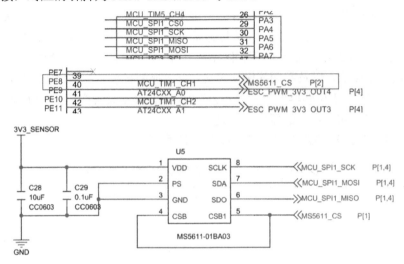

图 4-12　飞控系统电路原理图

（2）在 SPI 总线通信的基础上编写 MS5611 气压传感器的驱动程序，在 bsp_spi.c 编写 SPI1_ReadWriteByte()函数。代码如下：

```
//通过 SPI 读/写 1 B 的数据
uint8_t SPI1_ReadWriteByte(uint8_t Data)
{
    uint8_t retry=0;
    while (SPI_I2S_GetFlagStatus(SPI1, SPI_I2S_FLAG_TXE) == RESET)
    {
        if(retry++>200)
        { spi_lost++; return 0xFF;}
    } //发送缓存标志位为空
    SPI_I2S_SendData(SPI1, Data);          //通过 SPI1 发送数据
    retry=0;
    while (SPI_I2S_GetFlagStatus(SPI1, SPI_I2S_FLAG_RXNE) == RESET)
    {
        if(retry++>200)
        { spi_lost++; return 0xFF;}
    } //接收缓存标志位不为空
    return SPI_I2S_ReceiveData(SPI1);       //通过 SPI1 接收数据
}
```

（3）新建文件 bsp_ms5611.c 和 bsp_ms5611.h，并将其添加到工程中。在文件 bsp_ms5611.c 中编写读/写寄存器，以及连续读/写数据的函数。代码如下：

```
//向 MS5611 气压传感器的寄存器写数据
static void MS5611_Write_Byte(uint8_t REG_Address, uint8_t REG_data)
```

```
{
    MS5611_CS(0);                               //使能 SPI 总线
    SPI1_ReadWriteByte(REG_Address);            //发送寄存器地址
    SPI1_ReadWriteByte(REG_data);               //写入寄存器的数据
    MS5611_CS(1);                               //禁止 SPI 总线
}

//从 MS5611 气压传感器的寄存器读数据
uint8_t MS5611_Read_Byte(uint8_t REG_Address)
{
    MS5611_CS(0);                               //使能 SPI 总线
    SPI1_ReadWriteByte(REG_Address);            //发送寄存器地址
    uint8_t REG_data = SPI1_ReadWriteByte(0);   //读取寄存器中的数据
    MS5611_CS(1);                               //禁止 SPI 总线
    return REG_data;                            //返回状态值
}

//连续向 MS5611 气压传感器的寄存器写入数据
void MS5611_Write_NByte(uint8_t REG_Address, uint8_t * buf, uint8_t len)
{
    MS5611_CS(0);                               //使能 SPI 总线
    SPI1_ReadWriteByte(REG_Address);            //发送寄存器地址,并读取状态值
    for(uint8_t count=0; count<len; count++)
        SPI1_ReadWriteByte(*buf++);             //写入数据
    MS5611_CS(1);                               //禁止 SPI 总线
}

//连续从 MS5611 气压传感器的寄存器读取数据
static void MS5611_Read_NByte(uint8_t REG_Address, uint8_t * buf, uint8_t len)
{
    MS5611_CS(0);                               //使能 SPI 总线
    SPI1_ReadWriteByte(REG_Address);            //发送寄存器地址,并读取状态值
    for(uint8_t count=0; count<len; count++)
        buf[count] = SPI1_ReadWriteByte(0);     //读出数据
    MS5611_CS(1);                               //禁止 SPI 总线
}
```

（4）在 bsp_ms5611.c 中编写复位 MS5611 气压传感器的函数。代码如下：

```
//复位 MS5611 气压传感器
static inline void MS5611_Reset(void)
{
    MS5611_Write_Byte(CMD_RESET, 1);
}
```

（5）在 bsp_ms5611.c 中编写读取 MS5611 气压传感器校准数据的函数。代码如下：

```
//读取 MS5611 气压传感器校准数据
static void MS5611_Read_Prom(void)
{
```

```
        uint8_t buffer[2] = { 0, 0 };
        for (uint8_t i=0; i<PROM_CNT; i++)
        {
            MS5611_Read_NByte(CMD_PROM_RD + i * 2, buffer, 2);
            ms5611.C[i] = ((uint16_t)buffer[0]) << 8 | buffer[1];
        }
    }
```

（6）在 bsp_ms5611.c 中编写 MS5611 气压传感器的数据滤波函数。代码如下：

```
const static float b_baro_pressure[3] = {0.01335920002786, 0.02671840005571, 0.01335920002786};
const static float a_baro_pressure[3] = {1, -1.647459981077, 0.7008967811884};
float LPButter_BaroAlt(float curr_input)
{
    static float input[3];
    static float output[3];

    //获取最新 x(n)
    input[2] = curr_input;

    //Butterworth 滤波
    output[2] = b_baro_pressure[0] * input[2] +
                b_baro_pressure[1] * input[1] +
                b_baro_pressure[2] * input[0] −
                a_baro_pressure[1] * output[1] −
                a_baro_pressure[2] * output[0];
    //保存 x(n)序列
    input[0] = input[1];
    input[1] = input[2];

    //保存 y(n)序列
    output[0] = output[1];
    output[1] = output[2];

    return output[2];
}
```

（7）在 bsp_ms5611.c 中编写将 ADC 的值转换为物理量的函数，并计算高度。代码如下：

```
//将 ADC 的值转换为物理量
static void MS5611_Calculate_Pressure(void)
{
    static int32_t _TEMP;
    static int64_t _OFF;
    static int64_t _SENS;

    uint32_t D2 = (T_buf[0] << 16) | (T_buf[1] << 8) | T_buf[2];
    uint32_t D1 = (P_buf[0] << 16) | (P_buf[1] << 8) | P_buf[2];

    /* temperature offset (in ADC units) */
    int32_t dT = (int32_t)D2 - ((int32_t)ms5611.C[5] << 8);
```

```c
    _TEMP = 2000 + (((int64_t)dT * ms5611.C[6]) >> 23);


    _OFF = ((int64_t)ms5611.C[2] << 16) + (((int64_t)dT * ms5611.C[4]) >> 7);
    _SENS = ((int64_t)ms5611.C[1] << 15) + (((int64_t)dT * ms5611.C[3]) >> 8);

    /* MS5611 temperature compensation */
    if (_TEMP < 2000)    //temperature lower than 20degC
    {
        int32_t T2 = ((int64_t)dT * (int64_t)dT) >> 31;

        int64_t f = ((int64_t)_TEMP - 2000) *   ((int64_t)_TEMP - 2000);
        int64_t OFF2 = 5 * f >> 1;
        int64_t SENS2 = 5 * f >> 2;
        if (_TEMP < -1500)
        { //temperature lower than -15degC
            int64_t f2 = ((int64_t)_TEMP + 1500) * ((int64_t)_TEMP + 1500);
            OFF2 += 7 * f2;
            SENS2 += 11 * f2 >> 1;
        }
        _TEMP -= T2;
        _OFF    -= OFF2;
        _SENS -= SENS2;
    }
    /* pressure calculation, result in Pa */
    ms5611.pressure = ((((int64_t)D1 * _SENS) >> 21) - _OFF) >> 15;
    ms5611.temperature = _TEMP;
}
static void MS5611_Calculate_Altitube(void)
{

    static TickType_t last_time;
    TickType_t time = xTaskGetTickCount();
    float dt = (time - last_time) * portTICK_RATE_MS * MS2S;
    last_time = time;


    /*
     * Solve:
     *
     *       /           -(aR / g)    \
     *    | (p / p1)              . T1 | - T1
     *       \                    /
     * h = -------------------------------   + h1
     *                   a
     */
    ms5611.altitube_raw = (((powf((ms5611.pressure / _msl_pressure),
                    (-(a * R) / g))) * T1) - T1) / a;              //根据气压计算高度
    ms5611.altitube = LPButter_BaroAlt(ms5611.altitube_raw);
    ms5611.speed = (ms5611.altitube - ms5611.last_altitube) / dt;      //计算气压计速度
```

```
        ms5611.last_altitube = ms5611.altitube;
        ms5611.update = true;
    }
```

（8）在 bsp_ms5611.c 中编写 MS5611 气压传感器的初始化函数、数据更新函数、CRC
校验函数。代码如下：

```
//MS5611 气压传感器的初始化函数
void MS5611_Init(void)
{
    MS5611_Reset(); //复位
    vTaskDelay(10/portTICK_RATE_MS);
    MS5611_Read_Prom();
    MS5611_Check();
    ms5611.enabled = true;
    ms5611.present = true;
}

//MS5611 气压传感器的数据更新函数
void MS5611_Update()
{
    MS5611_Write_Byte(CMD_ADC_CONV | CMD_ADC_D2 | CMD_ADC_4096, 1);   //开始温度转换
    vTaskDelay(10/portTICK_RATE_MS);                //等待转换完成
    MS5611_Read_NByte(CMD_ADC_READ,T_buf, 3);       //读取转换的温度
    MS5611_Write_Byte(CMD_ADC_CONV | CMD_ADC_D1 | CMD_ADC_4096, 1); //开始气压转换
    vTaskDelay(10/portTICK_RATE_MS);                //等待转换完成
    MS5611_Read_NByte(CMD_ADC_READ,P_buf, 3);       //读取转换的气压
    MS5611_Calculate_Pressure();                    //计算气压值
    MS5611_Calculate_Altitube();                    //计算高度

    //计算 MS5611 气压传感器的高度偏移
    if(!mav.arm)
    {
        ms5611.altitube_offset = ms5611.altitube;
    }
}

//CRC 校验，成功返回 true
static bool ms5611_crc(uint16_t *prom)
{
    int32_t i, j;
    uint32_t res = 0;
    uint8_t zero = 1;
    uint8_t crc = prom[7] & 0xF;
    prom[7] &= 0xFF00;
    for (i = 0; i < 8; i++) {
        if (prom[i] != 0)
        zero = 0;
    }
```

```
        if (zero)
            return false;
        for (i = 0; i < 16; i++) {
            if (i & 1)
                res ^= ((prom[i >> 1]) & 0x00FF);
            else
                res ^= (prom[i >> 1] >> 8);
            for (j = 8; j > 0; j--) {
                if (res & 0x8000)
                res ^= 0x1800;
                res <<= 1;
            }
        }
        prom[7] |= crc;
        if (crc == ((res >> 12) & 0xF))
        return true;

        return false;
}


void MS5611_Check()
{
    ms5611.health = ms5611_crc(ms5611.C);
}
```

（9）在 task_init.c 中调用 MS5611 气压传感器的初始化函数。部分代码如下：

```
void Task_Init(void *pvParameters)
{
    mav.system_status = MAV_STATE_BOOT;     //系统状态切换
    NVIC_PriorityGroupConfig(NVIC_PriorityGroup_4);
    LED_Init();                 //初始化 LED
    Battery_ADC_Init();         //采集电池的电压、电流数据
    UART3_Init(57600);          //初始化无线数传模块
    I2C_GPIO_Config();          //初始化 I2C 总线
    SPI1_Init();                //初始化 SPI 总线
    EEPROM_Init();              //初始化 EEPROM
    MPU6050_Init();             //初始化 MPU 6050
    QMC5883L_Init();            //初始化 QMC5883L
    MS5611_Init();              //初始化 MS5611
    …
}
```

（10）在 task_mavlink.c 中向地面站软件发送 MS5611 气压传感器是否存在的函数。部分
代码如下：

```
if(response_switch.status & MAV_RESPONSE_TYPE_SENSOR_QUALITY &&
            t_now - t_last_msg_154 >= MAVLINK_MESSAGE_154)
            //气压高度、激光高度、融合后高度、光流质量、激光质量
    {
```

```
        t_last_msg_154 = t_now;
        mavlink_msg_sensor_quality_pack(MAVLINK_SYSID, MAVLINK_COMPID,
                                        &msg, ms5611.altitube, 0, 0, 0, 0);
    }
    else if(response_switch.status & MAV_RESPONSE_TYPE_SYS_STATUS &&
            t_now - t_last_msg_1 >= MAVLINK_MESSAGE_1) //电池
    {

        t_last_msg_1 = t_now;
        mavlink_msg_sys_status_pack(MAVLINK_SYSID, MAVLINK_COMPID, &msg,
            (qmc5883l.present ? MAV_SYS_STATUS_SENSOR_3D_MAG : 0) |
            (mpu6050.present ? MAV_SYS_STATUS_SENSOR_3D_GYRO : 0) |
            (mpu6050.present ? MAV_SYS_STATUS_SENSOR_3D_ACCEL : 0 |
            (ms5611.present ? MAV_SYS_STATUS_SENSOR_ABSOLUTE_PRESSURE : 0)),
            (qmc5883l.enabled ? MAV_SYS_STATUS_SENSOR_3D_MAG : 0) |
            (mpu6050.enabled ? MAV_SYS_STATUS_SENSOR_3D_GYRO : 0) |
            (mpu6050.enabled ? MAV_SYS_STATUS_SENSOR_3D_ACCEL : 0 |
            (ms5611.enabled ? MAV_SYS_STATUS_SENSOR_ABSOLUTE_PRESSURE : 0)),
            (qmc5883l.health  ? MAV_SYS_STATUS_SENSOR_3D_MAG : 0) |
            (mpu6050.health   ? MAV_SYS_STATUS_SENSOR_3D_GYRO : 0) |
            (mpu6050.health   ? MAV_SYS_STATUS_SENSOR_3D_ACCEL : 0 |
            (ms5611.health    ? MAV_SYS_STATUS_SENSOR_ABSOLUTE_PRESSURE : 0)),
            0, (uint16_t)(battery.voltage*1000),
            (int16_t)(battery.current*100), 0,
            mavlink_status.signal_percent, 0, 0, 0, 0, 0);
            //battery.voltage*10 为电压 V
    }
```

（11）在 task_30ms.c 中调用 MS5611 气压传感器的数据更新函数。代码如下：

```
void Task_30ms(void *pvParameters)
{
    TickType_t pxPreviousWakeTime = xTaskGetTickCount();
    while(1)
    {
        vTaskDelayUntil(&pxPreviousWakeTime, 30 / portTICK_RATE_MS );
        //更新高度数据
        if(ms5611.enabled)
        {
            MS5611_Update();
        }
    }
}
```

说明：具体细节请参考本书附带的代码。

4.4.3　运行结果

将编译生成的程序下载到"光标"飞控系统中，连接地面站软件和"光标"飞控系统后，可以看到地面站软件界面左下角的气压计标志变为蓝色，以及气压高度的实时变化，如图 4-13 所示。本节实现了无人机的高度测量，根据气压高度可以准确估计无人机的上升与下降速度，实现无人机的高度控制。

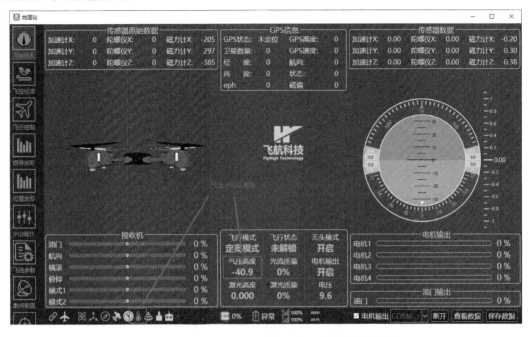

图 4-13　气压计标志变为蓝色和气压高度的实时变化

●●●●● 练习

（1）简述 MS5611 气压传感器的工作原理。
（2）简述通过 MS5611 气压传感器测量高度的过程。

4.5 光流模块的开发

光流模块的开发

●●●●● 学习目标

通过 USART 读取光流模块的数据并进行校验计算，实现无人机的定高控制与定点控制。

4.5.1　开发原理

光流模块可以测量水平偏移位置和垂直高度，可用来实现无人机的定高控制与定点控制。

意法半导体（ST）公司的 VL53L1X（见图 4-14）是一款先进的飞行时间（ToF）激光测距传感器。作为市场上最快的微型 ToF 激光测距传感器之一，其快速测距的频率高达 50 Hz，测距精度可达 4 m。VL53L1X 采用微型、可回流焊封装，集成了一个单光子雪崩二极管（SPAD）接收阵列、一个 940 nm 的不可见激光 1 类发射器、物理红外滤波器和光学器件，可在各种环境照明条件（搭配各种盖片选项）下实现最佳的测距性能。

　　VL53L1X 可以很容易地集成到其他设备中,能够隐藏在各种覆盖窗口材料和颜色后面。与传统的红外传感器不同,VL53L1X 采用 ST 公司最新一代的 ToF 技术,无论目标颜色和反射率如何,都可以进行绝对距离测量,还可以对接收阵列上的兴趣区域(ROI)大小进行编程,从而减小传感器全视野(FoV)。

图 4-14　VL53L1X 传感器

VL53L1X 系统由 VL53L1X 模块和运行在该模块上的驱动程序组成,如图 4-15 所示。

图 4-15　VL53L1X 系统的结构

　　PMW3901 是一款高精度低功耗的光学追踪传感器,可以在内部计算光流,并计算每帧图像之间的像素差,实现对地高度的测量,可以看成一个跟踪传感器。

　　本书的光流模块一般包括 VL53L1X 传感器和 PMW3901 传感器。

4.5.2　开发步骤

　　(1)查看光流模块的电路原理图(见图 4-16)可知,该模块通过 USART4 与 MCU 相连,连接在 MCU 的 PC10 和 PC11 引脚上。

图 4-16　光流模块的电路原理图

　　(2)创建 bsp_opflow.c 和 bsp_opflow.h,将 bsp_opflow.c 添加到工程目录中,并在 bsp_opflow.c 中添加 OPFLOW(光流)模块的串口 DMA 初始化函数。代码如下:

```
//OPFLOW 模块的串口 DMA 初始化函数
void OPFLOW_Init(void)
{
    opflow.enabled = true;
    laser.enabled = true;

    RCC_AHB1PeriphClockCmd(RCC_AHB1Periph_DMA1, ENABLE);
```

```
/* DMA1 Stream2 Configuration */
DMA_DeInit(DMA1_Stream2);
DMA_InitTypeDef DMA_InitStruct_RX;
DMA_InitStruct_RX.DMA_Channel = DMA_Channel_4;
DMA_InitStruct_RX.DMA_PeripheralBaseAddr = (uint32_t)&UART4->DR;
DMA_InitStruct_RX.DMA_Memory0BaseAddr = (uint32_t)&OPFLOW_RxBuf[0];
DMA_InitStruct_RX.DMA_DIR = DMA_DIR_PeripheralToMemory;
DMA_InitStruct_RX.DMA_BufferSize = sizeof(OPFLOW_RxBuf);
DMA_InitStruct_RX.DMA_PeripheralInc = DMA_PeripheralInc_Disable;
DMA_InitStruct_RX.DMA_MemoryInc = DMA_MemoryInc_Enable;
DMA_InitStruct_RX.DMA_PeripheralDataSize = DMA_PeripheralDataSize_Byte;
DMA_InitStruct_RX.DMA_MemoryDataSize = DMA_MemoryDataSize_Byte;
DMA_InitStruct_RX.DMA_Mode = DMA_Mode_Circular;
DMA_InitStruct_RX.DMA_Priority = DMA_Priority_High;
DMA_InitStruct_RX.DMA_FIFOMode = DMA_FIFOMode_Disable;
DMA_InitStruct_RX.DMA_FIFOThreshold = DMA_FIFOThreshold_Full;
DMA_InitStruct_RX.DMA_MemoryBurst = DMA_MemoryBurst_Single;
DMA_InitStruct_RX.DMA_PeripheralBurst = DMA_PeripheralBurst_Single;
DMA_Init(DMA1_Stream2, &DMA_InitStruct_RX);
USART_DMACmd(UART4, USART_DMAReq_Rx , ENABLE);
DMA_Cmd(DMA1_Stream2, ENABLE);

USART_Cmd(UART4, ENABLE);
}
```

（3）在 bsp_opflow.c 中添加解析 OPFLOW 模块数据帧中字符的函数和数据更新函数。代码如下：

```
//解析 OPFLOW 模块数据帧中字符的函数
static bool OPFLOW_ParseChar(uint8_t ch, OPFLOW_MODULE_DATA* opflow_data)
{
    static uint8_t len;          //接收到的数据长度
    static uint8_t crc = 0;      //校验位

    switch(opflow_status)
    {
        case STATUS_OPFLOW_BEGIN:
            if(ch == 0xFE)
            {
                opflow_status = STATUS_OPFLOW_DATA;
                len = 0;
                crc = 0;
            }
        break;
        case STATUS_OPFLOW_DATA:
            ((uint8_t*)opflow_data)[len++] = ch;
            crc ^= ch;
            if(len == sizeof(OPFLOW_MODULE_DATA))
```

```c
                {
                    opflow_status = STATUS_OPFLOW_CRC;
                }
            break;
            case STATUS_OPFLOW_CRC:
                if(ch == crc)
                {
                    opflow_status = STATUS_OPFLOW_BEGIN;
                    return true;
                }
                else if(ch == 0xFE)
                {
                    opflow_status = STATUS_OPFLOW_DATA;
                    len = 0;
                    crc = 0;
                }
                else
                {
                    opflow_status = STATUS_OPFLOW_BEGIN;
                }
            break;
        }
    return false;
}
//OPFLOW 模块的数据更新函数
bool OPFLOW_Parse(void)
{
    static OPFLOW_MODULE_DATA opflow_data;

    bool result = false;

    if(laser.enabled)
    {
        laser.lost = LIMIT(laser.lost+1, 0, MAX_LOST);        //每 10ms 加 1
        if(laser.lost == MAX_LOST)    laser.health = false;
    }

    if(opflow.enabled)
    {
        opflow.lost = LIMIT(opflow.lost+1, 0, MAX_LOST);
        if(opflow.lost == MAX_LOST)      opflow.health = false;
    }

    if(laser.enabled || opflow.enabled)
    {
        while(parse_index != sizeof(OPFLOW_RxBuf) - DMA1_Stream2->NDTR)
        {
            result = OPFLOW_ParseChar(OPFLOW_RxBuf[parse_index], &opflow_data);
```

```
                    if(result)                      //理想情况每 10ms 解析成功一次
                    {
                        if(laser.enabled)
                        {
                            laser.lost = 0;
                            laser.health = opflow_data.s & LASER_STATUS;
                            laser.update = opflow_data.s & LASER_UPDATE;
                            if(laser.health && laser.update)
                            {
                                laser.squal = opflow_data.vs;
                                laser.distance = opflow_data.z * 0.001f;
                            }
                        }
                        if(opflow.enabled)
                        {
                            opflow.lost = 0;
                            opflow.health = (opflow_data.s & OPFLOW_STATUS) && laser.health;
                            opflow.update = opflow_data.s & OPFLOW_UPDATE;
                            if(opflow.health && opflow.update)
                            {
                                opflow.squal = opflow_data.os;
                                //OPFLOW_Handler(opflow_data.x, opflow_data.y);
                            }
                        }
                    }
                    if(++parse_index == sizeof(OPFLOW_RxBuf))
                    {
                        parse_index = 0;
                    }
                }
            }
        return result;
}
```

（4）在 task_init.c 中引用光流模块的初始化函数。代码如下：

```
void Task_Init(void *pvParameters)
{
    mav.system_status = MAV_STATE_BOOT;           //系统状态切换
    vTaskDelay(3000 / portTICK_RATE_MS);          //待系统稳定后初始化
    NVIC_PriorityGroupConfig(NVIC_PriorityGroup_4);
    LED_Init();                    //初始化 LED
    Battery_ADC_Init();            //采集电池的电压、电流数据
    UART3_Init(57600);             //初始化无线数传模块
    UART4_Init(115200);            //初始化 USART
    I2C_GPIO_Config();             //初始化 I2C 总线模块
    SPI1_Init();                   //初始化 SPI 总线模块
    EEPROM_Init();                 //初始化 EEPROM
    MPU6050_Init();                //初始化 MPU 6050 的校准参数
```

```
        QMC5883L_Init();                    //初始化 QMC5883L 的校准参数
        MS5611_Init();                      //初始化气压计
        OPFLOW_Init();                      //初始化光流模块
        …
    }
```

（5）在 task_2ms.c 中引用解析光流模块数据函数。代码如下：

```
void Task_2ms(void *pvParameters)
{
    float dt;
    TickType_t pxPreviousWakeTime = xTaskGetTickCount();
    TickType_t last_time = pxPreviousWakeTime;
    while(1)
    {
        vTaskDelayUntil(&pxPreviousWakeTime, 2 / portTICK_RATE_MS );
        dt = (pxPreviousWakeTime - last_time) * portTICK_RATE_MS * MS2S;
        last_time = pxPreviousWakeTime;

        if(mpu6050.calibration_mode)
        { MPU6050_Update(dt); }                    //更新 MPU 6050 数据（单轴校准）
        else
        { MPU6050_Update_With_Six_Side(dt); }      //更新 MPU 6050 数据（六轴校准）

        OPFLOW_Parse(); //解析光流模块数据
    }
}
```

（6）在 task_mavlink.c 中添加光流模块数据更新函数。代码如下：

```
else if(response_switch.status & MAV_RESPONSE_TYPE_SENSOR_QUALITY &&
        t_now - t_last_msg_154 >= MAVLINK_MESSAGE_154)
        //气压高度、激光高度、融合后高度、光流质量、激光质量
{
    t_last_msg_154 = t_now;
    mavlink_msg_sensor_quality_pack(MAVLINK_SYSID, MAVLINK_COMPID, &msg,
                            ms5611.altitube, laser.distance, 0,
                            opflow.squal, laser.squal);
}
else if(response_switch.status & MAV_RESPONSE_TYPE_SYS_STATUS &&
        t_now - t_last_msg_1 >= MAVLINK_MESSAGE_1) //电池
{
    t_last_msg_1 = t_now;
    mavlink_msg_sys_status_pack(MAVLINK_SYSID, MAVLINK_COMPID, &msg,
            (qmc5883l.present ? MAV_SYS_STATUS_SENSOR_3D_MAG : 0) |
            (mpu6050.present ? MAV_SYS_STATUS_SENSOR_3D_GYRO : 0) |
            (mpu6050.present ? MAV_SYS_STATUS_SENSOR_3D_ACCEL : 0) |
            (ms5611.present ? MAV_SYS_STATUS_SENSOR_ABSOLUTE_PRESSURE : 0) |
            (laser.present ? MAV_SYS_STATUS_SENSOR_LASER_POSITION : 0) |
            (opflow.present ? MAV_SYS_STATUS_SENSOR_OPTICAL_FLOW : 0),
```

```
(qmc5883l.enabled ? MAV_SYS_STATUS_SENSOR_3D_MAG : 0) |
(mpu6050.enabled ? MAV_SYS_STATUS_SENSOR_3D_GYRO : 0) |
(mpu6050.enabled ? MAV_SYS_STATUS_SENSOR_3D_ACCEL : 0) |
(ms5611.enabled ? MAV_SYS_STATUS_SENSOR_ABSOLUTE_PRESSURE : 0) |
(laser.enabled ? MAV_SYS_STATUS_SENSOR_LASER_POSITION : 0) |
(opflow.enabled ? MAV_SYS_STATUS_SENSOR_OPTICAL_FLOW : 0),
(qmc5883l.health  ? MAV_SYS_STATUS_SENSOR_3D_MAG : 0) |
(mpu6050.health   ? MAV_SYS_STATUS_SENSOR_3D_GYRO : 0) |
(mpu6050.health   ? MAV_SYS_STATUS_SENSOR_3D_ACCEL : 0) |
(ms5611.health    ? MAV_SYS_STATUS_SENSOR_ABSOLUTE_PRESSURE : 0) |
(laser.health     ? MAV_SYS_STATUS_SENSOR_LASER_POSITION : 0) |
(opflow.health    ? MAV_SYS_STATUS_SENSOR_OPTICAL_FLOW : 0),
 0, (uint16_t)(battery.voltage*1000),
(int16_t)(battery.current*100), 0,
 mavlink_status.signal_percent, 0, 0, 0, 0, 0);
 //battery.voltage*10 为电压 V
}
```

（7）将编译生成的程序下载到"光标"飞控系统。

说明：具体细节请参考本书附带的代码。

4.5.3　运行结果

将编译生成的程序下载到"光标"飞控系统，连接"光标"飞控系统和装有地面站软件的计算机后，可在地面站软件中看到光流模块的标志变成蓝色，并且可以看到激光高度、激光质量和光流质量等数据，如图 4-17 所示。通过光流获取的数据，可以计算出无人机的水平偏移位置和垂直高度，实现无人机的定高控制和定点控制。

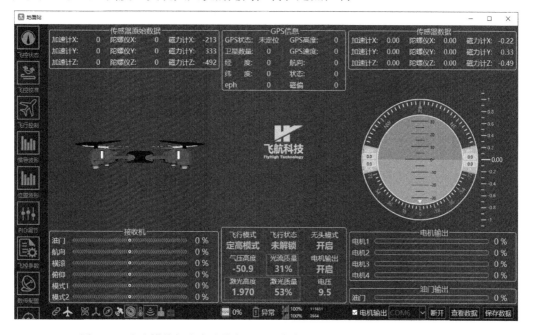

图 4-17　光流模块标志变成蓝色和激光高度、激光质量和光流质量等数据

●●●●● 练习

（1）简述光流模块的工作原理。

（2）简述光流模块的数据解析过程。

4.6 遥控输入的控制

遥控输入的控制

●●●●● 学习目标

熟悉飞控系统的遥控接收机输入接口信号的采集方法，能够采集多路遥控信号，实现无人机遥控输入的控制。

4.6.1 开发原理

无人机遥控器主要控制无人机的飞行，相关的开发原理详见 2.3.1 节。遥控器发送的是PWM 信号，接收机接收到该信号后交由 MCU 处理。本书使用定时器 TIM3 的TIM_Channel_1、TIM_Channel_2、TIM_Channel_3、TIM_Channel_4 和定时器 TIM4 的TIM_Channel_1、TIM_Channel_2、TIM_Channel_3、TIM_Channel_4 来捕获接收机的通道 1～8 通道的 PWM 信号，数组 Rc_PWMCount 用来存储通道的高电平时间，如 Rc_PWMCount[0] 用来存储 TIM_Channel_1 捕获到的 PWM 信号的高电平时间。

遥控接收机与"光标"飞控系统的连接如图 4-18 所示。

图 4-18　遥控接收机与"光标"飞控系统

4.6.2 开发步骤

（1）查看遥控接收机的电路原理图（见图 4-19），可以看到输入捕获相对应的引脚。

P[4]	TRANSFER_PWM_3V3_IN3		MCU_TIM3_CH3	35
P[4]	TRANSFER_PWM_3V3_IN4		MCU_TIM3_CH4	36
				37
			MCU_TIM2_CH2	89
P[4]	TRANSFER_PWM_3V3_IN10		MCU_TIM3_CH1	90
P[4]	TRANSFER_PWM_3V3_IN1		MCU_TIM3_CH2	91
P[4]	TRANSFER_PWM_3V3_IN2		MCU_UART1_TXD	92
P[4]	MCU_UART1_TXD			

PD11	59	MCU_TIM4_CH1		
PD12	60	MCU_TIM4_CH2	TRANSFER_PWM_3V3_IN8	P[4]
PD13	61	MCU_TIM4_CH3	TRANSFER_PWM_3V3_IN7	P[4]
PD14	62	MCU_TIM4_CH4	TRANSFER_PWM_3V3_IN6	P[4]
PD15			TRANSFER_PWM_3V3_IN5	P[4]

图 4-19　遥控接收机的电路原理图

（2）创建 bsp_rc.c 和 bsp_rc.h，并将 bsp_rc.c 添加到工程目录中。3.5.2 节已经介绍过输入捕获的初始化过程了，这里不再赘述，仅给出 PWM 输入捕获函数。代码如下：

```
/*******************************PWM 输入捕获  *******************************/
static uint16_t LAST_CAPTURE_RISING_VAL[CHANNEL_MAX];   //最后一次捕获到上升沿时的计数值
static uint16_t LAST_CAPTURE_FALLING_VAL[CHANNEL_MAX]; //最后一次捕获到下降沿时的计数值
//定时器 3 的中断服务程序
void TIM3_IRQHandler(void)
{
    if(TIM_GetITStatus(TIM3, TIM_IT_CC1) != RESET)         //通道 1 发生的捕获事件
    {
        TIM_ClearITPendingBit(TIM3, TIM_IT_CC1);          //清除通道 1 的中断标志位
        if(GPIOB->IDR & GPIO_Pin_4)                       //标记捕获到了上升沿
        {
            //记录最后一次上升沿时的计数值
            LAST_CAPTURE_RISING_VAL[0] = TIM_GetCapture1(TIM3);
        }
        else
        {
            //记录最后一次下降沿时的计数值
            LAST_CAPTURE_FALLING_VAL[0] = TIM_GetCapture1(TIM3);
            //判断计时器是否溢出
            if(LAST_CAPTURE_FALLING_VAL[0] < LAST_CAPTURE_RISING_VAL[0])
            {
                //得到总的高电平时间
                Rc_PWMCount[0] = LAST_CAPTURE_FALLING_VAL[0] –
                                    LAST_CAPTURE_RISING_VAL[0] + 0xFFFF +1 ;
            }
            else
            {
                Rc_PWMCount[0] = LAST_CAPTURE_FALLING_VAL[0] –
                                    LAST_CAPTURE_RISING_VAL[0];
            }
            CAPTURE_STA |= 1<<0;
        }
    }
    if(TIM_GetITStatus(TIM3, TIM_IT_CC2) != RESET)         //通道 2 发生的捕获事件
    {
        TIM_ClearITPendingBit(TIM3, TIM_IT_CC2);          //清除通道 2 的中断标志位
        if(GPIOB->IDR & GPIO_Pin_5)                       //标记捕获到了上升沿
        {
            LAST_CAPTURE_RISING_VAL[1] = TIM_GetCapture2(TIM3);
        }
        else
        {
            LAST_CAPTURE_FALLING_VAL[1] = TIM_GetCapture2(TIM3);
            if(LAST_CAPTURE_FALLING_VAL[1] < LAST_CAPTURE_RISING_VAL[1])
            {
```

```c
            Rc_PWMCount[1] = LAST_CAPTURE_FALLING_VAL[1] –
                             LAST_CAPTURE_RISING_VAL[1] + 0xFFFF +1 ;
        }
        else
        {
            Rc_PWMCount[1] = LAST_CAPTURE_FALLING_VAL[1] –
                             LAST_CAPTURE_RISING_VAL[1];
        }
        CAPTURE_STA |= 1<<1;
    }
}
if(TIM_GetITStatus(TIM3, TIM_IT_CC3) != RESET)        //通道 3 发生的捕获事件
{
    TIM_ClearITPendingBit(TIM3, TIM_IT_CC3);          //清除通道 3 的中断标志位
    if(GPIOB->IDR & GPIO_Pin_0)                       //标记捕获到了上升沿
    {
        LAST_CAPTURE_RISING_VAL[2] = TIM_GetCapture3(TIM3);
    }
    else
    {
        LAST_CAPTURE_FALLING_VAL[2] = TIM_GetCapture3(TIM3);
        if(LAST_CAPTURE_FALLING_VAL[2] < LAST_CAPTURE_RISING_VAL[2])
        {
            Rc_PWMCount[2] = LAST_CAPTURE_FALLING_VAL[2] –
                             LAST_CAPTURE_RISING_VAL[2] + 0xFFFF +1 ;
        }
        else
        {
            Rc_PWMCount[2] = LAST_CAPTURE_FALLING_VAL[2] –
                             LAST_CAPTURE_RISING_VAL[2];
        }
        CAPTURE_STA |= 1<<2;
    }
}
if(TIM_GetITStatus(TIM3, TIM_IT_CC4) != RESET)        //通道 4 发生的捕获事件
{
    TIM_ClearITPendingBit(TIM3, TIM_IT_CC4);          //清除 4 通道的中断标志位
    if(GPIOB->IDR & GPIO_Pin_1)                       //标记捕获到了上升沿
    {
        LAST_CAPTURE_RISING_VAL[3] = TIM_GetCapture4(TIM3);
    }
    else
    {
        LAST_CAPTURE_FALLING_VAL[3] = TIM_GetCapture4(TIM3);
        if(LAST_CAPTURE_FALLING_VAL[3] < LAST_CAPTURE_RISING_VAL[3])
        {
            Rc_PWMCount[3] = LAST_CAPTURE_FALLING_VAL[3] –
                             LAST_CAPTURE_RISING_VAL[3] + 0xFFFF +1 ;
```

```
        }
        else
        {
            Rc_PWMCount[3] = LAST_CAPTURE_FALLING_VAL[3] –
                            LAST_CAPTURE_RISING_VAL[3];
        }
        CAPTURE_STA |= 1<<3;
        }
    }
}

//定时器 4 的中断服务程序
void TIM4_IRQHandler(void)
{
    if(TIM_GetITStatus(TIM4, TIM_IT_CC4) != RESET)          //通道 4 发生的捕获事件
    {
        TIM_ClearITPendingBit(TIM4, TIM_IT_CC4);           //清除 4 通道的中断标志位
        if(GPIOD->IDR & GPIO_Pin_15)                        //标记捕获到了上升沿
        {
            LAST_CAPTURE_RISING_VAL[4] = TIM_GetCapture4(TIM4);
        }
        else
        {
            LAST_CAPTURE_FALLING_VAL[4] = TIM_GetCapture4(TIM4);
            if(LAST_CAPTURE_FALLING_VAL[4] < LAST_CAPTURE_RISING_VAL[4])
            {
                Rc_PWMCount[4] = LAST_CAPTURE_FALLING_VAL[4] –
                                LAST_CAPTURE_RISING_VAL[4] + 0xFFFF +1 ;
            }
            else
            {
                Rc_PWMCount[4] = LAST_CAPTURE_FALLING_VAL[4] –
                                LAST_CAPTURE_RISING_VAL[4];
            }
            CAPTURE_STA |= 1<<4;
        }
    }
    if(TIM_GetITStatus(TIM4, TIM_IT_CC3) != RESET)          //通道 3 发生的捕获事件
    {
        TIM_ClearITPendingBit(TIM4, TIM_IT_CC3);           //清除 3 通道的中断标志位
        if(GPIOD->IDR & GPIO_Pin_14)                        //标记捕获到了上升沿
        {
            LAST_CAPTURE_RISING_VAL[5] = TIM_GetCapture3(TIM4);
        }
        else
        {
            LAST_CAPTURE_FALLING_VAL[5] = TIM_GetCapture3(TIM4);
            if(LAST_CAPTURE_FALLING_VAL[5] < LAST_CAPTURE_RISING_VAL[5])
```

```
                {
                    Rc_PWMCount[5] = LAST_CAPTURE_FALLING_VAL[5] –
                                LAST_CAPTURE_RISING_VAL[5] + 0xFFFF +1;
                }
                else
                {
                    Rc_PWMCount[5] = LAST_CAPTURE_FALLING_VAL[5] –
                                LAST_CAPTURE_RISING_VAL[5];
                }
                CAPTURE_STA |= 1<<5;
            }
        }
    }
}
```

（3）在 bsp_rc.c 中添加遥控器校准函数。代码如下：

```
//遥控器校准函数
void RC_Calibration(void)
{
    bool first_record_comlete[CHANNEL_MAX] = {false};
    rc.calibrating = true;

    for(uint16_t j=0; j<CALIBRATING_RC_CYCLES; j++)
    {
        for(uint8_t i=0; i<CHANNEL_MAX; i++)
        {
            if(CAPTURE_STA & 1<<i)
            {
                CAPTURE_STA &= ~(1<<i);
                rc.present = true;
                //记录最大值及最小值
                if(!first_record_comlete[i])
                {
                    rc.para[i].radio_max = rc.para[i].radio_min =
                                rc.para[i].radio_mid = Rc_PWMCount[i];
                    first_record_comlete[i] = true;
                }
                else
                {
                    rc.para[i].radio_max = MAX(Rc_PWMCount[i], rc.para[i].radio_max);
                    rc.para[i].radio_min = MIN(Rc_PWMCount[i], rc.para[i].radio_min);
                }

                //确定前 4 个通道两端的线性比例系数
                if(i < 6)
                {
                    rc.para[i].scale_high = NORMSCALE /
                                        (float)(rc.para[i].radio_max -
                                        (rc.para[i].radio_mid + DEAD_ZOOM));
```

```
                        rc.para[i].scale_low =    NORMSCALE /
                                                  (float)((rc.para[i].radio_mid –
                                                  DEAD_ZOOM) - rc.para[i].radio_min);
                    }
                }
            }
            vTaskDelay(20/portTICK_RATE_MS);
        }
        rc.health = true;

        rc.rudder_amidships = ABS(rc.para[2].radio_mid –
                                        rc.para[2].radio_min) > LOCK_ZOOM;

        RC_Para* para[CHANNEL_MAX];
        for(uint8_t i=0; i<CHANNEL_MAX; i++)
        {
            para[i] = &rc.para[i];
            if(para[i]->radio_min > 1100 || para[i]->radio_min < 900 ||
                        para[i]->radio_max < 1900 || para[i]->radio_max > 2100)
            {
                rc.health = false;
            }
        }
        if(rc.health)
        {
            Param_SaveRcPara(para);
        }
        else
        {
            Param_TakeRcPara(para);
        }
        rc.calibrating = false;
}
```

（4）在 bsp_rc.c 中添加遥控器的初始化函数以及读取遥控器输入的函数。代码如下：

```
//遥控器的初始化函数
void RC_Init()
{
    RC_Para* para[CHANNEL_MAX];
    for(uint8_t i=0; i<CHANNEL_MAX; i++)
    {
        para[i] = &rc.para[i];
    }
    rc.health = Param_TakeRcPara(para);
    rc.rudder_amidships = ABS(rc.para[2].radio_mid – rc.para[2].radio_min) > LOCK_ZOOM;

    for(int i=0; i<CHANNEL_MAX; i++)
    {
```

```
                    rc.channel[i].control_in = rc.para[i].radio_mid;
        }
    }

//读取遥控器输入的函数
void RC_Read(float dt)
{
    //判断校准
    if(rc.calibrating)
    {
        LED2_OFF;
    }
    else
    {
        //读取遥控器的输入
        for(uint8_t i=0; i<CHANNEL_MAX; i++)
        {
            if(CAPTURE_STA & 1<<i)
            {
                CAPTURE_STA &= ~(1<<i);
                rc.lost[i] = 0;
                if(Rc_PWMCount[i] > 900 && Rc_PWMCount[i] < 2100)
                {
                    rc.health = true;

                    rc.channel[i].radio_in = Rc_PWMCount[i];

                    //对前 4 个通道进行低通滤波
                    if(i < 4)
                    {
                        rc.channel[i].control_in += TWO_PI * dt *
                                (rc.channel[i].radio_in -
                                rc.channel[i].control_in) * 10; //低通滤波
                    }
                    else
                    {
                        rc.channel[i].control_in = rc.channel[i].radio_in;
                    }

                    if(rc.channel[i].control_in > rc.para[i].radio_mid + DEAD_ZOOM)
                        rc.channel[i].radio_cache = (rc.channel[i].control_in -
                                (rc.para[i].radio_mid + DEAD_ZOOM)) *
                                rc.para[i].scale_high;
                    else if(rc.channel[i].control_in < rc.para[i].radio_mid - DEAD_ZOOM)
                        rc.channel[i].radio_cache = (rc.channel[i].control_in -
                                (rc.para[i].radio_mid - DEAD_ZOOM)) *
```

```
                                    rc.para[i].scale_low;
                        else
                            rc.channel[i].radio_cache = 0;
                }
                else
                {
                    rc.health = false;
                }
            }
            else //遥控器失联
            {
                if(rc.lost[i]++ >= 200)
                {
                    rc.lost[i] = 200;
                    rc.health = false;
                }
            }
        }
        if(rc.health)
        {
            rc.channel[0].radio_out = rc.channel[0].radio_cache;
            rc.channel[1].radio_out = rc.channel[1].radio_cache;
            rc.channel[2].radio_out = rc.channel[2].radio_cache;
            rc.channel[3].radio_out = rc.channel[3].radio_cache;
            rc.channel[4].radio_out = rc.channel[4].radio_cache;
            rc.channel[5].radio_out = rc.channel[5].radio_cache;
        }
        else
        {
            for(uint8_t i=0; i<CHANNEL_MAX; i++)
            {
                rc.channel[i].radio_out = 0;
            }
        }
    }
}
```

（5）在 task_init.c 中引用遥控器的初始化函数。代码如下：

```
void Task_Init(void *pvParameters)
{
    mav.system_status = MAV_STATE_BOOT;                //系统状态切换
    vTaskDelay(3000 / portTICK_RATE_MS);               //待系统稳定后初始化
    NVIC_PriorityGroupConfig(NVIC_PriorityGroup_4);
    LED_Init();                                        //初始化 LED
    Battery_ADC_Init();                                //采集电池的电压、电流数据
    UART3_Init(57600);                                 //初始化无线数传模块
```

```
    UART4_Init(115200);                     //初始化光流模块
    I2C_GPIO_Config();                      //初始化 I2C 总线
    SPI1_Init();                            //初始化 SPI 总线
    EEPROM_Init();                          //初始化 EEPROM
    PWM_Out_Init();                         //初始化 PWM 输出
    MPU6050_Init();                         //初始化 MPU 6050 的校准参数
    QMC5883L_Init();                        //初始化 QMC5883L 的校准参数
    TIM_Cap_Init();                         //初始化输入捕获，以 1 MHz 的频率计数
    RC_Init();                              //初始化遥控器
    …
}
```

（6）在 task_5ms.c 中引用解析光流数据的函数。代码如下：

```
void Task_5ms(void *pvParameters)
{
    float dt;
    TickType_t pxPreviousWakeTime = xTaskGetTickCount();
    TickType_t last_time = pxPreviousWakeTime;
    while(1)
    {
        vTaskDelayUntil(&pxPreviousWakeTime, 5 / portTICK_RATE_MS );
        dt = (pxPreviousWakeTime - last_time) * portTICK_RATE_MS * MS2S;
        last_time = pxPreviousWakeTime;
        RC_Read(dt);
    }
}
```

（7）在 task_mavlink.c 中添加光流模块的数据更新函数。代码如下：

```
else if(response_switch.status & MAV_RESPONSE_TYPE_RC_CHANNELS_SCALED &&
        t_now - t_last_msg_34 >= MAVLINK_MESSAGE_34) //遥控器的输入
{
    t_last_msg_34 = t_now;
    mavlink_msg_rc_channels_scaled_pack(MAVLINK_SYSID, MAVLINK_COMPID,
                    &msg, t_now, 0x01, (int16_t)rc.channel[0].radio_out * 20,
                    (int16_t)rc.channel[1].radio_out * 20,
                    (int16_t)rc.channel[2].radio_out * 20,
                    (int16_t)rc.channel[3].radio_out * 20,
                    (int16_t)rc.channel[4].radio_out * 20,
                    (int16_t)rc.channel[5].radio_out * 20, 0, 0, 100);
}
else if(response_switch.status & MAV_RESPONSE_TYPE_RC_CHANNELS_RAW &&
        t_now - t_last_msg_35 >= MAVLINK_MESSAGE_35 )
        {
    t_last_msg_35 = t_now;
    mavlink_msg_rc_channels_raw_pack(MAVLINK_SYSID, MAVLINK_COMPID,
                    &msg, t_now, 0x01, Rc_PWMCount[0],
                    Rc_PWMCount[1], Rc_PWMCount[2], Rc_PWMCount[3],
```

```
                                    Rc_PWMCount[4], Rc_PWMCount[5], 0, 0, 100);
}
else if(response_switch.status & MAV_RESPONSE_TYPE_SYS_STATUS &&
        t_now - t_last_msg_1 >= MAVLINK_MESSAGE_1)
{
    t_last_msg_1 = t_now;
    mavlink_msg_sys_status_pack(MAVLINK_SYSID, MAVLINK_COMPID,
                    &msg, (qmc5883l.present ? MAV_SYS_STATUS_SENSOR_3D_MAG : 0) |
                    (mpu6050.present ? MAV_SYS_STATUS_SENSOR_3D_GYRO : 0) |
                    (mpu6050.present ? MAV_SYS_STATUS_SENSOR_3D_ACCEL : 0) |
                    (ms5611.present ? MAV_SYS_STATUS_SENSOR_ABSOLUTE_PRESSURE : 0) |
                    (laser.present ? MAV_SYS_STATUS_SENSOR_LASER_POSITION : 0) |
                    (opflow.present ? MAV_SYS_STATUS_SENSOR_OPTICAL_FLOW : 0) |
                    (rc.present ? MAV_SYS_STATUS_SENSOR_RC_RECEIVER : 0) |
                    (motor.enable ? MAV_SYS_STATUS_SENSOR_MOTOR_OUTPUTS : 0),
                    (qmc5883l.enabled ? MAV_SYS_STATUS_SENSOR_3D_MAG : 0) |
                    (mpu6050.enabled ? MAV_SYS_STATUS_SENSOR_3D_GYRO : 0) |
                    (mpu6050.enabled ? MAV_SYS_STATUS_SENSOR_3D_ACCEL : 0) |
                    (ms5611.enabled ? MAV_SYS_STATUS_SENSOR_ABSOLUTE_PRESSURE : 0) |
                    (laser.enabled ? MAV_SYS_STATUS_SENSOR_LASER_POSITION : 0) |
                    (opflow.enabled ? MAV_SYS_STATUS_SENSOR_OPTICAL_FLOW : 0) |
                    (rc.enabled ? MAV_SYS_STATUS_SENSOR_RC_RECEIVER : 0) |
                    (motor.enable ? MAV_SYS_STATUS_SENSOR_MOTOR_OUTPUTS : 0),
                    (qmc5883l.health   ? MAV_SYS_STATUS_SENSOR_3D_MAG : 0) |
                    (mpu6050.health   ? MAV_SYS_STATUS_SENSOR_3D_GYRO : 0) |
                    (mpu6050.health   ? MAV_SYS_STATUS_SENSOR_3D_ACCEL : 0) |
                    (ms5611.health   ? MAV_SYS_STATUS_SENSOR_ABSOLUTE_PRESSURE : 0) |
                    (laser.health   ? MAV_SYS_STATUS_SENSOR_LASER_POSITION : 0) |
                    (opflow.health   ? MAV_SYS_STATUS_SENSOR_OPTICAL_FLOW : 0) |
                    (rc.health   ? MAV_SYS_STATUS_SENSOR_RC_RECEIVER : 0) |
                    (motor.enable ? MAV_SYS_STATUS_SENSOR_MOTOR_OUTPUTS : 0),
                    0, (uint16_t)(battery.voltage*1000),
                    (int16_t)(battery.current*100), 0,
                    mavlink_status.signal_percent, 0, 0, 0, 0, 0);
                    //battery.voltage*10 为电压
}
```

（8）将编译生成的程序下载到"光标"飞控系统。

说明：具体细节请参考本书附带的代码。

4.6.3　运行结果

将编译生成的程序下载到"光标"飞控系统，连接"光标"飞控系统和装有地面站软件的计算机后，可在地面站软件中看到遥控器图标由灰色变成蓝色或红色，红色表示没有连接好接收机或在接收机连接好的情况下遥控器没有打开，蓝色代表接收机已经连接并且遥控器已打开，如图 4-20 所示。

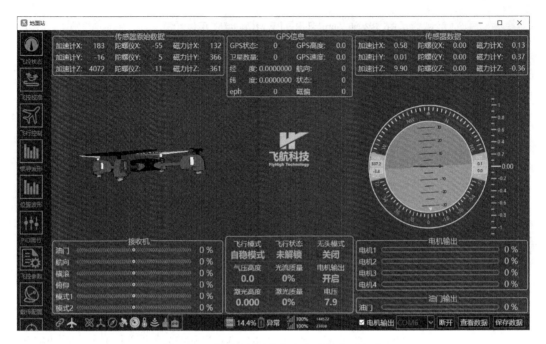

图 4-20　遥控器图标由灰色变成蓝色或红色

●●●●● 练习

（1）利用其他通道读取遥控器的输入。

（2）简述读取遥控器输入的过程。

4.7 电机的控制

电机的控制

●●●●● 学习目标

学习飞控系统的电机控制原理，了解电调的工作条件，熟悉使用 PWM 驱动电机的方法，实现无人机的电机控制。

4.7.1　开发原理

无人机的电机控制是实现无人机飞行的基础。电子调速器（简称电调）与"光标"飞控系统的连接如图 4-21 所示，电调左端为输入端，外侧黑、红线接电池组，内侧黑、红、白线连接"光标"飞控系统；右端三条输出线连接三相无刷直流电机。电调的作用就是把 PWM 信号调成三相交流电，任意改变接入电机的两根线，即可改变电机的转向。

电调的输入信号由"光标"飞控系统的引脚控制，由 STM32 定时器 TIM1 产生 4 路 PWM 信号，提供给四旋翼无人机的 4 个电调，从而控制电机的转速。

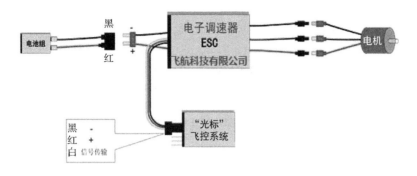

图 4-21　电调与"光标"飞控系统的连接

4.7.2　开发步骤

（1）查看电机的电路原理图（见图 4-22），可以看到 PWM 输入捕获对应的引脚。

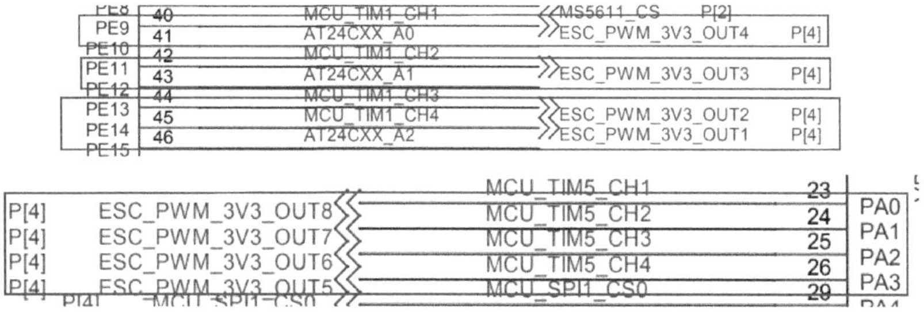

图 4-22　电机的电路原理图

（2）前面章节已经介绍过 PWM 输出的初始化，这里不再赘述，只需要编写电机控制函数。代码如下：

```
//电机控制函数
void MOTOR_Ctrl(void)
{
    motor.motor_raw.motor_1 = motor_in.motor_1;
    motor.motor_raw.motor_2 = motor_in.motor_2;
    motor.motor_raw.motor_3 = motor_in.motor_3;
    motor.motor_raw.motor_4 = motor_in.motor_4;

    motor.motor_pwm.motor_1 = PWM_RADIO * (motor.motor_raw.motor_1 + INIT_DUTY);
    motor.motor_pwm.motor_2 = PWM_RADIO * (motor.motor_raw.motor_2 + INIT_DUTY);
    motor.motor_pwm.motor_3 = PWM_RADIO * (motor.motor_raw.motor_3 + INIT_DUTY);
    motor.motor_pwm.motor_4 = PWM_RADIO * (motor.motor_raw.motor_4 + INIT_DUTY);

    if(motor.enable)
    {
        TIM_SetCompare1(TIM1, motor.motor_pwm.motor_4);      //修改比较值，修改占空比
        TIM_SetCompare2(TIM1, motor.motor_pwm.motor_3);
        TIM_SetCompare3(TIM1, motor.motor_pwm.motor_2);
        TIM_SetCompare4(TIM1, motor.motor_pwm.motor_1);
```

```
    }
    else
    {
        TIM_SetCompare1(TIM1, PWM_RADIO * INIT_DUTY);        //修改比较值，修改占空比
        TIM_SetCompare2(TIM1, PWM_RADIO * INIT_DUTY);
        TIM_SetCompare3(TIM1, PWM_RADIO * INIT_DUTY);
        TIM_SetCompare4(TIM1, PWM_RADIO * INIT_DUTY);
    }
}
```

（3）在 bsp_mavlink.c 中添加电机控制函数。代码如下：

```
//电机控制函数
static void mavlink_msg_motor_control_pack_189(mavlink_motor_control_t * msg)
{
    switch(msg->number)
    {
        case 1: motor_in.motor_1 = msg->parameter; break;
        case 2: motor_in.motor_2 = msg->parameter; break;
        case 3: motor_in.motor_3 = msg->parameter; break;
        case 4: motor_in.motor_4 = msg->parameter; break;
    }
}
```

（4）在 bsp_mavlink.c 添加 MAVLink 协议消息处理函数并调用 MOTOR_Ctrl()函数。代码如下：

```
//MAVLink 协议消息处理函数
void mavlink_handler_message(uint8_t msgId, mavlink_message_t* rx_message)
{
    switch(msgId)
    {
        case MAVLINK_MSG_ID_COMMAND_LONG:                //指令
            mavlink_handler_command_long_pack_76(rx_message);
        break;
        case MAVLINK_MSG_ID_MOTOR_CONTROL:               //电机控制
            mavlink_msg_motor_control_pack_189((mavlink_motor_control_t *)
                                            rx_message->payload64);
            MOTOR_Ctrl();
        break;
        case MAVLINK_MSG_ID_RESPONSE_SWITCH:             //获取消息类型
            response_switch = *(mavlink_response_switch_t *) rx_message->payload64;
        break;
        case MAVLINK_MSG_ID_MAG_CALIBRATION_MATRIX:   //设置磁力计校准矩阵
            QMC5883L_Update_Param((float(*)[3])((mavlink_mag_calibration_matrix_t
                                            *)rx_message->payload64)->x);
        break;
    }
}
```

（5）在 task_init.c 中引用 PWM 输出初始化函数。代码如下：

```
void Task_Init(void *pvParameters)
{
    mav.system_status = MAV_STATE_BOOT;                 //系统状态切换
    vTaskDelay(3000 / portTICK_RATE_MS);                //待系统稳定后初始化
    NVIC_PriorityGroupConfig(NVIC_PriorityGroup_4);
    LED_Init();                                          //初始化 LED
    Battery_ADC_Init();                                  //采集电池的电压、电流数据
    UART3_Init(57600);                                   //初始化无线数传模块
    UART4_Init(115200);                                  //初始化光流模块
    I2C_GPIO_Config();                                   //初始化 I2C 总线
    SPI1_Init();                                         //初始化 SPI 总线
    EEPROM_Init();                                       //初始化 EEPROM
    PWM_Out_Init();                                      //初始化 PWM 输出
    MPU6050_Init();                                      //初始化 MPU 6050 的校准参数
    QMC5883L_Init();                                     //初始化 QMC5883L 的校准参数
    TIM_Cap_Init();                                      //初始化输入捕获，以 1 MHz 的频率计数
    RC_Init();                                           //初始化遥控器
    …
}
```

（6）将编译生成的程序下载到"光标"飞控系统。

4.7.3　运行结果

将编译生成的程序下载到"光标"飞控系统，连接"光标"飞控系统和装有地面站软件的计算机后，在地面站软件中勾选"电机输出"可出现"电机控制"窗口，拖动进度条，相应的电机就会旋转，如图 4-23 所示，实现了无人机的电机控制。

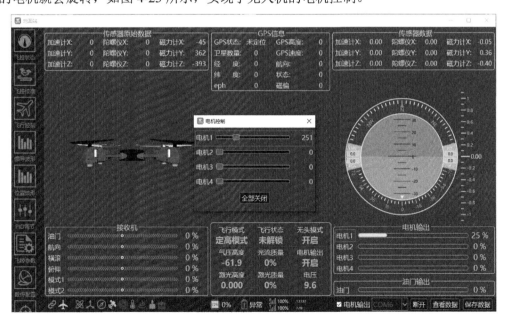

图 4-23　电机控制运行结果

单击地面站软件左侧的"飞控校准"按钮后，单击"遥控器校准"按钮可以测量遥控器的量程大小。

练习

（1）简述电调的工作原理。

（2）简述电机控制的实现过程。

第 5 章
无人机的飞控算法

本章主要介绍无人机姿态解算，以及角速度、角度的 PID 控制器设计。本章逐一叙述相关开发原理并以实例开发帮助读者掌握无人机飞控算法的实现原理与过程。

5.1 无人机姿态解算

无人机姿态解算

●●●● 学习目标

通过学习无人机的姿态解算过程，掌握欧拉角转四元数、四元数转方向余弦矩阵、静态姿态角计算、方向余弦矩阵转欧拉角、一阶龙格库塔法求解四元数，以及通过磁力计与加速计补偿姿态角等方法。

5.1.1　开发原理

要控制无人机的飞行，就需要获取无人机的姿态角。对陀螺仪、加速计与磁力计等传感器采集的数据进行姿态解算，可得到无人机的姿态角。

1. 无人机姿态解算简介

经过前面几章的学习，我们已经掌握了飞控系统开发的基础知识。从本节开始，我们将进入飞控系统开发的核心。

在无人机控制中，主要涉及姿态解算和姿态控制两个部分，位置可由遥控器远程控制，而姿态控制一般由无人机自动完成。姿态控制是非常重要的，因为无人机的位置变化都是由姿态变化引起的，而姿态控制的前提是通过陀螺仪、加速计与磁力计等传感器采集的数据，将姿态信息解算出来。

无人机控制框图如图 5-1 所示，无人机姿态解算框图如图 5-2 所示。由图 5-1 和图 5-2 可以很容易理解无人机控制和姿态解算。前面的章节中我们也分别介绍了关于陀螺仪、加速计、磁力计它们的作用，所以不再单独介绍了。在姿态解算过程中，姿态表示的方法有很多种，如欧拉角、四元数、方向余弦矩阵（DCM），它们各有各的优势，如表 5-1 所示。

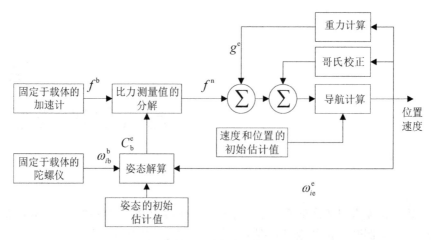

图 5-1　无人机控制框图

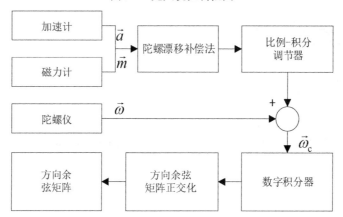

图 5-2　无人机姿态解算框图

表 5-1　姿态解算方法的比较

算　法	优　点	缺　点	适　用　范　围
欧拉角法 （3 参数）	通过欧拉角微分方程直接解算出航向角、横滚角和俯仰角； 概念直观，易于理解； 解算结果永远是正交的，无须再次进行正交化处理	方程中有三角函数的运算，求解超越函数有一定困难； 当俯仰角接近 90°时会出现退化现象	适用于水平姿态角变化不大的情况；不适用于全姿态的载体
方向余弦矩阵法（9 参数）	对姿态矩阵微分方程进行求解，避免了欧拉角法中出现的退化现象； 可以全姿态运行	参数量过多，计算量大，实时性不好	很少在工程中使用
四元数法 （4 参数）	直接求解四元数微分方程； 只需要求解 4 个参数，计算量小； 算法简单，易于操作	漂移现象比较严重	可以在实现过程中修正漂移，应用范围较广

2. 名词术语

在无人机控制中，常用的名词术语如表 5-2 所示。

表 5-2　名词术语

术　　语	英 文 全 称	英 文 简 写
惯性测量单元	Inertial Measurement Unit	IMU
姿态航向参考系统	Attitude and Heading Reference System	AHRS
地磁角速度重力	Magnetic Angular Rate and Gravity	MARG
微机电系统	Micro Electrical Mechanical Systems	MEMS
自由度维数	Dimension Of Freedom	DOF
无人驾驶飞行器	Unmanned Aerial Vehicle	UAV
扩展卡尔曼滤波	Extended Kalman Filter	EKF
无损卡尔曼滤波	Unscented Kalman Filter	UKF
惯性导航系统	Inertial Navigation System	INS
全球导航卫星系统	Global Navigation Satellite System	GNSS
天文导航系统	Celestial Navigation System	CNS
方向余弦矩阵	Direction Cosine Matrix	DCM
可垂直起降	Vertical Take-off and Landing	VTOL

3．坐标系介绍

在无人机的控制系统中，有两个基本坐标系：地理坐标系（Earth Coordinate System）和载体坐标系（Body Coordinate System）。地理坐标系是指地球上的东北天（ENU）坐标系，载体坐标系是指无人机自己的坐标系。在无人机的控制系统中，我们关心的显然是载体坐标系相对于地理坐标系之间的变化，所以通常使用旋转矩阵把地理坐标系转换到载体坐标系。目前常用的转换方式有三种：四元数法、欧拉角法、方向余弦矩阵法，其中四元数法的运算速度比较快，但它没有实际的物理含义，属于纯数学推导。

4．姿态数据

姿态数据的来源有 5 个：重力、地磁、陀螺仪、加速计、磁力计，其中前两个来自地理坐标系，后三个来自载体坐标系。在地理坐标系中，重力的值始终是 $(0, 0, g)$，地磁的值始终是 $(0, 1, x)$，这些值是由无人机上的传感器测量出来的。单位时间内的位移被定义为速度，速度可分为线速度和角速度，对应的测量设备分别是线速度传感器（加速计）和角速度传感器（陀螺仪）。

5．导航的基本原则

导航的基本原则就是保证两个基本坐标系的正确转换，没有误差。只有遵循这个原则，载体坐标系下的一系列动作才能被转换到地理坐标系中。为了实现准确转换的目标，需要对两个坐标系进行实时的标定和修正。每个坐标系有三个轴，航向的数据可通过磁力计（基于载体坐标系）对地磁（基于地理坐标系）进行对比修正来得到补偿，俯仰和横滚的数据可通过加速计（基于载体坐标系）对重力（基于地理坐标系）进行对比修正来得到补偿。在完成标定和修正后，对陀螺仪测量的数据进行积分，可得到基于载体坐标系的姿态数据；经过一系列 PID 控制后，可将载体坐标系中的动作转换到地理坐标系中，从而实现定高、航向、横滚、俯仰等动作。

加速计测量的是重力加速度，如果载体（如无人机）沿着 z 轴旋转，则加速计是无法感知载体的运动；类似地，磁力计测量的是磁场方向，如果载体沿着 y 轴旋转，则磁力计同样也无法感知载体的运动。综上所述可知，加速计和磁力计只能得到二维的角度关系，只有通过某种方式的融合，才能得到正确的三维姿态信息。

由上述论述可以看出，从理论上讲，只使用陀螺仪是可以完成导航任务的，但由于陀螺仪在积分过程中会产生误差积累，加上白噪声、温度偏差等因素，会造成导航姿态的解算误差随着时间逐渐增加，因此需要通过加速计在水平面上对重力进行比对修正来补偿陀螺仪的误差。对于垂直轴上的旋转，加速计是无能为力的，需要采用磁力计。通过加速计和磁力计的修正补偿，可以使得陀螺仪更加稳定、可靠地工作。

6．AHRS 和 IMU 的差异

姿态航向参考系统（AHRS）由加速计、磁场计、陀螺仪构成，其静态精度取决于磁场和重力的测量精度，其动态性能取决于陀螺仪的性能。AHRS 在离开地球这种有重力和磁场环境时是无法正常工作的。需要特别注意的是，磁场和重力场越正交，航向和姿态的测量效果越好。也就是说，当磁场和重力场平行时，如在地磁的南、北极，这里的磁场是向下的，和重量场的方向相同，在这种情形下，是无法测量航向角的，这是 AHRS 的缺陷所在。在高纬度的地方，航向角的测量误差会较大。

根据理论力学，所有的运动都可以分解为一个直线运动和一个旋转运动。惯性测量单元（IMU）可以测量这两种运动，直线运动可通过加速计测量，旋转运动可通过陀螺仪测量。假设 IMU 中的陀螺仪和加速计的测量结果是没有任何误差的，那么通过陀螺仪就可以精确地测量物体的姿态；再对加速计测量的加速度进行二次积分即可得到位移，从而实现完整的 6 自由度（DoF）。也就是说，带着这样一台理论型的 IMU，在宇宙中的任何位置运动，我们都可以知道它的当前姿态和相对位移。

从上面的描述可以看出，AHRS 比 IMU 还多一个磁场传感器，但为什么 AHRS 需要依赖于重力场和磁场呢？这是由传感器的架构决定的。AHRS 中的传感器通常是成本低廉的 MEMS 传感器，陀螺仪和加速计的噪声相对来说都很大。以陀螺仪为例，用 ADI 公司的陀螺仪进行积分，每分钟漂移 2°度左右，如果没有磁场和重力场来修正陀螺仪的数据，则在 3 分钟后物体的实际姿态和测量得到的姿态就完全不同了。因此，AHRS 必须使用磁场和重力场来进行修正。IMU 实际上也是如此。我们知道，没有绝对精确的传感器，只有相对精确的传感器，IMU 中的陀螺仪是光纤陀螺仪或者机械陀螺仪，这种陀螺仪的成本很高，其精度相对 MEMS 陀螺仪也很高，但精度高不代表完全准确，IMU 的姿态精度通常用每小时漂移多少度来衡量。

使用 AHRS 中的加速计进行定位是不现实的，因为每分钟就能漂移几十米，而且漂移的大小按时间二次方的速度递增。通常，AHRS 需要结合 GPS 和气压计来进行定位。

7．坐标系变换

地理坐标系用于研究无人机相对于地面的运动状态，确定无人机的空间位置。地理坐标系忽略了地球表面的曲率，将地球假设成一个平面，通常选取无人机的起飞位置或地心作为坐标原点，先让 x_e 轴在水平面上指向某一方向，z_e 轴垂直于地面向下，然后按右手定则确定 y_e 轴（下标 e 表示地球）。

载体坐标系的原点通常为无人机的重心，x_b 轴在多旋翼的对称平面指向机头，z_b 轴在无

人机的对称平面内垂直于 x_b 轴向下，然后按照右手定则确定 y_b 轴（下标 b 表示无人机机体）。

地理坐标系与载体坐标系的关系如图 5-3 所示。

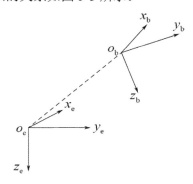

图 5-3　地理坐标系与载体坐标系的关系

定义三个单位向量：

$$e_1 = \begin{bmatrix} 1 \\ 0 \\ 0 \end{bmatrix}, \qquad e_2 = \begin{bmatrix} 0 \\ 1 \\ 0 \end{bmatrix}, \qquad e_3 = \begin{bmatrix} 0 \\ 0 \\ 1 \end{bmatrix}$$

在地理坐标系中，沿着 x_e、y_e、z_e 轴的单位向量可以表示为 $\{e_1, e_2, e_3\}$；在载体坐标系中，沿 x_b、y_b、z_b 轴的单位向量满足 ${}^b b_1 = e_1$、${}^b b_2 = e_2$、${}^b b_3 = e_3$（上标 b 表示单位向量 $\{e_1, e_2, e_3\}$ 在载体坐标系中表示）

8．欧拉角定义

载体坐标系与地理坐标系之间的夹角称为无人机的姿态角，也称为欧拉角，如图 5-4 所示，欧拉角共 3 个。

（1）俯仰角 θ：表示机体绕 y_b 轴旋转转过的角度，向上俯仰为正。

（2）横滚角 ϕ：表示机体绕 x_b 轴旋转转过的角度，向右横滚为正。

（3）航向角 ψ：机体绕机体 z_b 轴旋转，机头方向在地平面的投影与正北（x_e）之间的夹角，北偏东为正。

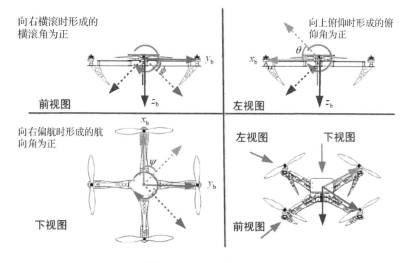

图 5-4　欧拉角的示意图

9. 方向余弦矩阵

方向余弦矩阵也称为旋转矩阵，它定义了从一个姿态到另一个姿态的旋转，用来确定一个坐标系中的任意向量在另一个坐标系的表示，如重力在地理坐标系中可表示为 $\boldsymbol{g}^e = \{0, 0, g\}$，在载体坐标系中可表示为 $\boldsymbol{g}^b = \mathrm{DCM}_e^b \boldsymbol{g}^e$。将欧拉角旋转三次后，可以得到变换所需的方向余弦矩阵。

定义 $\boldsymbol{R}_b^e = [\,{}^e\boldsymbol{b}_1 \quad {}^e\boldsymbol{b}_2 \quad {}^e\boldsymbol{b}_3\,]$ 表示从载体坐标系到地理坐标系的旋转矩阵，其中的向量满足 ${}^e\boldsymbol{b}_1 = \boldsymbol{R}_b^e\,{}^b\boldsymbol{b}_1 = \boldsymbol{R}_b^e\boldsymbol{e}_1$、${}^e\boldsymbol{b}_2 = \boldsymbol{R}_b^e\,{}^b\boldsymbol{b}_2 = \boldsymbol{R}_b^e\boldsymbol{e}_2$、${}^e\boldsymbol{b}_3 = \boldsymbol{R}_b^e\,{}^b\boldsymbol{b}_3 = \boldsymbol{R}_b^e\boldsymbol{e}_3$，从地理坐标系到载体坐标系的转换可通过旋转三次欧拉角来完成，如图5-5所示。

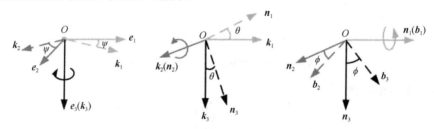

图5-5　欧拉角的旋转示意图

无人机欧拉角的确定如图5-6所示。

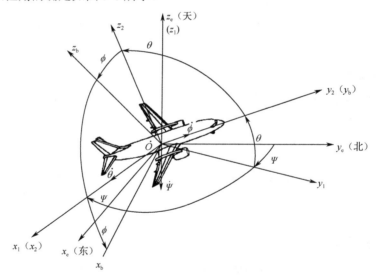

图5-6　无人机空间角的确定

旋转欧拉角的数学表达式为：

$$Ox_e y_e z_e \xrightarrow[\text{旋转}\psi]{\text{绕}z_e\text{轴旋转}} Ox_1 y_1 z_1 \xrightarrow[\text{旋转}\theta]{\text{绕}y_1\text{轴旋转}} Ox_2 y_2 z_2 \xrightarrow[\text{旋转}\phi]{\text{绕}x_2\text{轴旋转}} Ox_b y_b z_b \quad (5\text{-}1)$$

上述的三次旋转对应的变换矩阵为：

$$\boldsymbol{C}_e^1 = \begin{bmatrix} \cos\psi & -\sin\psi & 0 \\ \sin\psi & \cos\psi & 0 \\ 0 & 0 & 1 \end{bmatrix}$$

$$C_1^2 = \begin{bmatrix} 1 & 0 & 0 \\ 0 & \cos\theta & \sin\theta \\ 0 & -\sin\theta & \cos\theta \end{bmatrix} \tag{5-2}$$

$$C_2^b = \begin{bmatrix} \cos\phi & 0 & -\sin\phi \\ 0 & 1 & 0 \\ \sin\phi & 0 & \cos\phi \end{bmatrix}$$

姿态矩阵为：

$$C_e^b = C_e^1 C_1^2 C_2^b = \begin{bmatrix} \cos\psi & -\sin\psi & 0 \\ \sin\psi & \cos\psi & 0 \\ 0 & 0 & 1 \end{bmatrix} \begin{bmatrix} 1 & 0 & 0 \\ 0 & \cos\theta & \sin\theta \\ 0 & -\sin\theta & \cos\theta \end{bmatrix} \begin{bmatrix} \cos\phi & 0 & -\sin\phi \\ 0 & 1 & 0 \\ \sin\phi & 0 & \cos\phi \end{bmatrix}$$

$$= \begin{bmatrix} \cos\phi\sin\psi + \sin\phi\sin\psi\sin\theta & -\cos\phi\sin\psi + \sin\phi\cos\psi\sin\theta & -\sin\phi\cos\theta \\ \sin\psi\cos\theta & \cos\psi\cos\theta & \sin\theta \\ \sin\phi\cos\psi - \cos\phi\sin\psi\sin\theta & -\sin\phi\sin\psi - \cos\phi\cos\psi\sin\theta & \cos\phi\cos\theta \end{bmatrix} \tag{5-3}$$

10.四元数

四元数是简单的超复数。复数是由实数加上虚数单位 i 组成的，其中 $i^2=-1$。四元数是由实数加上三个虚数单位 i、j、k 组成的，其中 $i^2=j^2=k^2=-1$，$i^0=j^0=k^0=1$。每个四元数都是 4 个实数和 i、j、k 的线性组合，即四元数可表示为 $a+bi+cj+dk$，其中 a、b、c、d 是实数。

对于 i、j、k，其本身的几何意义可以理解为一种旋转，其中 i 旋转代表从 x 轴正向朝 y 轴正向旋转，j 旋转代表从 z 轴正向朝 x 轴正向旋转，k 旋转代表从 y 轴正向朝 z 轴正向旋转，-i、-j、-k 旋转分别代表 i、j、k 旋转的反向旋转。

四元数法常用于在计算机绘图及相关的图像分析中表示三维物体的旋转及方位。相对于欧拉角和方向余弦矩阵，四元数法具有速度更快、提供平滑插值、可有效避免万向锁问题、存储空间较小等优势。

四元数（Quaternions）是由爱尔兰数学家威廉·卢云·哈密顿（William Rowan Hamilton，1805—1865）于 1843 年提出来的，它将复数所描述的三维空间拓展到了四维空间。四元数可以看成四维空间中的一个向量，也可以称为超复数。四元数支持加、减、乘等运算。四元数的形式为：

$$Q(q_0,q_1,q_2,q_3) = q_0 + q_1 i + q_2 j + q_3 k \tag{5-4}$$

式中，q_0、q_1、q_2、q_3 均为实数。

$$\begin{cases} i \times i = j \times j = k \times k = -1 \\ i \times j = k, \ j \times k = i, \ k \times i = j \\ j \times i = -k, \ k \times j = -i, \ i \times k = -j \end{cases} \tag{5-5}$$

四元数也可以写成 $Q = q_0 + q$，其中 q_0 是 Q 的实部，是一个标量；q 是由 i、j、k 组成的虚部，表示四元数的矢量部分，在空间旋转描述中，其几何意义可以理解成为一种旋转。四元数的共轭复数 $Q^* = q_0 - q$，四元数的逆 $Q^{-1} = \dfrac{Q^*}{|Q|}$，对于单位四元数，有 $Q^{-1} = Q^*$。

四元数的加减运算为相应部位的加减。例如，假设四元数 $Q = q_0 + q_1 i + q_2 j + q_3 k$ 和 $P = p_0 + p_1 i + p_2 j + p_3 k$，则有：

$$\boldsymbol{Q} \pm \boldsymbol{P} = (q_0 \pm p_0) + (q_1 \pm p_1)\mathrm{i} + (q_2 \pm p_2)\mathrm{j} + (q_3 \pm p_3)\mathrm{k} \tag{5-6}$$

$$\begin{aligned}
\boldsymbol{P} \times \boldsymbol{Q} &= (p_0 + p_1\mathrm{i} + p_2\mathrm{j} + p_3\mathrm{k}) \times (q_0 + q_1\mathrm{i} + q_2\mathrm{j} + q_3\mathrm{k}) \\
&= (p_0q_0 - p_1q_1 - p_2q_2 - p_3q_3) + (p_0q_1 + p_1q_0 + p_2q_3 - p_3q_2)\mathrm{i} + \\
&\quad (p_0q_2 + p_2q_0 + p_3q_1 - p_1q_3)\mathrm{j} + (p_0q_3 + p_3q_0 - p_1q_2 - p_2q_1)\mathrm{k} \\
&= r_0 + r_1\mathrm{i} + r_2\mathrm{j} + r_3\mathrm{k}
\end{aligned}$$

$$= \begin{bmatrix} r_0 \\ r_1 \\ r_2 \\ r_3 \end{bmatrix} = \begin{bmatrix} q_0 & -q_1 & -q_2 & -q_3 \\ q_1 & q_0 & q_3 & -q_2 \\ q_2 & -q_3 & q_0 & q_1 \\ q_3 & q_2 & -q_1 & q_0 \end{bmatrix} \begin{bmatrix} p_0 \\ p_1 \\ p_2 \\ p_3 \end{bmatrix} = M(\boldsymbol{Q})\boldsymbol{P} \tag{5-7}$$

$$= \begin{bmatrix} p_0 & -p_1 & -p_2 & -p_3 \\ p_1 & p_0 & p_3 & -p_2 \\ p_2 & -p_3 & p_0 & p_1 \\ p_3 & p_2 & -p_1 & p_0 \end{bmatrix} \begin{bmatrix} q_0 \\ q_1 \\ q_2 \\ q_3 \end{bmatrix} = M(\boldsymbol{P})\boldsymbol{Q}$$

11. 四元数与旋转关系

四元数可以描述三维空间中刚体的旋转，如图 5-7 所示。

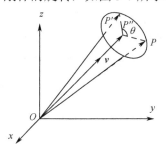

图 5-7　使用四元数描述三维空间中刚体旋转的示意图

假设在三维空间中，刚体上的任意一点 $P(x, y, z)$ 围绕通过原点的矢量 $\boldsymbol{v}$ 旋转 θ 后，对应的点为 $P'(x', y', z')$。通过齐次坐标可以将点 P 表示为四元数 $\boldsymbol{P} = [x, y, z, w]^{\mathrm{T}} = [\boldsymbol{p}, w]^{\mathrm{T}}$。定义 $\boldsymbol{Q} = \left[\boldsymbol{v}\sin\dfrac{\theta}{2}, \cos\dfrac{\theta}{2}\right]^{\mathrm{T}}$ 为任意单位四元数，$\boldsymbol{Q}$ 代表的旋转可以将 $\boldsymbol{P}$ 围绕 $\boldsymbol{v}$ 旋转 θ，对应的 $\boldsymbol{P}' = \boldsymbol{QPQ} - 1 = [x', y', z', w]^{\mathrm{T}} = [\boldsymbol{p}', w]^{\mathrm{T}}$。

首先，对于单位四元数 $\boldsymbol{Q}$，如果进行标量乘法，并不影响旋转本身。围绕 $\boldsymbol{Q}$ 与 $s\boldsymbol{Q}$（s 为标量）所对应的旋转是一样的，显然有：

$$(s\boldsymbol{Q})\boldsymbol{P}(s\boldsymbol{Q}) - 1 = s\boldsymbol{QPQ} - 1s - 1 = ss - 1\boldsymbol{QPQ} - 1 = \boldsymbol{QPQ} - 1 = \boldsymbol{QPQ}^* \tag{5-8}$$

其次，任何四元数的实部都可以写成 $q_0 = \dfrac{\boldsymbol{Q} + \boldsymbol{Q}^*}{2}$，因此 $\boldsymbol{QPQ}^*$ 的实部为：

$$R(\boldsymbol{QPQ}^*) = \frac{[\boldsymbol{QPQ}^* + (\boldsymbol{QPQ})^*]}{2} = \frac{\boldsymbol{QPQ}^* + \boldsymbol{QP}^*\boldsymbol{Q}^*}{2} = \frac{\boldsymbol{Q}(\boldsymbol{P} + \boldsymbol{P}^*)\boldsymbol{Q}^*}{2} = \boldsymbol{Q}R(\boldsymbol{P})\boldsymbol{Q}^* = R(\boldsymbol{P}) \tag{5-9}$$

对于四元数 $\boldsymbol{P} = [\boldsymbol{p}, w]^{\mathrm{T}}$ 的实部在经过旋转 $\boldsymbol{Q}$ 后不会改变。此外，旋转本身也不会改变虚部矢量部分的大小，因此 $|\boldsymbol{P}| = |\boldsymbol{P}'|$。

计算四元数的示意图如图 5-8 所示，矢量 $\boldsymbol{v}$（旋转轴）垂直于点 P 和点 P' 所在的平面（旋转平面），定义 v_0 为四元数 P 的矢量虚部在旋转平面上的投影矢量，定义 v_2 为四元数 P' 的矢量虚部在旋转平面上的投影矢量，相当于 v_0 绕着 v 旋转 θ 后到达 v_2，这里假设 v_1 是 v_0 绕着 v 旋转 $\theta/2$ 后的矢量。假设所有的矢量均为单位矢量。

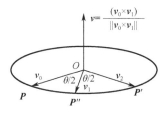

图 5-8　计算四元数的示意图

显然有 $v_0 \times v_1 = \cos\dfrac{\theta}{2}$，由于旋转轴垂直于旋转投影面，因此 $v = \dfrac{v_0 \times v_1}{\|v_0 \times v_1\|}$。现在我们定义用于描述该旋转的四元数 $Q = v_1 \times v_1^* = [v_0 \times v_1, v_1 v_1]^T = \left[v\sin\dfrac{\theta}{2}, \cos\dfrac{\theta}{2} \right]^T$。令 $v_0 = Qv_0Q^*$，只要证明 v_2 与 v_1 的夹角是 $\theta/2$，就表明 Q 是从 v_0 到 v_2 的旋转四元数。v_1 到 v_2 的旋转四元数 $v_2 \times v_1^* = Qv_0Q^*v_1 = Qv_0(v_1 \times v_0^*)v_1 = Qv_0v_0(v_1^*v_1^*)$，由于 $v_0v_0 = -1$、$v_1v_1 = -1$，因此 $v_2 \times v_1^* = Q = \left[v\sin\dfrac{\theta}{2}, \cos\dfrac{\theta}{2} \right]^T = v_1 \times v_0^*$，表明 v_2 与 v_1 所在的平面和 v_1 与 v_0 所在的平面重合，并且夹角相等，均为 $\theta/2$，同时 v_2 与 v_0 的夹角为 θ，因此 $v_2 = Qv_0Q^*$ 是四元数 P' 在旋转平面上的投影，是 v_0 经过 Q 旋转后的矢量。

12. 四元数的姿态估计

既然四元数可用来描述旋转，那么就可以用它来描述从地理坐标系到载体坐标系的转换。也就是说，可以用四元数来描述方向余弦矩阵。这里简要地给出以下结论。

如图 5-9 所示，机体绕着 $u = w_x i + w_y j + w_z k$ 旋转，从 $OA = r$ 转到 $OA' = r'$，u 为垂直于 A 和 A' 所在平面的单位瞬时轴，且 $u^e = [l \quad m \quad n]^T$。

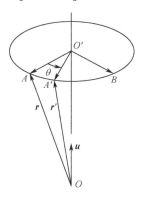

图 5-9　机体旋转

经运算可得 $r'^e = \left(I + U\sin\theta + 2U\sin^2\dfrac{\theta}{2} \right)r^b = Dr^b$，由此得到的 D 就是载体坐标系到地理坐标系转换的方向余弦矩阵，即：

$$\begin{aligned}
\boldsymbol{D} &= \boldsymbol{I} + 2\boldsymbol{U}\sin\frac{\theta}{2}\cos\frac{\theta}{2} + 2\boldsymbol{U}\boldsymbol{U}\sin^2\frac{\theta}{2} \\
&= \begin{bmatrix} 1 & 0 & 0 \\ 0 & 1 & 0 \\ 0 & 0 & 1 \end{bmatrix} + 2\sin\frac{\theta}{2}\begin{bmatrix} 0 & -n\sin\dfrac{\theta}{2} & m\sin\dfrac{\theta}{2} \\ n\sin\dfrac{\theta}{2} & 0 & -l\sin\dfrac{\theta}{2} \\ -m\sin\dfrac{\theta}{2} & l\sin\dfrac{\theta}{2} & 0 \end{bmatrix} +
\end{aligned} \tag{5-10}$$

$$\begin{bmatrix} -(m^2+n^2)\sin^2\dfrac{\theta}{2} & lm\sin^2\dfrac{\theta}{2} & ln\sin^2\dfrac{\theta}{2} \\ lm\sin^2\dfrac{\theta}{2} & -(l^2+n^2)\sin^2\dfrac{\theta}{2} & mn\sin^2\dfrac{\theta}{2} \\ ln\sin^2\dfrac{\theta}{2} & mn\sin^2\dfrac{\theta}{2} & -(m^2+l^2)\sin^2\dfrac{\theta}{2} \end{bmatrix}$$

式中，$\boldsymbol{U} = \begin{bmatrix} 0 & -n & m \\ n & 0 & -l \\ -m & l & 0 \end{bmatrix}$。

定义旋转对应的单位四元数为 $\boldsymbol{q}_e^b = [q_0 \quad q_1 \quad q_2 \quad q_3]^T$，方向余弦矩阵为：

$$\boldsymbol{R}_b^e = \begin{bmatrix} q_0^2+q_1^2-q_2^2-q_3^2 & 2(q_1q_2-q_0q_3) & 2(q_1q_3+q_0q_2) \\ 2(q_1q_2+q_0q_3) & q_0^2-q_1^2+q_2^2-q_3^2 & 2(q_2q_3+q_0q_1) \\ 2(q_1q_3-q_0q_2) & 2(q_1q_3+q_0q_2) & q_0^2-q_1^2-q_2^2+q_3^2 \end{bmatrix} \tag{5-11}$$

式（5-11）是四元数与转换矩阵的对应关系，采用四元数对无人机姿态进行估计，只需要在每个时钟采样周期循环迭代计算新的四元数 q_0、q_1、q_2、q_3，就可以获得方向余弦矩阵，从而获得实时的姿态信息。

如何在每个时钟采样周期通过新的传感器信息迭代出新的四元数信息呢？这就是采用龙格库塔法对四元数进行微分运算。

对四元数 $\boldsymbol{Q} = \cos\dfrac{\theta}{2} + (l\mathrm{i}_0 + m\mathrm{j}_0 + n\mathrm{k}_0)\sin\dfrac{\theta}{2} = \cos\dfrac{\theta}{2} + \boldsymbol{u}^e\sin\dfrac{\theta}{2}$ 两边进行微分，可得：

$$\begin{aligned}
\frac{\mathrm{d}\boldsymbol{Q}}{\mathrm{d}t} &= -\frac{1}{2}\sin\frac{\theta}{2}\cdot\frac{\mathrm{d}\theta}{\mathrm{d}t} + \boldsymbol{u}^e\frac{1}{2}\cos\frac{\theta}{2}\cdot\frac{\mathrm{d}\theta}{\mathrm{d}t} + \frac{\mathrm{d}\boldsymbol{u}^e}{\mathrm{d}t}\sin\frac{\theta}{2} \\
&= \frac{1}{2}\boldsymbol{w}\left(\cos\frac{\theta}{2} + \boldsymbol{u}^e\sin\frac{\theta}{2}\right) = \frac{1}{2}\boldsymbol{w}\boldsymbol{u}^e\boldsymbol{Q} \\
&= \frac{1}{2}\boldsymbol{w}^e(q_0+q_1\mathrm{i}+q_2\mathrm{j}+q_3\mathrm{k})(w_0+w_x\mathrm{i}+w_y\mathrm{j}+w_z\mathrm{k}) = \boldsymbol{\Omega}^b\boldsymbol{Q}
\end{aligned} \tag{5-12}$$

式中，

$$\boldsymbol{\Omega}^b = \frac{1}{2}\begin{bmatrix} 0 & -w_x & -w_y & -w_z \\ w_x & 0 & w_z & -w_y \\ w_y & -w_z & 0 & w_x \\ w_z & w_y & -w_x & 0 \end{bmatrix} \tag{5-13}$$

采用一阶龙格库塔法可得：

$$q(t+T) = q(t) + T \times \frac{\mathrm{d}\boldsymbol{Q}}{\mathrm{d}t} = q(t) + T\boldsymbol{\Omega}^{\mathrm{b}}q(t) \tag{5-14}$$

展开后可得到四元数每部分的更新，即

$$q_0 = q_0 + \frac{(-w_x q_1 - w_y q_2 - w_z q_3)T}{2}$$

$$q_1 = q_1 + \frac{(w_x q_0 - w_y q_3 + w_z q_2)T}{2}$$

$$q_2 = q_2 + \frac{(w_x q_3 + w_y q_0 - w_z q_1)T}{2} \tag{5-15}$$

$$q_3 = q_3 + \frac{(-w_x q_2 + w_y q_1 + w_z q_0)T}{2}$$

式（5-15）即四元数姿态解算的最终形式。

5.1.2　开发步骤

本节基于 MPU 6050 和 QMC5883L 完成无人机的姿态解算，MPU 6050 和 QMC5883L 的设置请参考第 4 章，这里不再赘述。开发步骤如下：

（1）创建 AHRS.c 和 AHRS.h，在 AHRS.c 中对 AHRS 进行初始化，包括欧拉角、四元数和旋转矩阵的初始化。代码如下：

```
#define KpDef (0.5f)
//! This parameter will give you about 15 seconds convergence time.
//! You can set this gain higher if you want more fast response.
//! But note that higher gain will give you also higher overshoot.
#define KiDef (0.025f)

volatile float AHRS_Kp = KpDef;
volatile float AHRS_Ki = KiDef;
volatile float q0 = 1.0f, q1 = 0.0f, q2 = 0.0f, q3 = 0.0f;
volatile float integralFBx = 0.0f,    integralFBy = 0.0f, integralFBz = 0.0f;

static float q0q0, q0q1, q0q2, q0q3, q1q1, q1q2, q1q3, q2q2, q2q3, q3q3;
static float Rot_matrix[3][3];        //方向余弦矩阵
Status status;                        //无人机状态，如加速度、角速度、位置、姿态角

//使用加速计测量重力向量，使用磁力计测量方向
void AHRSinit(float ax, float ay, float az, float mx, float my, float mz)
{
    status.attitude.roll = fast_atan2(-ax, az);
    status.attitude.pitch = fast_atan2(ay, az);

    float cosRoll = __cos(status.attitude.roll);
    float sinRoll = __sin(status.attitude.roll);
    float cosPitch = __cos(status.attitude.pitch);
    float sinPitch = __sin(status.attitude.pitch);
```

```
        float magX = cosRoll * mx + sinRoll * mz;
        float magY = sinRoll * sinPitch * mx + cosPitch * my - cosRoll * sinPitch * mz;

        status.attitude.yaw = fast_atan2(magX, magY);

        cosRoll = __cos(status.attitude.roll * 0.5f);
        sinRoll = __sin(status.attitude.roll * 0.5f);

        cosPitch = __cos(status.attitude.pitch * 0.5f);
        sinPitch = __sin(status.attitude.pitch * 0.5f);

        float cosYaw = __cos(status.attitude.yaw * 0.5f);
        float sinYaw = __sin(status.attitude.yaw * 0.5f);

        q0 = cosPitch * cosRoll * cosYaw + sinPitch * sinRoll * sinYaw;
        q1 = sinPitch * cosRoll * cosYaw - cosPitch * sinRoll * sinYaw;
        q2 = cosPitch * sinRoll * cosYaw + sinPitch * cosRoll * sinYaw;
        q3 = cosPitch * cosRoll * sinYaw - sinPitch * sinRoll * cosYaw;

        q0q0 = q0 * q0;
        q0q1 = q0 * q1;
        q0q2 = q0 * q2;
        q0q3 = q0 * q3;
        q1q1 = q1 * q1;
        q1q2 = q1 * q2;
        q1q3 = q1 * q3;
        q2q2 = q2 * q2;
        q2q3 = q2 * q3;
        q3q3 = q3 * q3;

        Rot_matrix[0][0] = q0q0 + q1q1 - q2q2 - q3q3;
        Rot_matrix[0][1] = 2.f * (q1q2 + q0q3);
        Rot_matrix[0][2] = 2.f * (q1q3 - q0q2);
        Rot_matrix[1][0] = 2.f * (q1q2 - q0q3);
        Rot_matrix[1][1] = q0q0 - q1q1 + q2q2 - q3q3;
        Rot_matrix[1][2] = 2.f * (q2q3 + q0q1);
        Rot_matrix[2][0] = 2.f * (q1q3 + q0q2);
        Rot_matrix[2][1] = 2.f * (q2q3 - q0q1);
        Rot_matrix[2][2] = q0q0 - q1q1 - q2q2 + q3q3;
}
```

（2）在 AHRS.c 中添加 AHRS()函数，使用四元数计算方向余弦矩阵，使用一阶龙格库塔法求解四元数，通过磁力计与加速计补偿姿态角。代码如下：

```
void AHRS(float dt)
{
    float recipNorm;
```

```
float ex = 0.0f, ey = 0.0f, ez = 0.0f;

float ax = mpu6050.acc.x;
float ay = mpu6050.acc.y;
float az = mpu6050.acc.z;
float gx = mpu6050.gyro.x;
float gy = mpu6050.gyro.y;
float gz = mpu6050.gyro.z;
float mx = qmc5883l.mag.x;
float my = qmc5883l.mag.y;
float mz = qmc5883l.mag.z;

static bool bFilterInit = false;
if(qmc5883l.calibrating || mpu6050.calibrating) {
    bFilterInit = false;
    return;
}

if(bFilterInit == false && !qmc5883l.calibrating && !mpu6050.calibrating )
{
    vTaskDelay(1000/portTICK_RATE_MS);              //等待最新的数据
    AHRSinit(mpu6050.acc.x, mpu6050.acc.y, mpu6050.acc.z,
             qmc5883l.mag.x, qmc5883l.mag.y, qmc5883l.mag.z);
    bFilterInit = true;
    return;
}

//如果磁力计的各轴的数均是 0，则忽略磁力计的数据；否则会在对磁力计数据进行归一化处理时
//导致除以 0 的错误
if((mx !=0.0f) || (my != 0.0f) || (mz != 0.0f))
{
    //对磁力计数据进行归一化处理。
    recipNorm = sqrtf3(mx, my, mz);
    mx /= recipNorm;
    my /= recipNorm;
    mz /= recipNorm;

    //地球磁场的参考方向
    float hx = Rot_matrix[0][0] * mx + Rot_matrix[1][0] * my + Rot_matrix[2][0] * mz;
    float hy = Rot_matrix[0][1] * mx + Rot_matrix[1][1] * my + Rot_matrix[2][1] * mz;
    float by = sqrtf2(hx, hy);
    float bz = Rot_matrix[0][2] * mx + Rot_matrix[1][2] * my + Rot_matrix[2][2] * mz;

    //估计地球磁场方向
    float wx = Rot_matrix[0][1] * by + Rot_matrix[0][2] * bz;
    float wy = Rot_matrix[1][1] * by + Rot_matrix[1][2] * bz;
    float wz = Rot_matrix[2][1] * by + Rot_matrix[2][2] * bz;
```

```
        //误差是估计方向和场矢量测量方向的矢量积的总和
        ex += my * wz - mz * wy;
        ey += mz * wx - mx * wz;
        ez += mx * wy - my * wx;
    }

    //如果加速计各轴的数均是 0，则忽略加速计数据；否则会在对加速计数据进行归一化处理时
    //导致除以 0 的错误。
    if((ax !=0.0f) || (ay != 0.0f) || (az != 0.0f))
    {
        //对加速计数据进行归一化处理。
        recipNorm = sqrtf3(ax, ay, az);
        ax /= recipNorm;
        ay /= recipNorm;
        az /= recipNorm;

        //根据当前四元数的姿态值来估算出重力分量 vx、vy、vz
        float vx = Rot_matrix[0][2];
        float vy = Rot_matrix[1][2];
        float vz = Rot_matrix[2][2];

        //使用叉积来计算重力误差。
        ex += ay * vz - az * vy;
        ey += az * vx - ax * vz;
        ez += ax * vy - ay * vx;
    }

    //只有加速计或磁力计中的有效数据才反馈
    if(ex != 0.0f &&ey != 0.0f && ez != 0.0f)
    {
        //对得到的重力差和磁力差进行积分运算
        if(AHRS_Ki > 0.0f) {
            integralFBx += AHRS_Ki * ex * dt;
            integralFBy += AHRS_Ki * ey * dt;
            integralFBz += AHRS_Ki * ez * dt;
            gx += integralFBx;
            gy += integralFBy;
            gz += integralFBz;
        } else {
            integralFBx = 0.0f;
            integralFBy = 0.0f;
            integralFBz = 0.0f;
        }

        //对得到的重力差和磁力差进行比例运算
        gx += AHRS_Kp * ex;
        gy += AHRS_Kp * ey;
        gz += AHRS_Kp * ez;
```

```
    }

    float dq0 = 0.5f*(-q1 * gx - q2 * gy - q3 * gz);
    float dq1 = 0.5f*( q0 * gx + q2 * gz - q3 * gy);
    float dq2 = 0.5f*( q0 * gy - q1 * gz + q3 * gx);
    float dq3 = 0.5f*( q0 * gz + q1 * gy - q2 * gx);

    q0 += dt * dq0;
    q1 += dt * dq1;
    q2 += dt * dq2;
    q3 += dt * dq3;

    recipNorm = sqrtf4(q0, q1, q2, q3);
    q0 /= recipNorm;
    q1 /= recipNorm;
    q2 /= recipNorm;
    q3 /= recipNorm;

    //预先对四元数进行运算，以避免重复运算带来的效率问题
    q0q0 = q0 * q0;
    q0q1 = q0 * q1;
    q0q2 = q0 * q2;
    q0q3 = q0 * q3;
    q1q1 = q1 * q1;
    q1q2 = q1 * q2;
    q1q3 = q1 * q3;
    q2q2 = q2 * q2;
    q2q3 = q2 * q3;
    q3q3 = q3 * q3;

    Rot_matrix[0][0] = q0q0 + q1q1 - q2q2 - q3q3;
    Rot_matrix[0][1] = 2.f * (q1q2 + q0q3);
    Rot_matrix[0][2] = 2.f * (q1q3 - q0q2);
    Rot_matrix[1][0] = 2.f * (q1q2 - q0q3);
    Rot_matrix[1][1] = q0q0 - q1q1 + q2q2 - q3q3;
    Rot_matrix[1][2] = 2.f * (q2q3 + q0q1);
    Rot_matrix[2][0] = 2.f * (q1q3 + q0q2);
    Rot_matrix[2][1] = 2.f * (q2q3 - q0q1);
    Rot_matrix[2][2] = q0q0 - q1q1 - q2q2 + q3q3;

    //将四元数转换为欧拉角
    status.attitude.pitch = asin(Rot_matrix[1][2]);
    status.attitude.roll  = fast_atan2(-Rot_matrix[0][2], Rot_matrix[2][2]);
    status.attitude.yaw   = fast_atan2(-Rot_matrix[1][0], Rot_matrix[1][1]);

}
```

（3）在 task_5ms.c 中调用 AHRS()函数，并在 task_mavlink.c 中添加计算出的欧拉角。

（4）将编译生成的程序下载到"光标"飞控系统。

说明：具体细节请参考本书附带的代码。

5.1.3　运行结果

本节通过姿态解算对加速计和陀螺仪的数据进行融合，完成了对角度的估计，可以直观地在地面站软件中观测无人机的当前角度状态，实现无人机的姿态解算。无人机的姿态解算结果如图 5-10 所示，可以通过得到的姿态角来控制无人机的飞行状态。

图 5-10　无人机的姿态解算结果和角速度与角度 PID 控制结果

5.2 角速度、角度的 PID 控制器设计

角速度、角度的 PID 控制器设计

●●●●● 学习目标

通过学习角速度、角度的 PID 控制器设计及参数调整，掌握 PID 控制器的工作原理、参数调节，以及 PID 控制器在无人机中的应用。

5.2.1　开发原理

通过水平位置与高度位置就可以直接控制无人机飞行。当无人机在水平飞行时，对当前水平位置与水平期望位置进行 PID 计算可得到水平控制位置，对水平控制位置进行微分可得到水平期望速度，对水平期望速度与当前水平速度进行 PID 计算可得到水平控制速度。水平控制速度与水平期望角度有着短时线性关系,对水平期望角度与当前水平角度进行 PID 计算可得到水平控制角度,对水平控制角度进行微分可得到水平期望角速度,对水平期望角速度与当前水平角速度进行 PID 计算可得到水平控制角速度,最终控制电机进行输出。当无人机在升降飞行时,对当前高度(垂直)位置与高度期望位置进行 PID 计算可得到高度控制位置,对高度控制位置进行微分可得到高度期望速度,对高度期望速度与当前高度速度进行 PID 计算可得到高度控制速度,由高度控制速度可直接控制电机输出。

1. PID 算法

在过程控制中,按偏差的比例(P)、积分(I)和微分(D)进行控制的 PID 控制器(亦称 PID 调节器)是应用最为广泛的一种自动控制器。PID 控制器具有原理简单、易于实现、适用面广、控制参数相互独立、参数的选定比较简单等优点,而且在理论上可以证明,对于过程控制的典型对象——一阶滞后+纯滞后与二阶滞后+纯滞后,PID 控制器是一种最优控制。PID 调节规律是连续系统动态品质校正的一种有效方法,它的参数整定方式简便,结构灵活(如 PI、PD)。

2. PID 控制器的工作原理

PID 是 Proportional(比例)、Integral(积分)、Differential(微分)的缩写。顾名思义,PID 控制算法是集比例、积分和微分三个环节于一体的控制算法,它是连续系统中技术最为成熟、应用最为广泛的一种控制算法。PID 控制算法出现在 20 世纪三四十年代,适用于不了解对被控对象模型的场合。实际运行的经验和理论的分析都表明,采用 PID 控制器对工业过程进行控制时,能得到比较满意的效果。PID 控制器的实质是根据输入的偏差值,按照比例、积分、微分的函数关系进行运算,运算结果用于控制输出。PID 控制器的工作原理如图 5-11 所示。

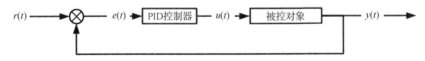

图 5-11　PID 控制器的工作原理

在工业过程中,连续控制系统的理想 PID 控制算法为:

$$u(t) = k_p \left[e(t) + \frac{1}{T_i} \int_0^{-L} e(t)\mathrm{d}t + T_d \frac{\mathrm{d}e(t)}{\mathrm{d}t} \right] \tag{5-16}$$

式中,k_p 为比例系数;T_i 为积分时间常数;T_d 为微分时间常数;$u(t)$ 为 PID 控制器的输出;$e(t)$ 为 $u(t)$ 与给定值 $r(t)$ 之差。

闭环控制是根据控制对象输出反馈来进行校正的控制方式,在测量出实际值与给定值有偏差时,按定额或标准来进行纠正。例如,控制一个电机的转速,就得有一个测量转速的传感器,并将测量结果反馈到控制路线上。提到闭环控制算法,不得不提 PID 控制算法,它是闭环控制算法中最简单的一种。通过 PID 控制算法,可以有效地纠正被控制对象的偏差,从而使其达到一个稳定的状态。

(1)比例控制器:成比例地反映控制系统的偏差,一旦产生偏差就立即产生控制作用以减小偏差。比例控制器的输出 $u(t)$ 与 $e(t)$ 成正比,能迅速反映偏差,从而减小偏差,但不能消除静差。静差是指系统控制过程趋于稳定时,给定值与输出量的实测值之差。偏差存在,才能使比例控制器维持一定的控制量输出,因此比例控制器必然存在静差。由偏差的理论可知,增大 k_p 虽然可以减小偏差,但不能彻底消除偏差。比例控制器的控制作用除了与 $e(t)$ 有关,还与 k_p 的大小有关。k_p 越小,控制作用越小,系统响应越慢;反之,k_p 越大,控制作用也越强,系统响应越快。但过大的 k_p 会使系统产生较大的超调和振荡,导致系统的稳定性能变差,因此不能将 k_p 设置得过大,应根据被控对象的特性来折中选取 k_p,使系统的静差控制在允许的范围内,同时又具有较快的响应速度。

（2）积分控制器:主要用于消除静差,提高系统的无差度。积分控制作用的强弱,取决于积分时间常数 T_i 的大小,T_i 越大积分控制作用越弱,反之则越强。积分控制作用的存在与 $e(t)$ 的存在时间有关,只要系统存在偏差,积分控制环节就会不断起作用。对输入偏差进行积分,可以使控制器的输出及执行器的开度不断变化,产生控制作用以减小偏差。在积分时间足够的情况下,可以完全消除静差,这时积分控制作用将维持不变。T_i 越小,积分速度越快,积分可控制作用越强,但积分控制作用太强会使系统超调加大,甚至使系统出现振荡。

（3）微分控制器:反映偏差的变化趋势（变化速率）,并能在偏差变得太大之前在系统中引入一个有效的早期修正信号,从而加快系统的动作速度,减小调节时间。积分控制作用的引入虽然可以消除静差,但降低了系统的响应速度,特别是对于具有较大惯性的被控对象,使用 PI 控制器很难得到良好的动态调节品质,系统会产生较大的超调和振荡,这时可以引入微分控制器。在偏差刚出现或变化的瞬间,微分控制器不仅可根据偏差及时做出反应（即比例控制作用）,还可以根据偏差的变化趋势提前给出较大的控制作用（即微分控制作用）,将偏差消灭在萌芽状态,这样可以大大减小系统的动态偏差和调节时间,使系统的动态调节品质得以改善。微分控制器有助于减小超调、克服振荡、加快系统的响应速度、减小调节时间,从而改善系统的动态性能。但微分时间常数过大,会使系统出现不稳定。微分控制器一个很大的缺陷是容易引入高频噪声,所以在干扰信号比较严重的流量控制系统中不宜引入微分控制器。

对于一个恒定的偏差,不管偏差有多大,微分控制作用均为零。因此,微分控制器不能消除静差,单独使用的意义不大,一般需要与比例控制器和积分控制器配合使用,构成 PD 或 PID 控制器。

对于 PID 控制器,在控制偏差输入为阶跃信号时,可以立即产生比例和微分控制作用。由于在偏差输入的瞬间,变化率非常大,微分控制作用很强,此后微分控制作用迅速衰减,但积分控制作用越来越大,直至最终消除静差。PID 控制器综合了比例、积分、微分三种控制作用,既能加快系统响应速度、减小振荡、克服超调,亦能有效消除静差,可改善系统的静态和动态品质,因而 PID 控制器在工业控制中得到了广泛的应用。

3. PID 控制器的参数调节

在调节 PID 控制器参数时,可以根据控制器的参数与系统动态性能和稳态性能之间的定性关系,用调试的方法来调节 PID 控制器的参数。有经验的调试人员一般可以较快地得到较为满意的调试结果。在调试中最重要的问题是在系统性能不能令人满意时,知道应该调节哪一个参数,该参数应该增大还是减小。

为了减少需要调节的参数,可以首先采用 PI 控制器。为了保证系统的安全,在调试开始时应设置比较保守的参数,如比例系数不要太大、积分时间不要太小,以避免出现系统不稳定或超调量过大的异常情况。给出一个阶跃给定信号,根据被控量的输出波形可以获得系统性能的信息，如超调量和调节时间。应根据 PID 控制器的参数与系统性能的关系，反复调节 PID 控制器的参数。

如果阶跃响应的超调量太大，经过多次振荡才能稳定或者根本不稳定，则应该减小比例系数、增大积分时间常数。如果阶跃响应没有超调量，但被控量上升过于缓慢，过渡过程时间太长，则应该按相反的方向调整 PID 控制器的参数。如果消除误差的速度较慢，则可以适当减小积分时间常数，增强积分控制作用。

反复调节比例系数和积分时间常数，如果超调量仍然较大，则可以加入微分控制器，微分时间常数从 0 逐渐增大，反复调节 PID 控制器的比例、积分和微分部分的参数。

总之，PID 控制器参数的调节是一个综合的、各参数互相影响的过程，在实际调试过程中进行多次尝试是非常重要的，也是必需的。

4．算法种类

1）PID 增量式算法

PID 增量式算法的离散化形式如式（5-17）和式（5-18）所示。

$$\Delta u(k) = u(k) - u(k-1) \tag{5-17}$$

$$\Delta u(k) = k_p[e(k) - e(k-1)] + k_i e(k) + k_d[e(k) - 2e(k-1) + e(k-2)] \tag{5-18}$$

进一步可以改写成：

$$\Delta u(k) = Ae(k) - Be(k-1) - Ce(k-2) \tag{5-19}$$

对于 PID 增量式算法，可以选择的功能有：

（1）滤波的选择。可以在输入端增加一个前置滤波器，使得进入控制器的给定值不会突变，使其有一定惯性延迟的缓变。

（2）系统的动态过程加速。在 PID 增量式算法中，比例项与积分项的符号有以下关系：如果被控量继续偏离给定值，则这两项符号相同；如果被控量向给定值方向变化，则这两项的符号相反。

根据这个关系，当被控量接近给定值时，比例控制作用阻碍了积分控制作用，因而避免了积分超调以及随之带来的振荡，这显然是有利于控制的。但如果被控量远未接近给定值，仅刚开始向给定值变化时，由于比例项和积分项是反相的，因此会减慢控制过程。

为了加快控制的动态过程，可以设定一个偏差范围，当偏差 $|e(t)| \le \beta$ 时，即被控量接近给定值时，就按正常规律调节；当 $|e(t)| > \beta$ 时，则不管比例控制作用是正的还是负的，都使它向有利于接近给定值的方向调整，即取其值为 $|e(t) - e(t-1)|$，其符号与积分项的符号一致。利用这样的算法，可以加快控制的动态过程。

（3）PID 增量算法的饱和作用及其抑制。在 PID 增量算法中，由于执行器件本身是机械或物理的积分存储单元，如果给定值发生突变，则由算法的比例部分和微分部分计算出的控制增量可能性比较大。如果给定值超过了执行器件允许的最大范围，则实际上执行的控制增量将是受到限制的值，多余的部分将被丢失，将使系统的动态过程变长，因此，需要采取一定的措施改善这种情况。

纠正这种缺陷的方法是采用积累补偿法，当超出执行器件的执行能力时，将其多余部分积累起来，而在可以执行时再执行。

2）PID 位置算法

PID 位置算法的离散化形式如式（5-20）所示。

$$u(k) = k_p e(k) + k_i \sum_{i=0}^{k} e(i) + k_d[e(k) - e(k-1)] \tag{5-20}$$

对于 PID 位置算法，可以选择的功能有滤波和饱和作用抑制。

（1）遇限削弱积分法。一旦控制变量进入饱和区，PID 位置算法将只执行削弱积分项的运算，停止增大积分项的运算。具体地说，在计算 $u(k)$ 时，将判断上一个时刻的控制量 $u(k-1)$ 是否已经超出范围，如果已经超出，则根据偏差的正负判断系统是否在超调区域，由此决定是否将相应偏差计入积分项。

（2）积分分离法。在基本 PID 控制器中，当存在较大幅度的扰动或大幅度改变给定值时，由于此时有较大的偏差，以及系统的惯性和滞后，故在积分项的作用下，往往会产生较大的超调量和长时间的波动。特别是对于温度、成分等变化缓慢的过程，这一现象将更加严重。为此可以采用积分分离法，即在偏差较大时，取消积分控制作用；在偏差较小时，引入积分控制作用。

另外，积分分离的阈值应视具体对象和要求而定。若阈值太大，则达不到积分分离目的；若阈值太小，则有可能因被控量无法跳出积分分离区，只进行 PD 控制，将会出现残差。

积分分离法的离散化形式如式（5-21）所示。

$$\Delta u(t) = q_0 e(t) + q_1 e(t-1) + q_2 e(t-2) \tag{5-21}$$

当 $|e(t)| \leq \beta$ 时，结果为：

$$\begin{aligned} q_0 &= k_p\left(1 + \frac{T}{T_i} + \frac{T_d}{T}\right) \\ q_1 &= k_p\left(1 + 2\frac{T_i}{T}\right) \\ q_2 &= k_p\frac{T_d}{T} \end{aligned} \tag{5-22}$$

当 $|e(t)| > \beta$ 时，结果为：

$$\begin{aligned} q_0 &= k_p\left(1 + \frac{T_d}{T}\right) \\ q_1 &= -k_p\left(1 + 2\frac{T_d}{T}\right) \\ q_2 &= k_p\frac{T_d}{T} \end{aligned} \tag{5-23}$$

$$\Delta u(t) = u(t) - u(t-1) \tag{5-24}$$

式中，T 为调节周期；β 为积分分离阈值；其他变量的含义同式（5-16）。

（3）有效偏差法。当根据 PID 位置算法得到的控制量超出范围时，控制量实际上只能取边际值，即 $U = U_{max}$ 或 $U = U_{min}$。有效偏差法可以将控制量的偏差作为有效偏差计入积分项，而不是将实际的偏差计入积分项，因为按实际偏差计算出的控制量并没有得到执行。

（4）微分先行 PID 算法。当控制系统的给定值发生阶跃变化时，微分控制作用将导致输出值大幅度变化，这样不利于系统的稳定性。微分先行 PID 算法在微分项中不考虑给定值，只对被控量（控制器输入值）进行微分。微分先行 PID 算法又称为测量值微分 PID 算法。

5.2.2　开发步骤

（1）创建 PID_Attitude.c 和 PID_Attitude.h，在 PID_Attitude.c 中对 PID_Attitude 参数进行初始化，这里是针对飞航科技 QV250 机型进行设计的。代码如下：

```
void PID_Attitude_Param_Init()              //参数初始化
{
    if(!Param_TakePID(STABLE_ROLL_ADDR, &ctrl_stable.pid.roll))
    {
        #ifdef QV250
        ctrl_stable.pid.roll.kp = 10;
        ctrl_stable.pid.roll.ki = 0.2;
        ctrl_stable.pid.roll.kd = 0.2;
        #elif defined F450
        ctrl_stable.pid.roll.kp = 10;
        ctrl_stable.pid.roll.ki = 3;
        ctrl_stable.pid.roll.kd = 0.3f;
        #elif defined F550
        ctrl_stable.pid.roll.kp = 8;
        ctrl_stable.pid.roll.ki = 1;
        ctrl_stable.pid.roll.kd = 0;
        #endif
    }

    if(!Param_TakePID(STABLE_PITCH_ADDR, &ctrl_stable.pid.pitch))
    {
        #ifdef QV250
        ctrl_stable.pid.pitch.kp = 10;
        ctrl_stable.pid.pitch.ki = 0.2;
        ctrl_stable.pid.pitch.kd = 0.2;
        #endif
    }
    if(!Param_TakePID(STABLE_YAW_ADDR, &ctrl_stable.pid.yaw))
    {
        #ifdef QV250
        ctrl_stable.pid.yaw.kp = 8;
        ctrl_stable.pid.yaw.ki = 0.5;
        ctrl_stable.pid.yaw.kd = 0;
        #endif
    }
    if(!Param_TakePID(RATE_ROLL_ADDR, &ctrl_rate.pid.roll))
    {
        #ifdef QV250
        ctrl_rate.pid.roll.kp = 35;
        ctrl_rate.pid.roll.ki = 1;
        ctrl_rate.pid.roll.kd = 1;
```

```
            #endif
        }
        if(!Param_TakePID(RATE_PITCH_ADDR, &ctrl_rate.pid.pitch))
        {
            #ifdef QV250
            ctrl_rate.pid.pitch.kp = 35;
            ctrl_rate.pid.pitch.ki = 1;
            ctrl_rate.pid.pitch.kd = 1;
            #endif
        }
        if(!Param_TakePID(RATE_YAW_ADDR,        &ctrl_rate.pid.yaw))
        {
            #ifdef QV250
            ctrl_rate.pid.yaw.kp = 100;
            ctrl_rate.pid.yaw.ki = 10;
            ctrl_rate.pid.yaw.kd = 1;
            #endif
        }
    }
```

（2）在 PID_Attitude.c 中添加外环控制 STABLE_Ctrl()函数，用于控制无人机外环。代码如下：

```
void STABLE_Ctrl(float Dt)
{
    if(mav.arm)
    {
        /*计算期望角度 */
        if(isLocation())            //位置控制
        {

        }
        else                        //姿态控制
        {
            ctrl_stable.expect.roll   = sensorParam.angle_x_max *
                                        (rc.channel[0].radio_out / NORMSCALE );
            ctrl_stable.expect.pitch = sensorParam.angle_y_max * (
                                        -rc.channel[1].radio_out / NORMSCALE );
        }

        ctrl_stable.expect.yaw += Dt * sensorParam.rate_z_max * (
                                        -rc.channel[3].radio_out / NORMSCALE);
        ctrl_stable.expect.yaw = wrap_around_PI( ctrl_stable.expect.yaw );

        /*计算角度误差 */
        ctrl_stable.err.roll   = wrap_around_PI( ctrl_stable.expect.roll – status.attitude.roll );
        ctrl_stable.err.pitch = wrap_around_PI( ctrl_stable.expect.pitch – status.attitude.pitch );
        ctrl_stable.err.yaw = wrap_around_PI( ctrl_stable.expect.yaw – status.attitude.yaw );
```

```
        /*误差限幅 */
        ctrl_stable.err.roll = LIMIT( ctrl_stable.err.roll,
                            -sensorParam.angle_x_max, sensorParam.angle_x_max );
        ctrl_stable.err.pitch = LIMIT( ctrl_stable.err.pitch,
                            -sensorParam.angle_y_max, sensorParam.angle_y_max );
        ctrl_stable.err.yaw = LIMIT( ctrl_stable.err.yaw,
                            -sensorParam.angle_z_max, sensorParam.angle_z_max );

        /*计算比例项 */
        ctrl_stable.err_p.roll  = ctrl_stable.pid.roll.kp   * ctrl_stable.err.roll;
        ctrl_stable.err_p.pitch = ctrl_stable.pid.pitch.kp * ctrl_stable.err.pitch;
        ctrl_stable.err_p.yaw   = ctrl_stable.pid.yaw.kp    * ctrl_stable.err.yaw;

        /*计算微分项 */
        ctrl_stable.err_d.roll = ctrl_stable.pid.roll.kd   * ( ctrl_stable.err.roll - ctrl_stable.last_err.roll) / Dt;
        ctrl_stable.err_d.pitch = ctrl_stable.pid.pitch.kd * ( ctrl_stable.err.pitch - ctrl_stable.last_err.pitch) / Dt;
        ctrl_stable.err_d.yaw = ctrl_stable.pid.yaw.kd * ( ctrl_stable.err.yaw - ctrl_stable.last_err.yaw) / Dt;

        /*记录历史数据 */
        ctrl_stable.last_err.roll   = ctrl_stable.err.roll;
        ctrl_stable.last_err.pitch = ctrl_stable.err.pitch;
        ctrl_stable.last_err.yaw    = ctrl_stable.err.yaw;

        /*计算积分项 */
        ctrl_stable.err_i.roll   += ctrl_stable.pid.roll.ki * ctrl_stable.err.roll * Dt;
        ctrl_stable.err_i.pitch += ctrl_stable.pid.pitch.ki * ctrl_stable.err.pitch * Dt;
        ctrl_stable.err_i.yaw    += ctrl_stable.pid.yaw.ki * ctrl_stable.err.yaw     * Dt;

        /*积分限幅 */
        ctrl_stable.err_i.roll   = LIMIT( ctrl_stable.err_i.roll,
                            -0.4f*ctrl_stable.pid.roll.kp*sensorParam.angle_x_max,
                             0.4f*ctrl_stable.pid.roll.kp*sensorParam.angle_x_max );
        ctrl_stable.err_i.pitch = LIMIT( ctrl_stable.err_i.pitch,
                            -0.4f*ctrl_stable.pid.pitch.kp*sensorParam.angle_y_max,
                             0.4f*ctrl_stable.pid.pitch.kp*sensorParam.angle_y_max );
        ctrl_stable.err_i.yaw    = LIMIT( ctrl_stable.err_i.yaw, -0.4f, 0.4f );

        /*角度 PID 输出 */
        ctrl_stable.out.roll = ctrl_stable.err_p.roll + ctrl_stable.err_d.roll + ctrl_stable.err_i.roll;
        ctrl_stable.out.pitch = ctrl_stable.err_p.pitch + ctrl_stable.err_d.pitch + ctrl_stable.err_i.pitch;
        ctrl_stable.out.yaw = ctrl_stable.err_p.yaw + ctrl_stable.err_d.yaw + ctrl_stable.err_i.yaw;
    }
    else                        //锁定时复位 PID
    {
        ctrl_stable.expect.roll    = status.attitude.roll;
        ctrl_stable.expect.pitch = status.attitude.pitch;
        ctrl_stable.expect.yaw     = status.attitude.yaw;
```

```
            ctrl_stable.err_p.roll   = 0;
            ctrl_stable.err_p.pitch = 0;
            ctrl_stable.err_p.yaw =  0;

            ctrl_stable.err_i.roll   = 0;
            ctrl_stable.err_i.pitch = 0;
            ctrl_stable.err_i.yaw =  0;

            ctrl_stable.err_d.roll   = 0;
            ctrl_stable.err_d.pitch = 0;
            ctrl_stable.err_d.yaw =  0;

            ctrl_stable.last_err.roll   = 0;
            ctrl_stable.last_err.pitch = 0;
            ctrl_stable.last_err.yaw =  0;
        }
}
```

（3）在 PID_Attitude.c 中添加内环角速度控制 RATE_Ctrl()函数。代码如下：

```
void RATE_Ctrl(float Dt)    //期望角速度为 1.74rad/s～5.23rad/s
{
    if(mav.arm)
    {
        /*期望角速度限幅 */
        ctrl_rate.expect.roll = LIMIT( ctrl_stable.out.roll, -sensorParam.rate_x_max,
                                sensorParam.rate_x_max);
        ctrl_rate.expect.pitch = LIMIT( ctrl_stable.out.pitch, -sensorParam.rate_y_max,
                                sensorParam.rate_y_max);
        ctrl_rate.expect.yaw = LIMIT( ctrl_stable.out.yaw, -sensorParam.rate_z_max,
                                sensorParam.rate_z_max);

        /*计算误差 */
        ctrl_rate.err.roll = ctrl_rate.expect.roll - mpu6050.gyro.y;
        ctrl_rate.err.pitch = ctrl_rate.expect.pitch - mpu6050.gyro.x;
        ctrl_rate.err.yaw = ctrl_rate.expect.yaw - mpu6050.gyro.z;

        /*计算比例项 */
        ctrl_rate.err_p.roll   = ctrl_rate.pid.roll.kp   * ctrl_rate.err.roll;
        ctrl_rate.err_p.pitch = ctrl_rate.pid.pitch.kp * ctrl_rate.err.pitch;
        ctrl_rate.err_p.yaw   = ctrl_rate.pid.yaw.kp   * ctrl_rate.err.yaw;

        /*误差滤波 */
        ctrl_rate.err_filter.roll   -= ctrl_rate.err_filter.roll   / 8;
        ctrl_rate.err_filter.pitch -= ctrl_rate.err_filter.pitch / 8;
        ctrl_rate.err_filter.yaw    -= ctrl_rate.err_filter.yaw    / 8;

        ctrl_rate.err_filter.roll    += ctrl_rate.err.roll - ctrl_rate.last_err.roll;
```

```
        ctrl_rate.err_filter.pitch += ctrl_rate.err.pitch - ctrl_rate.last_err.pitch;
        ctrl_rate.err_filter.yaw    += ctrl_rate.err.yaw - ctrl_rate.last_err.yaw;

        /*计算微分项 */
        ctrl_rate.err_d.roll   = ctrl_rate.pid.roll.kd * (ctrl_rate.err_filter.roll / 8) / Dt;
        ctrl_rate.err_d.pitch = ctrl_rate.pid.pitch.kd * (ctrl_rate.err_filter.pitch / 8) / Dt;
        ctrl_rate.err_d.yaw    = ctrl_rate.pid.yaw.kd * (ctrl_rate.err_filter.yaw / 8) / Dt;

        /*记录历史数据 */
        ctrl_rate.last_err.roll   = ctrl_rate.err.roll;
        ctrl_rate.last_err.pitch = ctrl_rate.err.pitch;
        ctrl_rate.last_err.yaw = ctrl_rate.err.yaw;

        /*计算积分项 */
        ctrl_rate.err_i.roll    += ctrl_rate.pid.roll.ki * ctrl_rate.err.roll * Dt;
        ctrl_rate.err_i.pitch += ctrl_rate.pid.pitch.ki * ctrl_rate.err.pitch * Dt;
        ctrl_rate.err_i.yaw += ctrl_rate.pid.yaw.ki * ctrl_rate.err.yaw * Dt;

        /*角速度误差积分限幅 */
        ctrl_rate.err_i.roll   = LIMIT( ctrl_rate.err_i.roll,
                                            -0.522f*ctrl_rate.pid.roll.kp,
                                            0.522f*ctrl_rate.pid.roll.kp );
        ctrl_rate.err_i.pitch = LIMIT( ctrl_rate.err_i.pitch,
                                            -0.522f*ctrl_rate.pid.pitch.kp,
                                            0.522f*ctrl_rate.pid.pitch.kp );
        ctrl_rate.err_i.yaw     = LIMIT( ctrl_rate.err_i.yaw,
                                            -0.522f*ctrl_rate.pid.yaw.kp,
                                            0.522f*ctrl_rate.pid.yaw.kp );

        /*计算输出量 */
        ctrl_rate.out.roll   = ctrl_rate.err_p.roll + ctrl_rate.err_i.roll + ctrl_rate.err_d.roll;
        ctrl_rate.out.pitch = ctrl_rate.err_p.pitch + ctrl_rate.err_i.pitch + ctrl_rate.err_d.pitch;
        ctrl_rate.out.yaw    = ctrl_rate.err_p.yaw + ctrl_rate.err_i.yaw + ctrl_rate.err_d.yaw;
    }
    else              //锁定时复位 PID
    {
        ctrl_rate.expect.roll   = 0;
        ctrl_rate.expect.pitch = 0;
        ctrl_rate.expect.yaw     = 0;

        ctrl_rate.err_p.roll   = 0;
        ctrl_rate.err_p.pitch = 0;
        ctrl_rate.err_p.yaw     = 0;

        ctrl_rate.err_i.roll   = 0;
        ctrl_rate.err_i.pitch = 0;
        ctrl_rate.err_i.yaw     = 0;
```

```
            ctrl_rate.err_d.roll   = 0;
            ctrl_rate.err_d.pitch = 0;
            ctrl_rate.err_d.yaw    = 0;

            ctrl_rate.last_err.roll   = 0;
            ctrl_rate.last_err.pitch = 0;
            ctrl_rate.last_err.yaw    = 0;
        }
    }
```

5.2.3 运行结果

通过修改角速度内环、角度外环的 PID 参数，可实现无人机的稳定飞行，使实际的飞行数据更加接近于期望数据。无人机角速度和角度 PID 控制结果如图 5.10 所示。